聚磷腈功能高分子材料应用研究

王明环　著

中国原子能出版社

图书在版编目（CIP）数据

聚磷腈功能高分子材料应用研究 / 王明环著. --北京：中国原子能出版社，2023.10

ISBN 978-7-5221-3038-5

Ⅰ. ①聚… Ⅱ. ①王… Ⅲ. ①聚磷腈–功能材料–高分子材料 Ⅳ. ①TB324

中国国家版本馆 CIP 数据核字（2023）第 190334 号

聚磷腈功能高分子材料应用研究

出版发行 中国原子能出版社（北京市海淀区阜成路 43 号 100048）
责任编辑 刘 佳
责任校对 冯莲凤
责任印制 赵 明
印 刷 北京九州迅驰传媒文化有限公司
经 销 全国新华书店
开 本 787 mm×1092 mm 1/16
印 张 13.25
字 数 220 千字
版 次 2023 年 10 月第 1 版 2023 年 10 月第 1 次印刷
书 号 ISBN 978-7-5221-3038-5 **定 价** **58.00 元**

前 言

聚磷腈是一种不同于传统碳链结构的无机有机杂化聚合物材料，—P＝N—主链结构及不同种类的侧链取代基可赋予其在膜材料、阻燃材料、导电材料、生物医用材料等方面特殊性能，其可将广泛地应用于航空、航天、军工、医疗、极地探测、汽车电池、催化、液晶材料、电子、建筑等领域。随着越来越多对不同取代基制备工艺和性能的研究，更多基于聚磷腈的杂原子聚合物将被制备和研究，进一步揭示结构与性能的关系，扩大其应用研究范围。目前，国内工业化生产聚磷腈产品需解决专用设备、成套工艺、原料标准、产品标准、聚合重点监测设备等一系列工程化问题。随着国内对聚磷腈制备工艺逐步深入的研究及相应工艺设备的进步，聚磷腈必将实现国产工业化应用，有望首先规模化应用于高能自由装填推进剂装药包覆层材料。随着对聚磷腈的结构进行设计构筑及优化，合成工艺更加成熟，其良好的生物相容性和稳定性等优异特性更加突出，基于聚磷腈所研发的功能材料及其所衍生复合材料日益丰富，将进一步促进其在生物医药领域、阻燃、储能器件、光电器件等领域的推广应用。

本书共分为四章，第一章为聚磷腈高分子材料概述，包括聚磷腈的结构、聚磷腈的制备及性质和聚磷腈材料的合成方法；第二章为聚磷腈材料的应用，包括阻燃耐热材料的应用、生物医用材料的应用、高分子电解液的应用和膜材料的应用；第三章为聚磷腈基复合材料的制备及应用，包括聚磷腈基复合材料的制备、聚磷腈基复合材料的催化应用、聚磷腈基复合材料的阻燃应用、聚磷腈基复合材料的生物应用和聚磷腈基复合材料的光电应用；第四章为聚磷腈微纳米材料的制备及应用，包括磷腈微纳米材料、聚磷腈微纳米材料的结构特点、聚磷腈微纳米材料的制备、聚磷腈微纳米材料的应用领域、聚磷腈衍生碳材料的构筑、聚磷腈衍生碳材料的催化应用、聚磷腈衍生碳材料的吸附应用和聚磷腈衍生碳材料能量的储存和转化应用。

限于作者水平，书中难免存在疏漏及不妥之处，敬请读者批评指正。

作　者

2023 年 7 月

目 录

第一章
聚磷腈高分子材料概述

第一节　聚磷腈的结构

一、发展历史与现状

1897年，H.N.Stockes由六氯环三磷腈经高温聚合首次合成了聚二氯磷腈，俗称“无机橡胶”。它是一种非常柔顺的弹性体，但对水极不稳定，吸收潮气即可发生交联，无法加工成可使用的材料，从而未受到重视。直到20世纪60年代，Allcock等成功地对聚二氯磷腈中的活泼氯原子进行了有机基团的全取代，解决了聚磷腈耐水性不良的问题，聚磷腈才得到迅速发展。20世纪80年代，聚磷腈已由实验室研制阶段走向工业化生产阶段。美国火石轮胎与橡胶公司于1983年，将生产氟醇聚磷腈（PNF）的专利转让给Ethyl公司，该公司以商品名“Eypel F”出售产品。除用于航天、航空及军用材料外，还推广用于一般工业材料。法国阿托化学公司1993年建成年产数百吨的工业装置，采用缩聚方法制备聚磷腈。该公司在包括本国和中国在内的许多国家申请了该项技术专利。到目前，已经合成的具有不同化学与物理性质的有机取代聚磷腈功能高分子材料达数千种，成为最大一类无机－有机复合高聚物，在许多方面具有潜在的应用价值或已经得到实际应用[1-2]。

聚磷腈材料是近年来新兴的无机有机杂化聚合物材料。聚合单元主要为线性聚磷腈或环磷腈（见图1-1）。单体磷腈可与多官能团有机化合物反应得到交联结构的聚磷腈类材料。磷腈是较为重要的无机化合物，被称作是无机橡胶，其结构特征是P、N原子单双键交替，并且侧链连接有活泼氯原子。与

有机分子中的 π 键相比，在线性磷腈结构中，P—N 可发生旋转，每个双键都是一个独立体，因此线性聚磷腈具有较好的柔顺性。对于环磷腈来说，以环三磷腈为主，是类似于苯环的平面构型，但是相应的氯原子并不与磷腈环共平面，而是平均分布在磷腈环平面的上下两方。在同其他有机化合物缩聚的过程中，交联呈发散状，对聚合物的形貌有着很大的影响。聚磷腈材料已成为无机有机共聚高分子研究的重要方向。

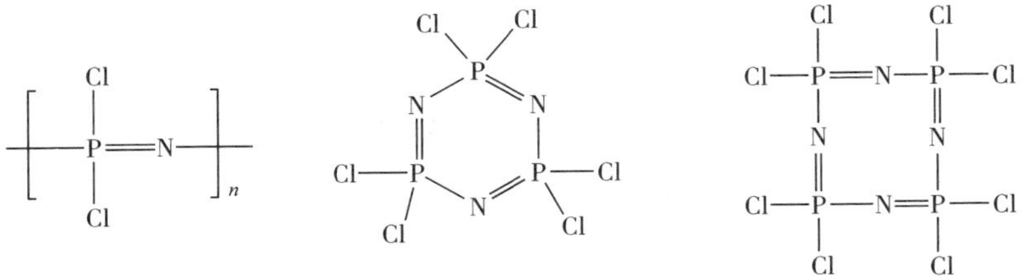

图 1-1　线性聚磷腈及环基聚磷腈的结构

二、理化性质

（一）多重转变温度

大多数聚磷腈无色、不导电，具有固有的骨架柔顺性。这是源于磷、氮原子间形成的 π 键的性质。磷氮共价键的强极化效应使磷腈分子具有强偶极矩；磷、氮骨架的柔顺性使聚合物可在固态下发生结构转变。结晶聚磷腈为多晶型，并伴有介于结晶与熔体间的介晶。

聚磷腈具有多重转变温度。玻璃化温度 T_g 和结晶温度 T_m 是描述聚合物热力学行为的重要参数。高分子的柔顺性通常用 T_g 定义，决定了在特定的使用温度下，材料是坚硬的固体还是弹性体，同时它还是材料力学行为发生明显变化的温度标志。除 T_g 和 T_m 外，许多聚磷腈还存在另一个一级转变温度 T_{l}，代表材料从晶态向介晶态转变的温度。在已知具有非常低 T_g 的聚合物中，聚磷腈是一类极不寻常的材料，其 T_g 较多在 –20～ –100 ℃之间。一般来说，具有低 T_g 的聚磷腈其侧基较小，或侧基本身就非常柔顺。如果取代聚磷腈的侧基较大或不柔顺，主链的旋转运动将因空间位阻而受到限制，这时 T_g 升高。芳胺基取代聚磷腈的 T_g 比芳氧基取代聚磷腈的高。由于侧基可任意选择，聚

磷腈构成了独立的、富有实用价值的聚合物体系。改变侧基，可以制得低温弹性体、柔顺的微晶薄膜与纤维，以及高熔点玻璃。侧基的选择也影响到聚合物的溶解性、折射率、化学稳定性、导电性、非线性光学性质、疏水性和亲水性、生物医学活性等。

（二）热稳定性

聚磷腈的热稳定性高，能够长期经受150～250 ℃高温（随侧基结构而不同，有的还能经受300 ℃以上高温）。热重分析表明：在300 ℃以上才开始失重，有的聚磷腈可短时间经受 540 ℃高温。作为特种橡胶使用的含氟聚磷腈在200 ℃以上加热老化1 000 h，其拉伸强度仍保持80%以上。阻燃性聚磷腈具有优良的阻燃性，其氧指数根据侧基的不同，为27～65。聚氟代烷氧基取代磷腈则完全不燃烧。聚磷腈燃烧时发烟量低，放出的气体无腐蚀性，毒性小。大多数聚磷腈为优良的阻燃剂和耐火材料。

（三）耐水和耐溶剂性

聚磷腈耐水、溶剂、油类和烃类等，尤其是聚氟代烷氧基取代磷腈更为突出。在125 ℃的润滑油中浸泡1 000 h后，仍能保持良好的力学性能；在温度100 ℃、相对湿度100%的湿空气中暴露1 000 h，其拉伸强度仍保持85%以上。

第二节　聚磷腈的制备及性质

聚磷腈是一类骨架由磷和氮原子交替排列、侧链键合各种取代功能基团、具有特殊结构与性能的新型无机－有机复合功能高分子材料，广泛应用于航空航天、船舶制造、石油化工、光电材料及生物医学等领域[3]。

一、制备方法

聚磷腈的制备方法可归结为先取代后聚合、从小分子单体直接合成聚磷腈以及先聚合后取代 3 种。先取代后聚合，即：六氯环三磷腈上的氯原子被亲核试剂取代生成一系列衍生物，然后聚合生成各种聚磷腈。该法用于合成含过渡金属的聚磷腈催化剂、导电性材料、磁活性材料等。从小分子单体直接合成聚磷腈可以克服取代反应的困难，同时可以制得含 P—C 键的聚磷腈。由六氯环三磷腈进行单取代反应制备含有烯烃、炔烃基的环磷腈，在引发剂存在时与有机单体共聚形成以环磷腈为侧链的聚合物。先聚合后取代，即：六氯环三磷腈开环聚合生成聚二氯磷腈，然后通过取代反应生成各种聚磷腈，此乃常规制备方法。该法的关键是六氯环三磷腈开环聚合生成聚二氯磷腈。聚合方式有高温熔化聚合、溶液聚合和固态辐照聚合等。目前大多采用高温熔化聚合。

（一）六氯环三磷腈的开环聚合

六氯环三磷腈在加热条件下开环聚合生成聚二氯磷腈，聚磷腈制备反应式如图 1-2 所示。聚合反应在可加热的封闭装置中进行。实验室的聚合条件为 250 ℃，30 h 左右。最初反应物是流动的，随着反应的进行，反应混合物变得黏稠，当反应物几乎不流动时，终止聚合反应。深度聚合将得到交联型无机橡胶。选用高纯度单体，并控制反应条件，可以制得聚合度高达 15 000 左右的线型聚合物。选取不同的反应条件，单程转化率为 15%～70%。聚合物的纯化是利用交联产物不溶于任何溶剂的性质，将线型聚合物与生成的交联产物用四氢呋喃、苯或甲苯等溶剂溶解分离；第二步是用戊烷、己烷或石油醚将聚合物从溶液中沉淀出来。未反应的单体和低相对分子质量的聚合物不被沉淀，易于除去。六氯环三磷腈的聚合机理为阳离子开环聚合。聚合过程包括 P—Cl 键的离子化，继而形成环状或线型磷腈阳离子。这些阳离子作为引发剂进攻另外的$(NPCl_2)_3$，导致环的开裂和链生长。

中等相对分子质量的聚二氯磷腈也可由六氯环三磷腈在三氯苯或 α-氯代萘中，经氨基磺酸或对甲苯磺酸催化聚合。含两个结晶水的硫酸钙对反应有明显的促进作用，反应及后处理与前述本体聚合的操作无大区别。程倩[4]通过改变溶剂、合成步骤、催化剂、分离提纯等手段制备高产率的六氯环三磷腈。采用熔点仪、FT-IR、^{31}P-NMR 等进行表征。反应时间短，产率高，方法简单，适合工业化生产。以六氯环三磷腈为原料，用本体聚合方法制得聚二氯磷腈，并讨论催化剂的质量、反应时间、温度等因素对聚合反应的影响；通过 FT-IR，

^{31}P-NMR 等进行表征。还以六氯环三磷腈为原料，用溶液聚合方法制备了相对分子质量较高的聚二氯磷腈，并进行表征；考察催化剂的质量、溶剂的质量、温度等因素对聚合反应的影响。制得聚磷腈的相对分子质量可达 2×10^5 以上。

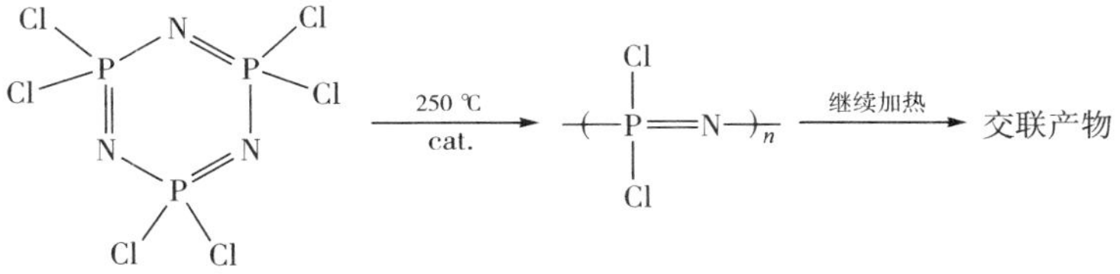

$$(NPCl_2)_3 \xrightarrow[\text{cat.}]{250\ ℃} \left[\!-P(Cl)_2{=}N-\right]_n \xrightarrow{\text{继续加热}} \text{交联产物}$$

图 1-2　聚磷腈制备反应式

（二）聚有机取代磷腈的合成

聚二氯磷腈中的氯极为活泼，对水和潮气不稳定，可被酚、醇、醇钠、有机胺、格氏试剂等多种亲核试剂取代，生成品种繁多的聚有机取代磷腈。按照由不同的亲核试剂取代形成的结构类型，可将其分为三大类：聚烷氧基或芳氧基取代磷腈、聚胺基取代磷腈和聚烷基或芳基取代磷腈。

1. 聚烷氧基或芳氧基取代磷腈

聚烷氧基或芳氧基取代磷腈的合成是在附有搅拌及回流冷凝装置的反应器中，加入相应的醇或酚、四氢呋喃，于搅拌下逐渐加入切碎的金属钠，回流反应 2 h 制得相应的醇钠或酚钠。然后将低于理论量 10%的聚二氯磷腈的四氢呋喃溶液在 60 ℃下缓慢加入醇钠或酚钠的四氢呋喃悬浮液中，在回流状态下反应数小时；将反应物冷却、倾出，在搅拌下用水沉淀出聚合物；水洗后再次溶于四氢呋喃中进行沉淀操作，至无氯离子检出；最后将沉淀出的聚合物进行干燥。聚二氯磷腈在苯、甲苯或四氢呋喃中可以快速、完全地与醇钠或酚钠等亲核试剂反应，从而制得聚有机取代磷腈。生成的氯化钠从反应液中沉淀促进了反应进程，并使之完全。有空间位阻的烷氧基和芳氧基取代氯时需要优化反应条件，如提高反应温度和延长反应时间。但氯的取代程度很难达到完全。

2. 聚胺基取代磷腈

聚胺基取代磷腈的合成是将聚二氯磷腈溶于苯中，然后将其加到由烷基胺或芳胺和四氢呋喃配制的溶液中；在回流状态下反应一定时间，然后在室温或低温放置一定时间；滤去生成的沉淀物，之后将滤液逐渐加入无水乙醇中，沉淀出白色纤维状聚合物；再经反复溶解和沉淀处理除去包含的氯化钠及其他杂质。烷基胺或芳胺取代氯的反应要使烷基胺或芳胺过量，每一个磷原子上只能有一个氯被取代。剩下的氯仍可以和一个空间位阻小的亲核试剂反应。这一原理被用来制备同一主链上带有不同取代基的聚合物。

3. 聚烷基或芳基取代磷腈

聚烷基或芳基取代磷腈的合成（以聚苯基、三氟乙氧基混合取代磷腈的合成为例）是将新制备的烷基金属或芳基金属乙醚溶液滴加到聚二氯磷腈的甲苯溶液中，滴加温度维持在 0 ℃以下，滴加完毕在此温度下继续反应一定时间。然后将三氟乙醇加入反应体系以破坏未反应的烷基金属或芳基金属，再缓慢加入三氟乙醇钠的四氢呋喃溶液，该反应混合物回流 12 h。反应产物用稀盐酸沉淀，再将其溶于四氢呋喃中，然后用水和苯沉淀各两次进行纯化。所得聚合物含有的苯基取代基为 5%，过多引入苯基取代基将导致主链断裂而降低聚合物的相对分子质量。

有机金属化合物，如格氏试剂或有机锂试剂，和聚二氯磷腈的反应是一个较为复杂的过程。反应通常沿循两个同时发生而又相互对立的路径，即：在取代氯的同时，造成主链磷氮键的断裂。主链断裂反应依赖于有机金属原子对主链氮原子的配位作用，而任何加强这种配位作用的聚合物结构均促进骨架的断裂。当烷基或芳基取代聚二氯磷腈上的氯原子后，使得氮原子上的电子云密度增加，配位作用增强，造成键的断裂。如果选用聚二氟磷腈和格氏试剂或有机锂试剂反应，在相当宽的取代范围内，链断裂反应即可被遏制。另外一种非常有用的合成混合取代磷腈的技术是：先将具有强吸电子效应的有机基团，如三氟乙醇引入聚合链，剩余的氯或氟再被有机金属化合物取代，这样就不会导致主链断裂。用有机金属化合物与六氯环三磷腈反应以取代其中的氯原子，然后再经开环聚合制备聚烷基、芳基取代磷腈，亦可避免链的断裂。但取代度一般不能大于 3，否则难以聚合。该方法对合成以氯代三聚磷腈为侧链、有机元素为主链的一类聚合物十分有用。所得聚合物具有很好的阻燃性。

二、制备和性能

（一）聚烷氧基或芳氧基取代磷腈

华东理工大学高分子材料研究所徐师兵等[5]研究了由 N-二氯磷酰－P-三氯单磷腈进行缩聚制备氯化磷腈的方法。合成了甲酚、对叔丁基酚、对叔戊基酚取代聚磷腈，并测定聚合物的 ^{31}P-NMR 和 IR。TGA 分析表明所制备的三个氯化磷腈聚合物的 T_g 分别为－81 ℃、－46 ℃和－76 ℃，其 T_f 分别为 26 ℃、33 ℃和 23 ℃。TG 分析结果表明氯化磷腈聚合物的分解温度均大于 320 ℃。胡富贞[6]利用 Decker-Forster 反应制备两亲聚合物 PEO 接枝聚磷腈，并研究了反应温度和时间对聚合的影响。聚合物的接枝率随反应温度的上升而升高，受反应时间的影响没有明显规律。采用 ^{1}H-NMR 等对制备的聚合物进行表征，对其乳化性能和表面性质进行研究。PEO 的相对分子质量对接枝共聚物的乳化性能有重要影响。PEO 的引入使水滴在共聚物的表面接触角降低。

中北大学化学工程系刘亚青等[7]根据三聚和四聚氯化磷腈开环聚合反应条件的不同，以环状氯化磷腈混合物为起始原料，采用溶液聚合法合成聚二氯磷腈。三聚体的单程转化率 60%左右，总转化率接近 100%。再以三乙胺为缚酸剂，直接与酚类化合物进行取代反应合成芳氧基取代聚磷腈。进行了红外光谱测定，并用凝胶渗透色谱法测定其相对分子质量及其分布。黑龙江大学化学化工与材料学院高坡[8]等用碳酸钾为质子吸收剂，二氧六环为溶剂，以金属钠、六氯环三磷腈和一缩二乙二醇、二缩三乙二醇为原料，合成以环状聚磷腈和缩乙二醇类为基本结构单元的二维网状聚合物：一缩二乙二醇缩聚环三磷腈和二缩三乙二醇缩聚环三磷腈，并对其进行表征。该类聚合物具有对强酸、强碱和有机溶剂的耐腐蚀性。李时珍[9]利用 N-乙氧羰基－4-哌啶醇对六氯环三磷腈进行改性，合成出一种水溶性的有机环三磷腈，并用红外光谱和核磁共振对其结构进行表征。另外，合成了带有芳氧基团的六（4-氨基苯氧）环三磷腈，并通过红外以及核磁光谱进行表征。

宁波大学生命科学与生物工程学院周秋丽[10]等将六氯环三聚磷腈经二次重结晶、一次减压升华纯化后，通过真空热开环聚合和亲核取代反应，用不同摩尔比（1∶3、1∶5和1∶6.5）的2-(2-氯乙氧基)乙醇钠和三氟乙醇钠作为亲核取代试剂混取代聚二氯磷腈，再经多次非溶剂沉淀纯化得到聚[(2-(2-氯乙氧基)乙氧基)$_x$(三氟乙氧基)$_{2-x}$]磷腈。利用^{31}P-NMR监测以确保得到纯化的聚合物。采用H-NMR、FT-IR、GPC、DSC、XRD等进行表征和性能测试，利用自制的压力法透气性能测定仪测定这些聚合物的气体渗透系数。

三氟乙氧基和2-(2-氯乙氧基)乙氧基两种基团接枝在聚磷腈侧链上，分别得到x为0.19、0.18和0.08的3种聚磷腈。其玻璃化转变温度T_g分别为−6.37 ℃、−12.85 ℃和−25.68 ℃，重均相对分子质量为5.4×10^5、6.8×10^5和1.5×10^5。在同样的反应条件下，三氟乙氧基较2-(2-氯乙氧基)乙氧基具有更强的竞争取代率。这种混取代聚磷腈较单一取代基的聚三氟乙氧基磷腈结晶度小，两种取代基比例适中的聚[(2-(2-氯乙氧基)乙氧基)$_{0.18}$(三氟乙氧基)$_{1.82}$]磷腈的结晶度降至10.1%，显示出较高的气体渗透系数：CO_2和He的气体渗透系数达到8.89 MPa和6.06 MPa，CO_2/CH_4和He/CH_4的选择系数达到24.1和16.4，在天然气行业显现良好的应用潜力。这类聚合物表现出特殊的H_2/N_2选择性，选择系数在0.2左右，N_2的渗透系数0.85 MPa，在合成氨行业显示出特殊的应用潜力。

严咪咪以六氯环三聚磷腈为原料，通过真空热开环聚合制备线性聚二氯磷腈（PDCP）；再通过对PDCP进行亲核取代合成制备了聚[(四氟丙氧基)$_{2-x}$(三氟乙氧基)$_x$]磷腈和聚[(六氟异丙氧基)$_{2-x}$(三氟乙氧基)$_x$]磷腈两个系列的聚磷腈类高分子。聚合物经过THF-苯反复溶解−沉淀纯化，通过NMR，FT-IR，XRD，GPC，DSC等进行表征和性能测试，最后通过压力法透气性能测定仪测定聚合物膜对N_2,O_2,CH_4,CO_2,He,H_2等气体的透气性能。聚[(四氟丙氧基)$_{2-x}$(三氟乙氧基)$_x$]磷腈的氧气透过系数达 2 MPa；聚[(六氟异丙氧基)$_{2-x}$(三氟乙氧基)$_x$]磷腈的氧气透过系数达2.7 MPa，表明是一种很有希望的富氧材料，适用于膜式水体无泡充氧。通过中空纤维膜水体无泡充氧装置的搭建，研究淡水和海水中水体流量以及氧气压力对充氧效率的影响。海水的充氧效果比淡水的充氧效果好。应用于鱼类的高密度暂养实验中，膜式无泡充氧有效地提高了氧利用率，延长了鱼体在暂养过程中的成活时间。

中国科学院长春应用化学研究所陈轩等用六氯环三磷腈高温开环聚合制

备聚二氯磷腈，再与不同种类的醇钠和酚钠取代反应合成 2 种相对分子质量高于 3×10^6 的聚双苯氧基磷腈（PDPP）和聚双乙氧基磷腈（PDEP）。利用 GPC 与三检测器（示差、黏度和多角度静态激光散射）联用方法研究了 PDPP 和 PDEP 在 THF（质量分数为 0.1%的四正丁基溴化铵）中分子链的构象和形态，得到重均相对分子质量（M_w）、特性黏数［η］与 Z 均回转半径（$R_{g,z}$）的单分散标度关系。2 种聚磷腈在 THF 中都具有线性柔性链无规线团的构象。

福州大学化学化工学院刘景东等用聚二氯磷腈为亲核取代基，三乙胺为缚酸剂合成了交联型的聚磷腈无机高分子。利用红外光谱和元素分析对聚（苯氧基一缩二乙二醇氧基磷腈）（聚合物Ⅰ）、聚（苯氧基二缩三乙二醇氧基磷腈）（聚合物Ⅱ）进行表征。苯氧基和缩醇氧基接入聚磷腈骨架，形成含有氯原子的二维网状稳定结构，聚磷腈中还有少量的羟基存在。通过 X 射线衍射、热分析等研究表明：聚合物Ⅰ、Ⅱ都是非晶态高聚物，在空气中吸湿性小，热稳定性较好，具有非常优良的耐溶剂和耐腐蚀性。

北京化工大学材料科学与工程学院刘建伟等利用六氯环三磷腈热开环聚合得到聚二氯磷腈，通过亲核取代制备聚苯氧基磷腈（PPP）。采用 NMR(^{31}P,H,^{13}C)，FT-IR，TGA 等进行表征和分析，以裂解色谱－气相色谱－质谱对聚苯氧基磷腈的热裂解机理进行研究。聚苯氧基磷腈具有很好的耐热性能，在高温阶段存在不同的热分解模式：400 ℃时主要为侧基的断裂，500 ℃以上主要为主链的断裂。

中航工业航空动力机械研究所蔡丹等采用苯侧基含氟双酚单体与六氯环三磷腈进行沉淀聚合反应，制备具有尺寸可控的新型含氟环交联型聚磷腈微纳球，并研究聚磷腈微纳球的疏水性能。中国石油大学（华东）理学院宋林花等以 THF 为溶剂制备聚［二（对丙酸钠苯氧基）］磷腈，降低了成本，提高了反应产率。对聚合物进行 IR、^{31}P-NMR、H-NMR 表征及 TGA、GPC 等分析。王岩采用原位模板沉淀聚合法，用六氯环三磷腈分别与六氟双酚 A、(3,5-二三氟甲基苯）对苯二酚、3-三氟甲基苯对苯二酚、苯对苯二酚反应制备了系列新型的聚磷腈－芳香醚微纳球。通过红外、DSC、SEM、TEM 等对其结构和形貌进行表征。通过改变反应条件，研究不同反应条件下，不同种类的聚磷腈微球粒径及形貌的变化规律。通过 XPS、TGA、TEM 等研究各类微球的形成过程及链段结构、含氟量对材料形貌及疏水性能的影响。

（二）聚胺基取代磷腈

上海交通大学化学化工学院陈冬华等采用先开环聚合后取代的方法合成了聚二苯胺磷腈（PDAP）。将 PDAP 与低密度聚乙烯（LDPE）熔融共混制得 PDAP-LDPE 复合材料。对这种复合材料的热性能和流变行为进行表征。LDPE-PDAP 共混物具有比 LDPE 更高的热稳定性。HAAKE 共混试验表明：随着 PDAP 组分的增加，加工黏度下降；动态流变试验表明：PDAP-LDPE 共混物是一种典型的假塑性流体，PDAP 组分有利于增加共混物的加工弹性，降低体系的表观黏度。热重分析、共混扭矩分析以及动态流变试验均证明两个组分发生了相容。

赵晨利用五氯化磷和氯化铵在惰性溶剂氯苯中合成六氯环三磷腈，并通过熔点测定、红外光谱和核磁共振谱等进行表征。再利用六氯环三磷腈热开环聚合制备高相对分子质量的聚二氯磷腈。研究加热源、聚合时间、聚合温度、催化剂及六氯环三磷腈的纯度等对聚合的影响。三苯基膦溴化亚铜、三苯基膦氯化亚铜、三苯基膦氯化锌、吡啶盐酸盐、8-羟基喹啉铝等都能引发聚合，但会引起交联；三苯基膦则会产生阻聚作用。利用核磁共振磷谱对聚二氯磷腈的结构进行表征。以聚二氯磷腈为原料，将噁二唑环引入聚磷腈的侧链中，利用红外光谱、核磁共振氢谱和凝胶渗透色谱等对所得聚合物进行表征；利用紫外－可见吸收光谱、荧光光谱，DSC 和 TGA 等对所得聚合物进行测试：$M_w = 1.03 \times 10^4$ g/mol，$M_n = 7.91 \times 10^3$ g/mol，$D = 1.30$。有两个玻璃化转变温度，分别为 92 ℃和 133 ℃。该聚合物具有噁二唑环的典型吸收（284 nm）和发射峰（360 nm），初始分解温度达 200 ℃，具有较好的热稳定性。

（三）混合取代聚磷腈

华南理工大学高聚物结构与改性研究室张亚峰等利用五配位硅配合物和六氯环三磷腈反应得到一种星型含硅的环状聚磷腈。用 FT-IR、XRD、EDS、热分析等对其结构和热性能进行表征。产物在热分解过程中生成一类含磷的无机物，具有很好的稳定性，在 1 150 ℃高温不分解，并且热分解产率较高，在空气和氮气中分别达到 55%和 58%以上。武汉大学化学与

分子科学学院李振等合成连有苄溴基团的聚磷腈。将苄溴基团转换为叠氮基团，再合成连有 C_{60} 侧基的聚磷腈高分子。通过核磁、红外、紫外可见光谱、相对分子质量测定等进行表征。该方法为聚磷腈功能材料的合成提供了一条新途径。

云南师范大学化学化工学院毕韵梅等用核磁共振磷谱对具有 4-丙氧羰苯氧基和甘氨酸乙酯侧链的混合取代聚磷腈的合成过程进行监测。结果表明：聚二氯磷腈与 4-丙氧羰苯氧基钠的反应以及中间产物与甘氨酸乙酯的反应分别需要 20 h 和 24 h 才能完成。最终产物既有混合取代型链节，也有单取代型链节，两种取代基的量之比为 0.49∶0.51。这对深入了解反应机理，进一步优化混合取代聚磷腈的合成条件，提高产率提供了依据。

刘凤华用价廉易得的 PCl_5 与 NH_4Cl 为原料，在传统合成工艺基础上改进反应设备，对影响反应的因素进行详细研究，获得合成六氯环三磷腈的最佳反应条件，制备出纯度较高的产品。通过熔点仪、傅里叶红外光谱（FT-IR）、核磁共振仪（^{31}P-NMR）及气相色谱等进行表征。对六氯环三磷腈的直接取代进行研究，制备出三邻苯二氧基环三磷腈、三邻苯二胺基环三磷腈和六异丙氧基环三磷腈。通过 FT-IR，^{1}H-NMR，^{31}P-NMR，差动热分析（DSC）及热失重（TG）等进行表征。以自制的六氯环三磷腈为原料进行真空开环聚合制备聚二氯磷腈。分析影响聚二氯磷腈合成的因素，并通过 FT-IR，^{31}P-NMR 等进行表征。再以聚二氯磷腈为原料，通过亲核取代反应得到具有潜在应用前景的新型材料聚二（α-萘氧）磷腈。通过 FT-IR、^{1}HNMR、^{31}P-NMR 及 GPC 等进行表征。将三邻苯二氧基环三磷腈和聚二（α-萘氧）磷腈共混添加到聚氨酯中，利用 TG 比较了添加前后聚氨酯的分解温度与残留率。改性后的聚氨酯初始分解温度与残留率都有所提高，提高了其热稳定性。

王新增以 NH_4Cl 和 PCl_5 为原料制备 $N_3P_3Cl_6$。经热开环聚合，所得聚二氯磷腈与苯酚钠发生取代反应得到聚酚氧磷腈，再进行氯磺化，在苯环上接入磺酰氯基团，与全氟丁基磺酰胺反应制得了一种新型的含全氟丁基磺酰亚胺侧链的聚磷腈。对各步反应的反应条件及影响因素进行研究，并通过 IR、^{1}H-NMR、^{19}F-NMR、GPC、TGA 等进行表征。该全氟丁基磺酰亚胺侧链聚磷腈高分子具有很强的酸性和吸湿性，在一些极性有机溶剂中可溶，具有良好的成膜性。热分析表明：全氟丁基磺酰亚胺侧链的热分解温度 180 ℃，较聚苯乙烯磺酸树脂有很大改进。它对乙酸与丁醇的酯化反应有较好的催化效果。

吉林大学科利尔采用原位模板法制备两种具有微纳米结构的聚磷腈微纳球材料。通过红外、DSC、SEM、TEM 等对其结构和形貌进行表征，研究了反应条件对聚磷腈微纳球形貌及粒径的影响规律。将这两种聚磷腈微纳球分别与聚醚砜共混，研究共混物的性能和表面形貌；讨论了聚磷腈微纳球结构和含量变化对聚醚砜材料性能的影响规律。西南科技大学屈玉峰等采用一步法合成线型聚二氯磷腈，通过亲核反应和后重氮偶合得到一种含咔唑基和偶氮生色团的低 T_g 双官能聚磷腈。采用 H-NMR、^{31}P-NMR、IR、TG、DSC 及 GPC 等进行表征和分析，表明其在保持良好溶解性的同时，具有较低的玻璃化转变温度和良好的热稳定性，相对分子质量可控，且分布较窄，比传统的聚磷腈开环聚合法更具优势。

聚磷腈结构多样性，使其具有有机高分子难以比拟的优良性能。随着现代科技的飞速发展，聚磷腈正扮演着新型特殊功能高分子材料的角色。目前的研究工作仍然存在如合成方法繁杂、产率低等亟待解决的问题。探讨产率较高、工艺较为简单的合成方法依然是该领域的主要研究方向。另外，在聚磷腈开发应用方面有大量的工作需要进行，不能简单地采用实验室条件下的技术参数，需开发较为实用的制造和加工工艺。实现聚磷腈功能材料的广泛应用还需要加强基础研究。随着研究的日益深入，聚磷腈功能材料的应用将更广泛，前景广阔。

第三节　聚磷腈材料的合成方法

一、聚磷腈用于阻燃材料的合成

聚酯为一类重要的聚合物材料，其可燃性及燃烧过程中产生大量有毒气体极大地限制了其在电气、电子设备等领域的应用。为了解决这一问题，采用添加填料和化学改性等来提高 EP 的阻燃性能。聚磷腈是一种耐高温、电绝缘性好以及环保的高效阻燃剂。聚磷腈不仅磷、氮元素含量高，还可以引入

卤素，形成较好的协同阻燃作用。聚磷腈优异的阻燃效果主要是由于：第一，聚磷腈受热分解产生的磷酸、偏磷酸等小分子物质，可在燃烧物表面形成一层不挥发性保护膜，隔绝空气；第二，聚磷腈受热分解产生不可燃烧的气体（如 CO_2、氨气、N_2 等），可将燃烧物与氧气隔开，阻断氧气的供给；第三，聚磷腈燃烧产生的 PO•，可与燃烧区域中的 H•，HO• 等活性基团结合，起到抑制火焰的作用。因此，聚磷腈不仅是一种本质阻燃材料，而且还可以作为阻燃剂使用。

Qiu Shuilai 等采用一步法合成了交联型聚磷腈纳米管（FR@PZS），并将其应用到环氧树脂（EP）中。结果表明，FR@PZS 质量分数为 3%时，EP 热释放速率峰值降低了 46.0%，总热释放速率降低了 27.1%，另外，EP 分解产生的 CO 等挥发性气体明显减少，主要原因是燃烧时 FR@PZS 在聚合物表面形成一层致密的炭层，起到阻挡热源和隔绝氧气的作用，从而避免了材料的进一步热降解。Liu Huan 等通过六步法合成了一种新型聚磷腈基环氧树脂（LPN-EP，结构式见图 1-3），将其与双酚 A 二缩水甘油醚混合制备了一系列无卤阻燃热固性材料，并研究了其阻燃性能。结果表明，w（LPN-EP）为 30%时，垂直燃烧等级达 UL-94V-0 级，极限氧指数（LOI）达 31.8%，良好的阻燃性能归因于燃烧时 LPN-EP 在材料表面形成了致密多孔的炭层。Qiu Shuilai 等在 SiO_2 纳米微粒表面沉淀聚合聚磷腈形成具有核壳结构的纳米粒子（SiO_2@PZM），并在其表面加载氧化亚铜纳米粒子得到 SiO_2@PZM@Cu，加入 2%（w）的 SiO_2@PZM@Cu，可显著提高 EP 的阻燃性能，其热释放速率峰值、总热释放速率、热释放速率分别降低了 37.9%、31.3%和 28.1%。

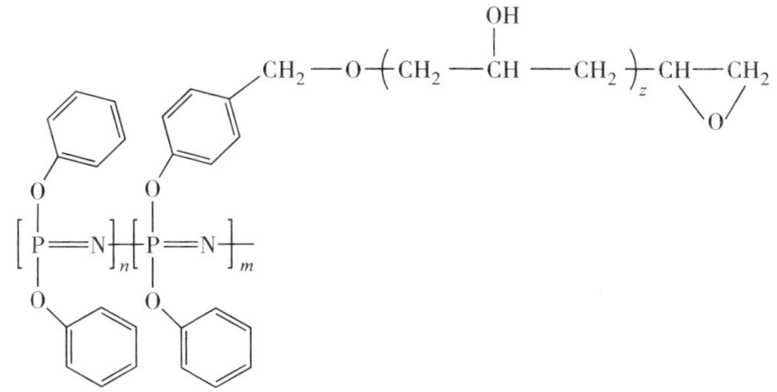

图 1-3　LPN-EP 的结构式

传统的有机橡胶需要添加大量的阻燃剂才能满足其阻燃要求，而含无机主链的橡胶具有良好的阻燃和耐烧灼性能。葛徐涛等合成了氟代烷氧基聚磷腈（e-PTOFP，结构式见图 1-4）。结果表明，硫化交联后的 e-PTOFP 的 LOI 为 54.5%，垂直燃烧等级达 UL-94V-0 级，烟密度等级为 21.93，起始分解温度和残渣量都明显提高。

热塑性聚氨酯（TPU）具有良好的力学性能和耐化学药品腐蚀性，聚磷腈与 TPU 共混可以提高其阻燃性能。Singh 等合成了聚 1,1-(2,2,2-三氟乙氧基)(呋喃氧基)磷腈（PPZ，结构式见图 1-5），通过溶液浇铸法将 PPZ 与 TPU 混合，对其阻燃性能进行研究。发现随着 PPZ 含量的增加，TPU 的初始分解温度逐渐升高，当 w(PPZ)为 20%时，TPU 的 LOI 达 31.4%，垂直燃烧等级达 UL-94V-0 级。

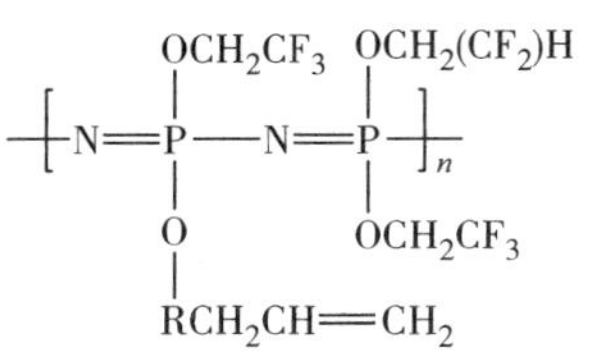

图 1-4　e-PTOFP 的结构式 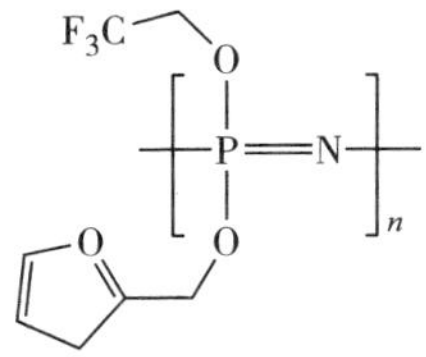　　　图 1-5　PPZ 的结构式

综上所述，磷氮交替排列的聚磷腈主链结构赋予了其优异的阻燃特性，其既可作为添加剂又可作为重要的分子构成来提高材料的阻燃性，使其在防火阻燃领域有很大的发展前景。但由于合成条件苛刻，合成成本较高，极大地阻碍了聚磷腈在阻燃材料领域的应用。

二、聚磷腈用于特种橡胶与弹性材料的合成

聚磷腈作为弹性体材料时，一般每个磷原子都连有氟代烷氧基或芳氧基侧基。如果氟化侧基结构相同，则聚合物结构规整，属于微晶热塑性塑料；若两个氟化侧基结构不同，会降低聚合物结构的对称性，消除结晶度，并呈现较低的玻璃化转变温度。

含有氟代烷氧基侧链的聚磷腈是一种很有前景的弹性体材料。Modzelewski 等将三氟乙氧基取代的环三磷腈环，通过芳氧基间隔基与氟代烷

氧基聚磷腈主链连接。在 4 个拉伸循环中（应变高达 1 000%），弹性体能够恢复其原始形状的 89%，且断裂伸长率高达 1 600%。弹性体性能归因于体积较大的侧基与相邻链上的相对应基团相互交错，产生了非共价交联，其力学性能可通过调节环状三聚体侧基与主链连接的三氟乙氧基侧基的比例来改变。Modzelewski 等合成了以磷腈为骨架，2,2,2-三氟乙氧基和苯氧基环三磷腈为取代基的新型聚合物（TFE，结构式见图 1-6）。当含有 7%～20%(y)体积较大的环状三聚体时，聚合物失去结晶性而呈现出弹性体状态，可能是因为体积庞大的芳环三磷腈侧基的交错或团聚形成了准物理交联作用，这些非共价交联使材料断裂应变高达 1 000%，当弹性体受到 60%的断裂应变时，弹性仍可恢复到原来的 85%以上。

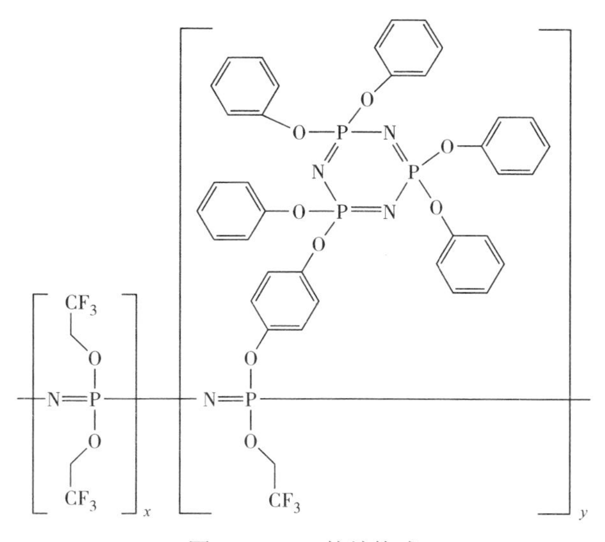

图 1-6　TFE 的结构式

Zhou Yubo 等合成了某种线型聚磷腈（PPHBP，结构式见图 1-7），然后将甲苯二异氰酸酯（TDI）和 1,4-丁二醇（BDO）按不同比例对 PPHBP 进行交联。结果表明，当 n(TDI)∶n(BDO)∶n(PPHBP) = 10∶9∶1 时，弹性体的拉伸强度提高了 148.1%，断裂伸长率提高了 68.7%。与其他方法相比，该方法在温和的温度条件下进行，可以保护聚磷腈的官能团免于热降解，且克服了不饱和基团和多步骤反应的要求。

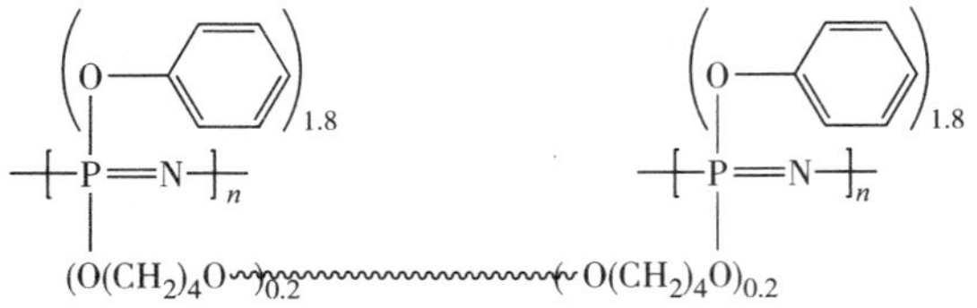

图 1-7 PPHBP 的结构式

与传统的有机弹性体或天然橡胶相比，含有氟代烷氧基或芳氧基侧基的聚磷腈弹性体具有更好的耐紫外光、耐高能辐照性能，且在低温条件下具有良好的柔顺性。

三、聚磷腈用于生物医学材料的合成

聚磷腈是一类易水解，易渗透，具有良好生物相容性和生物活性的物质。根据所连接侧基的不同，聚磷腈可作为基因、蛋白质及其他多种药物的载体，并且聚磷腈容易在体内水解成磷酸盐和氨，以及一些游离的有机侧基（包括氨基酸酯、二肽、缩酚酸肽、糖类或维生素，以及其他良性或生理必需分子）。磷酸盐可被代谢，氨可被排出。选择不同的侧基可以对水解速率、玻璃化转变温度和制造特性等性能进行微调，因此，嵌段和接枝共聚物的应用将进一步拓宽其性能范围。在生物组织工程领域，材料的降解是一个重要的研究方向。Rothemund 等合成了甘氨酸丙烯酯取代的聚磷腈多孔材料。在水溶液中，该材料的降解速率随聚磷腈含量的增加而增大，聚合物及其降解产物均无细胞毒性，且具有良好的生物相容性，在软骨组织工程方面具有良好的应用前景。陈才等合成了两种可用于神经支架材料的聚磷腈，发现聚磷腈的侧链氨基酸类取代基比例越大，亲水性越强，降解速率越高。

当加载水溶性化学治疗剂时，药物在血液循环中的渗漏是一个严重问题。如果增强聚合物膜的包封密度，就会抑制药物的过早释放。Fu Jun 等将 2-二乙胺基乙基 4-氨基苯甲酸酯（DEAB）作为疏水侧基，氨基末端－聚乙二醇（NH_2-PEG_{2000}）作为亲水侧链合成了一系列两性聚磷腈（PNPs，结构式见图 1-8）。通过调节 DEAB 与 NH_2-PEG_{2000} 的比例，筛选出最优的聚磷腈（记作 PNP-3）以确保聚合物囊泡的形成和盐酸阿霉素（DOX • HCl）在其上的高负载量，然后将金纳米粒子（AuNPs）引入到囊泡的薄膜中，并作为无机交联

剂来聚集聚合物链，合成的 AuNPs 杂化 PNP-3 聚合体在 pH 为 7.4 时，药物释放缓慢，DOX・HCl 在小鼠体内的循环时间明显加长，抗肿瘤的效果增强，解决了药物在体内过早释放的问题。生物制剂释放体系在软骨损伤的治疗中一直都有应用。任博等采用双乳液法制备了两种聚磷腈多孔微球，并研究了其体外缓释性能和对细胞增殖的影响。结果表明，聚磷腈微球可以在局部形成持续有效的浓度，支持细胞黏附和生长，且生长因子缓释策略能明显提高骨髓间充质干细胞的增殖。综上所述，当聚磷腈作为生物医用材料时，按用途可以分为两类：组织工程材料和药物释放载体。目前，主要的研究集中在药物控制释放方面，聚磷腈在生物仿生方面的应用还具有很大的潜在价值，国内外对这方面的报道较少。

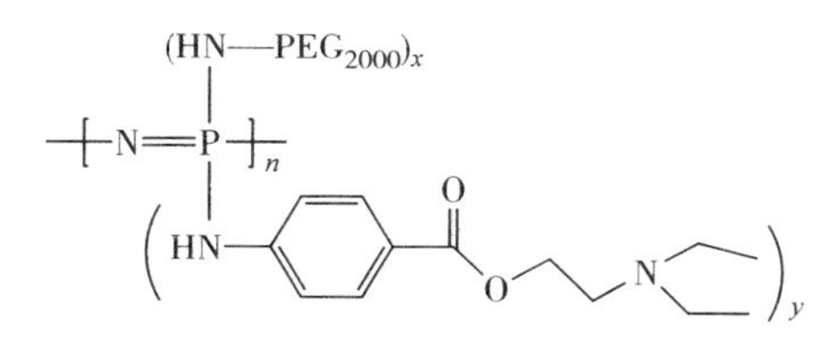

图 1-8 PNPs 的结构式

四、聚磷腈用于膜材料的合成

聚磷腈是一类非常有发展前景的膜材料，主要是基于具有甲氧基乙氧基及相关侧基的线型聚合物的水凝胶行为。在原始状态下，这些聚合物可溶于水并能稳定存在，可在 γ 射线或紫外光辐照下发生交联形成水凝胶。水凝胶易受环境温度的影响，一般在低临界转变温度（LCST）以下对小分子具有渗透性，在 LCST 以上收缩变得不可渗透。可以通过改变烷基醚取代基的长度来调节 LCST。此外，还可通过引入对 pH 响应的羧基苯氧基共取代基，使膜材料在酸性介质中收缩变得不渗透，而在碱性介质中膨胀变得可渗透。也可引入多价阳离子，通过电化学反应改变离子价态来调节膜的渗透性。

质子交换膜是质子交换膜燃料电池（PEMFC）的关键材料之一，其主要作用是分离燃料和氧化剂，并为质子转移提供途径。美国杜邦公司的 Nafion117 膜因其高质子传导性以及氧化和化学稳定性而被广泛研究，然而，Nafion117

膜的缺点（如高成本、高甲醇渗透性和有限的操作温度）阻碍了其在 PEMFC 中的广泛应用。

Fu Fangyan 等将聚二磷腈与 4-甲氧基苯酚和 4-甲基苯酚反应制备了聚[(4-甲氧基苯氧基)(4-甲基苯氧基)磷腈](PMMPP)，之后利用原子转移自由基聚合合成了 PMMPP-*g*-聚[(苯乙烯)$_x$-*r*-(4-乙酰氧基苯乙烯)$_y$](M-PS$_x$-PSBOS$_y$,*r* 代表嵌段)和 PMMPP-g-聚[(苯乙烯)$_x$-*r*-(4-羟基苯乙烯)$_y$](F-PS$_x$-PSBOS$_y$)两系列膜，结构式见图 1-9（a）。在 80 ℃条件下，M-PS$_x$-PSBOS$_y$ 系列膜的电导率为 0.184～0.266 S/cm，F-PS$_x$-PSBOS$_y$ 系列膜的电导率为 0.147～0.284 S/cm，质子传导性是 Nafion117 膜的 1.3～1.5 倍，质子的有效传导可归因于膜中纳米级相分离的结构和相互连接的离子通道，所有膜均能显著抑制甲醇的扩散，此外，复合膜还表现出良好的热稳定性和氧化稳定性，且吸水率和膨胀率相对较低。

Luo Tianwei 等将聚[(4-三氟甲基苯氧基)(4-甲基苯氧基)磷腈]-*g*-聚{(苯乙烯)$_x$-*r*-(4-磺基丁氧基)苯乙烯]$_y$}(CF$_3$-PS$_x$-PSBOS$_y$，结构式见图 1-9（b）与磺化单壁碳纳米管（S-SWCNTs）共混，制备了一系列 CF$_3$-PS$_x$-PSBOS$_y$-SCNT 复合膜，发现 CF$_3$-PS$_{11}$-PSBOS$_{33}$-SCNT 复合膜和 CF3-PSBOS$_{45}$-SCNT 复合膜在 100 ℃条件下的质子电导率分别为 0.460 S/cm，0.550 S/cm，是 Nafion117 膜的 2.2～2.6 倍。复合膜的选择性明显优于 Nafion117 膜。

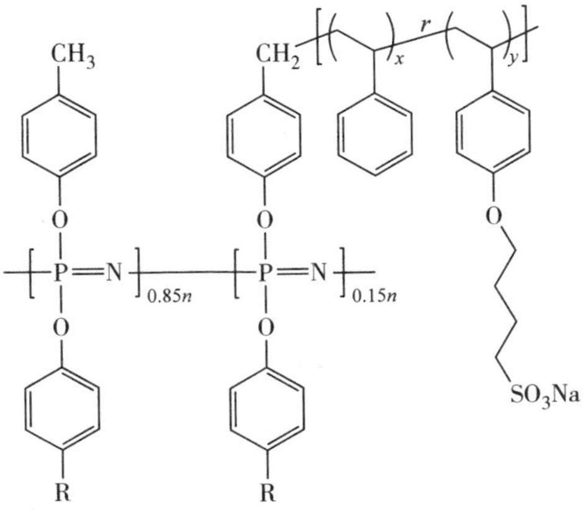

（a）M-PS$_x$-PSBOS$_y$和F-PS$_x$-PSBOS$_y$

图 1-9　M-PS$_x$-PSBOS$_y$，F-PS$_x$-PSBOS$_y$ 与 CF$_3$-PS$_x$-PSBOS$_y$ 的结构式

注：R 为—OCH$_3$ 时是 M-PS$_x$-PSBOS$_y$；R 为 F 时是 F-PS$_x$-PSBOS$_y$。

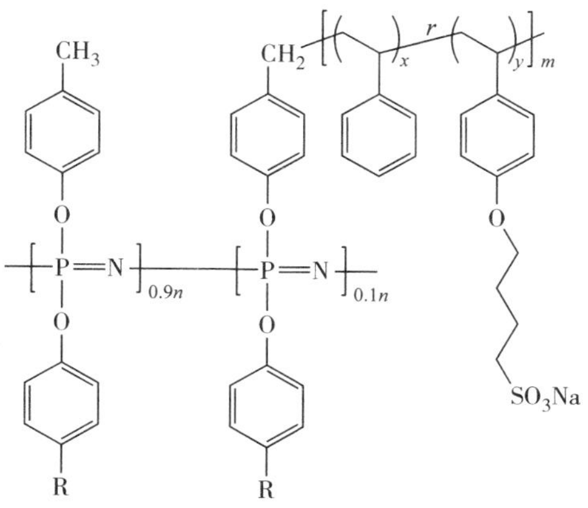

（b）CF_3-PS_x-$PSBOS_y$

图 1-9　M-PS_x-$PSBOS_y$，F-PS_x-$PSBOS_y$ 与 CF_3-PS_x-$PSBOS_y$ 的结构式（续）

注：R 为—OCH_3 时是 M-PS_x-$PSBOS_y$；R 为 F 时是 F-PS_x-$PSBOS_y$。

碱性燃料电池是燃料电池的一个新的研究领域，碱性膜的高化学稳定性可延长电池的使用寿命。Chen Yuenan 等将冠醚引入到聚磷腈骨架上，制备了交联聚磷腈冠醚膜（PDB155P，结构式见图 1-10）。在 90 ℃条件下，当冠醚质量分数为 60%时，离子电导率为 78.6 mS/cm。将该膜分别浸泡在 4 mol/L NaOH 溶液中 10 d 和 2 mol/L NaOH 溶液中 1 000 h 后，离子电导率分别下降

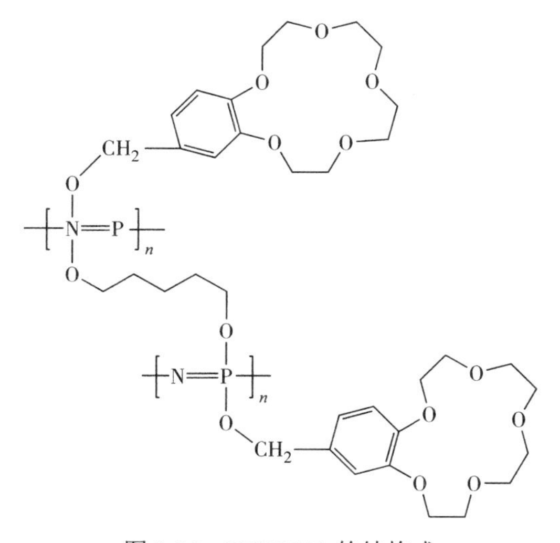

图 1-10　PDB155P 的结构式

了 2.50%和 0.99%。利用冠醚基团取代传统的季铵盐基团，可以从根本上解决交换膜碱稳定性差的问题。

本征微孔聚合物具有超高的渗透性，是一种革命性的气体分离材料，但由于其脆性导致对气体（如 CO_2 或 N_2）的选择性较低且耐久性较差。Sekizkardes 等将某本征微孔聚合物（记作 PIM-1）与含有醚侧链的聚磷腈（MEEP80，结构式见图 1-11）共混，两者表现出很好的相容性，制备的混合膜克服了两种纯聚合物存在的缺陷，即 PIM-1 的脆性和 MEEP80 的凝胶特性，使该混合膜较天然微孔聚合物膜有更好的机械灵活性和气体选择性。在混合气体测试条件下，当 w（MEEP80）为 25%时，PIM-1 的 CO_2 渗透率为 814×10^{-9} mol/（m^2 • s • Pa），是非常理想的 CO_2 分离材料。

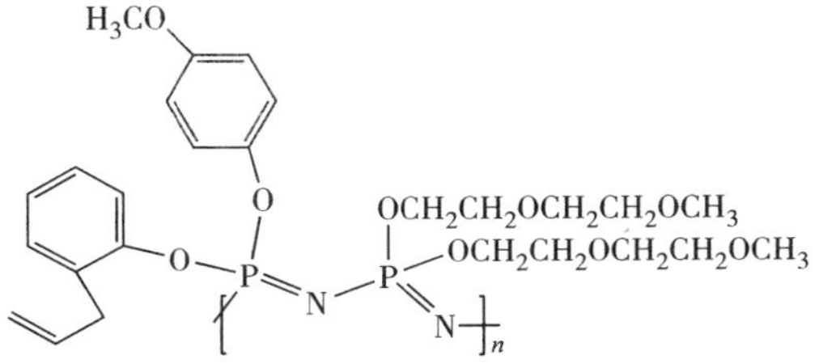

图 1-11　MEEP80 的结构式

以聚磷腈为骨架制备的交换膜在污水处理领域具有较好的应用。贺敏岚等制备了全氟磺酸型聚磷腈离子交换膜，将该膜应用到电渗析反应器中处理高浓度含氨废水，废水的氨氮浓度下降了约 97.3%，浊度从 12 560 下降到 88，可能是因为聚磷腈对固体小颗粒具有捕捉作用。与传统的膜分离材料相比，聚磷腈分离膜具有很多独特的优点，包括优良的耐溶剂性、耐高温、抗氧化、较好的力学性能等，是一种非常有发展前景的膜分离材料，但仍存在使用寿命短、离子传导率不高等缺点，制约了其应用推广。

五、聚磷腈用于光学材料的合成

大多数可用于光学应用的高折射率材料是无机玻璃材料，其密度大、质地脆且价格昂贵。有机聚合物具有质量轻、韧性好、易于制造等优点，已被认为是无机玻璃的替代品。多年来，聚磷腈作为光学材料一直是研究热点，

聚磷腈在紫外光 220 nm 到近红外区域具有很高的折射率，因此，可以用于非线性光学薄膜、光敏电阻和电致发光材料中。张文龙等合成了 2,4-二硝基苯胺接枝咔唑聚磷腈，并对其进行了光电导率和电光系数测试。结果表明，接枝率为 32.8%时，其光电导率和电光系数分别是 12.8×10^{-15} S/m，136.9 pm/V。因此，可以通过引入强吸电子基团或大共轭体系的基团来增强聚合物的光电性能。聚磷腈的侧基上可以引入较大体积的发色基团，并通过混合取代可调节材料的非线性光学行为；但仍存在工艺复杂、合成时间长和产率低等缺点。因此，有必要探讨新的合成方法。

六、聚磷腈用于固态电解质的合成

聚合物固态电解质是一种新型的固体离子导电材料，被广泛应用于能源储存和发电领域。由于含有甲氧基乙氧基侧链的聚磷腈($[NP(OCH_2CH_2OCH_2CH_2OCH_3)]_n$)是三氟甲磺酸锂和相关锂盐的优良溶剂，其固体或胶质溶液可促进锂正离子的传导，同时聚磷腈高分子主链具有良好的柔顺性，便于加工。因此，聚磷腈可作为一类新型的高分子固态电解质材料。Schmohl 等合成了以 2-（2-甲氧基乙氧基）乙氧基和阴离子三氟硼酸基为侧链的改性聚磷腈［MEEP，结构式见图 1-12（a）］，通过固定阴离子基团可提高$[NP(OCH_2CH_2OCH_2CH_2OCH_3)]_n$ 的电导率。改性后的 MEEP 在 60 ℃条件下的总电导率和锂导电率分别为 3.6×10^{-4} S/cm 和 1.8×10^{-5} S/cm。Tsao 等以 2,4,6-三(双(甲氧基甲基)氨基)-1,3,5-三嗪为交联剂，合成了一种以聚磷腈作为骨架，以 2-(2-甲氧基乙氧基)乙氧基和 2-(苯氧基)乙氧基作为侧链的新型锂离子聚合物电解质［MEEPP，见图 1-12（b）］。在 100 ℃条件下 MEEPP 电导率为 5.36×10^{-5} S/cm。锂离子迁移率与交联度有很大关系，MEEPP 电化学稳定性随着交联程度的增加而增加。

基于 MEEP 结构的聚磷腈固态电解质具有电解质与碱金属盐比例可调、玻璃化转变温度较低等优点，但仍存在室温条件下的电导率不高、分子自支撑性较差以至于不能很好成膜等缺点，因此需要进一步提高聚合物膜的尺寸稳定性。

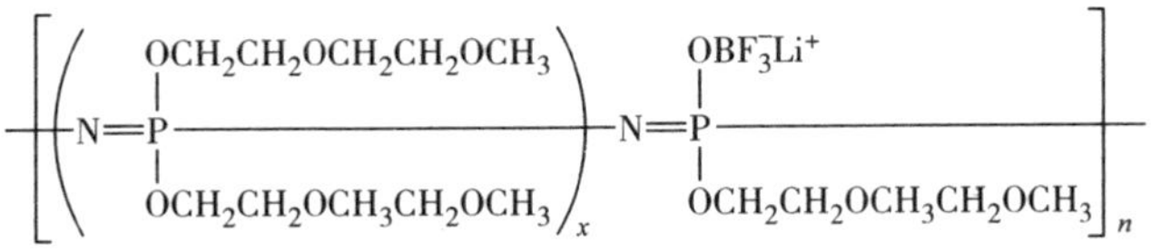

（a）MEEP

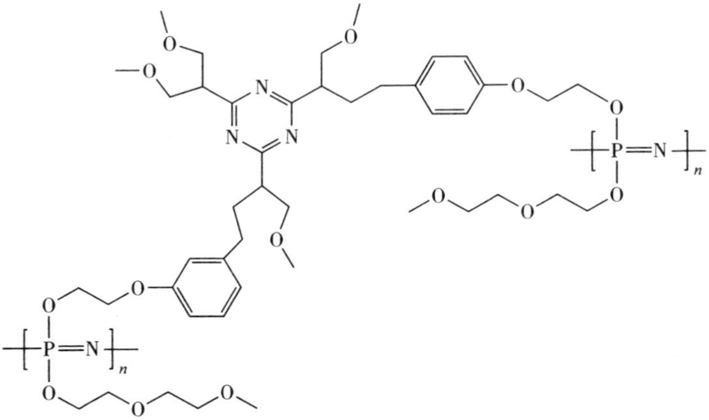

（b）MEEPP

图 1-12　MEEP 与 MEEPP 的结构式

聚磷腈由于其优异的性能具有广泛的应用领域，通过在聚磷腈骨架的磷原子上引入不同比例的侧基，可以获得物理、化学和生物性质不同的聚磷腈。由于其有机－无机杂化的特性，可通过分子结构的设计，合成具有不同功能的聚合物，满足不同的应用需求，在阻燃材料、弹性材料、生物医用材料、膜分离材料、非线性光学材料、固态电解质等领域广泛应用，是一种非常有前途的高分子材料。

第二章
聚磷腈材料的应用

第一节 阻燃耐热材料的应用

一、无机阻燃剂

随着科技发展与社会进步，传统的无机材料已经不能满足人民群众的生活需要。高分子材料由于其出色的性能被人们不断地开发并广泛使用，但是由于高分子材料通常由碳、氧、氢等易燃元素组成，这导致了绝大多数高分子材料具有高度的易燃性，并且燃烧过程中易产生有毒有害气体和大量烟雾，从而给人民的生命财产安全带来了极大的危害。为了降低高分子材料的易燃性，往往需要在高分子材料中添加阻燃剂，阻燃剂已经成为用量最大的高分子添加剂之一。常见的阻燃剂可以分为有机阻燃剂和无机阻燃剂。有机阻燃剂具有添加量少、阻燃效果好以及与高分子材料相容性好等优点，但是有机阻燃剂往往会在高分子材料燃烧时释放大量烟雾，以及有毒气体给环境造成污染，这大大限制了其应用。无机阻燃剂通常具有无毒、抑烟、不挥发、绿色环保等特点，在环保要求日益增强的今天，无机阻燃剂显示出更强的竞争力和应用潜力。无机阻燃剂在全世界特别是中国市场需求强劲。然而传统的无机阻燃剂也具有不可忽略的缺点，如阻燃效能较低，往往需要大量添加，对材料力学性能有明显恶化。因此，对绿色、环保、高效的无机阻燃剂的研究具有十分重要的意义。

（一）无机阻燃剂的研究进展

与有机阻燃剂相比，无机阻燃剂具有独特的优势，如更高的热稳定性、低廉的价格、较低的毒性、更强的环境友好性等。主族金属元素（Mg、Al、Zn、Ca 等）及很多过金属元素以及非金属元素（B、P、N、Si、卤素等）具有明显的阻燃作用，被称为阻燃元素。根据类型，无机阻燃剂大致可分为如下几类：金属氢氧化物、金属氧化物、无机磷系化合物、硼系化合物、锑系化合物、氮系化合物以及硅系化合物等。

1. 金属氢氧化物阻燃剂

21 世纪以来，世界上的各个国家更加关注环境保护以及人类健康，因此需要阻燃剂具有无卤、低烟、低毒的特点。尤其是一些国家执行欧盟的 ROHS 指令以及 WEEE 指令后，阻燃剂所面临的环保法规压力的挑战更加严峻。而金属氢氧化物阻燃剂（主要是氢氧化铝和氢氧化镁两大类）在环保方面具有明显的优势，所以近年来备受研究者们的青睐，其阻燃机理大致是氢氧化铝或氢氧化镁受热分解：从分解反应式可以看出当阻燃剂 $Al(OH)_3$ 或 $Mg(OH)_2$ 受热分解后生成金属氧化物同时放出水蒸气，水蒸气起到了吸热降温的作用，而金属氧化物迁移到高分子基材表面形成保护层，起到隔绝空气的作用。

Meng 等利用层层自组装法制备了以氢氧化镁（MH）为核，植酸盐（PASn）和单宁酸盐（TAZn）为壳的新型无卤环保阻燃剂（MH@PASn@TAZn），并把这种阻燃剂应用于阻燃聚氯乙烯（PVC）中。研究发现，MH、PASn 以及 TAZn 之间存在着协同阻燃作用，新型的无卤阻燃剂（MH@PASn@TAZn）不仅赋予了 PVC 优异的阻燃性能，同时 PASn 与 TAZn 的引入改善了 MH 与 PVC 之间的界面相容性。耿等通过使用不同的偶联剂对 $Al(OH)_3$ 和 $Mg(OH)_2$ 表面改性，并制备出纳米 $Al(OH)_3$/$Mg(OH)_2$/微胶囊聚磷酸铵(APP)/PP 复合材料。研究发现 $Al(OH)_3$/$Mg(OH)_2$/微胶囊 APP 三元阻燃体系在阻燃 PP 方面具有协同作用，复合材料的氧指数可以达到 26.2%。值得一提的是，复合材料的力学性能包括弯曲强度和弯曲模量也得到了显著提升。

综上所述，金属氢氧化物通常不单独作为阻燃剂进行使用，这是因为单

独使用时它的阻燃效率较低。为了解决这一问题研究者们往往使用多组分协同阻燃、表面改性技术以及超细化技术等对金属氢氧化物改性后再作为阻燃剂使用。因此对提高金属氢氧化物阻燃效率的研究是十分必要的。

2. 无机磷系阻燃剂

磷系阻燃剂是一个重要的阻燃剂类别，其种类繁多，应用广泛。磷系阻燃剂包括有机磷系阻燃剂和无机磷系阻燃剂。无机磷系阻燃剂主要包括：红磷、聚磷酸铵（APP）、磷酸铵盐、磷酸盐及聚磷酸盐等。有机磷系阻燃效率较高，但是其多为液体，有一定的挥发性，保存和运输较为困难。与有机磷系阻燃剂相比，无机磷系阻燃剂使用更加简便，且更容易与其他阻燃剂复配使用，因此发展速度很快。

M.N.Prabhakar 等利用不同含量的聚磷酸铵（APP）对乙烯基酯（FR-VE）/亚麻织物（FF）生物复合材料进行表面阻燃处理。结果显示纯织物在 700 ℃时的残炭为 14wt%，随着 APP 添加量的增加，残炭量也随之增加，当 APP 添加量为 20wt%时，亚麻织物的残炭量增加到 42wt%。UL-94 测试表明纯亚麻织物没有任何等级，随着 APP 的加入，亚麻织物的燃烧时间不断缩小，当添加量为 20wt%时达到 V-0 等级。CONE 结果表明添加 APP 后的亚麻织物其热释放速率（PHRR）和烟释放速率（PSPR）均有明显下降。因此研究结果表明 APP 在增加聚合物的阻燃性能方面具有显著作用，这是由于含有 APP 的聚合物在燃烧时形成了大量焦炭，并使可燃挥发性物质大量减少。

Chen 等将红磷（RP）与三水合氧化铝（ATH）协同作用于硅橡胶（SR）基体中用以提高其阻燃性能。结果表明在硅橡胶基体中加入 32wt%ATH 和 7wt%RP 的阻燃剂使极限氧指数（LOI）从 20%提高到 49%，达到难燃级别，并且添加阻燃剂后顺利通过 UL-94 的 V-0 级。CONE 结果表明 ATH/RP 的加入使硅橡胶形成了更加致密的炭层，从而使热释放和烟释放都大量降低。综上所述，无机磷系阻燃剂种类繁多，因为其无卤、低烟、低毒的特性因而备受关注。但它也有不可忽略的缺点，比如其与基体相容性差导致基体力学性能下降。因此，对磷系阻燃剂的研究还有待继续加强。

3. 硼系阻燃剂

无机硼系阻燃剂主要包含硼酸锌、硼砂、偏硼酸钙、偏硼酸钠、偏硼酸钡、氟硼酸锌等。其中，硼酸锌是一种常见的硼系化合物，具有无毒无污染的特征。硼酸锌常与其他无机阻燃剂（如 $Al(OH)_3$、Sb_2O_3）等复配使用，复配后的阻燃剂具有更加优良的阻燃性能及抑烟性能。

硼酸锌的阻燃机理是当聚合物燃烧时，硼酸锌受热分解释放出结晶水起到吸热冷却作用，并且会稀释周围氧气的浓度，从而起到阻燃作用。另外，硼酸锌受热会产生 B_2O_3，B_2O_3 热稳定性高，附着在基材表面形成保护层，此保护层起到隔绝氧气和气质传递的作用。硼酸锌作为一种优良的无机阻燃剂已经应用于尼龙、聚氯乙烯等高分子材料的阻燃。随着人们对高分子材料需求的不断增加，硼酸锌的需求量也在不断增长。吴等研究发现当在 PVC 中加入其质量 10%～30%的硼酸锌时，600 ℃时残炭量明显增加。当 PVC 中加入 10wt%的硼酸锌时，残炭量提高了 172%，30wt%的硼酸锌添加量可以使残炭量提高 348%，由于残炭量的大幅度增加，使 PVC 燃烧时产生的可燃物质大大减少从而产生更少的热和烟。综上所述，硼系阻燃剂种类繁多，具有一定的阻燃性能、安全无毒、价格低廉的特点，但是单独使用时阻燃效率较低。

4. 金属氧化物阻燃剂

最早使用的金属氧化物阻燃剂主要是 Sb_2O_3。近年来越来越多的金属氧化物作为阻燃剂被人们开发出来，尤其是过渡金属氧化物（ZnO、CuO、CeO_2）等。研究发现金属氧化物阻燃效率虽然较低，但与卤化物具有显著的协同作用。

Huang 等在中空介孔二氧化硅表面（HM-SiO_2）负载了金属氧化物 CeO_2/NiO 并将其作为阻燃剂掺入到环氧树脂中，且通过热重分析（TG）、锥形量热法（CONE）等手段对样品进行了阻燃性能以及热稳定性测试。研究表明，把 HM-SiO_2@CeO_2/NiO 加入环氧中比单独的 HM-SiO_2 具有更好的阻燃性能，具体表现为热释放和烟释放都有明显的下降，加入 HM-SiO_2@CeO_2/NiO 后环氧树脂的残炭量明显增加，这说明 CeO_2/NiO 对 HM-SiO_2 的阻燃效果具有明显的提升作用。Liu 等在活性炭（ACS）表面负载 SnO_2/NiO 合成了一种新型阻燃剂 ACS@SnO_2@NiO，将其加入环氧树脂中探究其阻燃性能。研究表明在环氧树脂中加入 2wt%ACS@SnO_2@NiO 后总烟释放量减少了 15.5%，热

释放速率以及热释放总量也有明显下降，加入阻燃剂后的环氧树脂具有更高的石墨化炭层。

综上所述，金属氧化物由于具有绿色环保，价格低廉等优点被广泛地应用到高分子材料阻燃中。不难发现，金属氧化物往往不单独作为阻燃剂使用，这是因为它的阻燃效率较低而且往往会使高分子材料的力学性能下降，这些缺点也限制了它的应用。

5. 氮系阻燃剂

双氰胺、三聚氰胺、胍盐（如碳酸胍、磷酸胍、氨基磺酸胍等）以及它们的衍生物等共同组成了氮系阻燃剂。它的阻燃机制主要是：含有氮系阻燃剂的高分子材料在燃烧时可以放出氮气、氨气和水蒸气等不可燃烧的气体。这些不燃气体会稀释周围氧气的浓度以及降低高分子材料表面温度，从而达到阻燃的作用。Jacek 等制备了三聚氰胺/三聚氰胺聚磷酸盐/聚氨酯泡沫塑料复合材料，LOI 测试结果显示改性泡沫的氧指数达到了 22.2%～24.2%，达到了自熄材料的特点。同时，三聚氰胺/三聚氰胺聚磷酸盐的加入也提高了聚氨酯泡沫的耐热性，即使在 200 ℃的温度下，复合材料也具有很高的耐热性。Li 等把三聚氰胺尿酸酯作为阻燃剂加入聚酰胺中，当阻燃剂添加量达到 8wt%时，复合材料的 UL-94 测试达到 V-0 级，LOI 达到 29.3%，在空气中达到自熄的效果。

综上所述，氮系阻燃剂由于具有无卤环保的优点，正逐步得到研究者的重视。但是氮系阻燃剂也有不可忽略的缺点阻碍着它的普及，比如氮系阻燃剂单独使用阻燃效率较低，在基体材料中不易分散从而导致基体材料力学性能下降。因此，开发高效环保的氮系阻燃剂仍需进一步努力。

6. 硅系阻燃剂

无机硅系阻燃剂主要包括二氧化硅、低熔点玻璃、硅凝胶/碳酸钾、硅酸盐（如蒙脱土、硅酸铝、高岭土等）。由于自然界中含有十分丰富的无机硅系化合物资源，所以通常无机硅系阻燃剂取材方便，价格低廉。

Qiu 等合成了以 SiO_2 为核，以聚磷腈为壳（PZM），并在 PZM 表面均匀分布上 Cu_2O 纳米颗粒的新型阻燃剂 SiO_2@PZM@Cu。并把这种阻燃剂应用于阻燃环氧树脂（EP）中，通过氧指数（LOI）、热失重分析（TGA）以及锥形量热法（CONE）研究了 SiO_2@PZM@Cu 对该体系的阻燃抑烟作用。实验发现 SiO_2、PZM 以及 Cu_2O 在阻燃 EP 方面具有协同作用。J.Feng 等通过熔融共混有机改性蒙脱土（OMMT）、双酚 A-二苯基磷酸酯（SBDP）以及聚碳酸酯（PC）合成了阻燃 PC 材料。研究发现，OMMT 和 S-BDP 在阻燃 PC 方面具有协同作用。通过 LOI 测试发现阻燃 PC 复合材料氧指数可以达到 27.6%且 UL-94 可以达到 V-0 级。

综上所述，硅系阻燃剂具有低烟、无熔滴、无毒、高效等特点，在过去 20 年备受研究者们的关注，并且仍在持续发展。但硅系阻燃剂的发展仍然在路上，阻燃机理的研究以及高效低成本产品的开发还需研究者们进一步努力。

（二）无机阻燃剂的阻燃机理及发展趋势

1. 无机阻燃剂的阻燃机理

阻燃剂是应用于易燃高分子材料难燃性的功能性助剂，主要针对高分子材料的阻燃设计，通过吸热、阻隔、中断链反应、不燃气体阻断作用等若干机理发挥其阻燃作用，多数阻燃剂是通过若干机理共同发挥作用达到阻燃目的。具体而言，目前阻燃剂的阻燃机理主要分为凝聚相阻燃机理，气相阻燃机理以及中断热交换阻燃机理。

（1）凝聚相阻燃机理

高分子材料在燃烧时，阻燃剂可以起到成炭剂或者催化剂的作用，促进基体材料形成大量的焦炭，这些焦炭会附着在材料表面起到隔热和隔氧的目的，从而抑制材料的进一步燃烧，最终达到阻燃的目的。

（2）气相阻燃机理

高分子材料的燃烧过程本质上就是 H• 和 OH• 自由基的反应过程，有些阻燃剂能在基体材料燃烧时，产生自由基抑制剂，捕捉参与燃烧反应的活性自由基，从而使燃烧链式反应中断，这是目前普遍认可的气相阻燃机理之一。另一种气相阻燃机理主要是阻燃剂在基体燃烧时，受热分解出大量惰性气体（如含氮阻燃剂）和高密度的水蒸气（如金属氢氧化物阻燃剂），前者驱赶燃烧区域的可燃性气体，水蒸气可以起到降低燃烧区域温度的作用，从而使燃

烧终止。比如常见的红磷以及氨类化合物就属于此阻燃机理。

（3）中断热交换阻燃机理

这类阻燃剂随着材料燃烧可以带走部分热量，因此材料无法维持其燃烧所需的温度，进而无法持续产生可燃气体，最终自熄。例如，当阻燃材料在热分解时融化滴落带走部分热量，减少了基体材料中的热量储存，最后终止燃烧。

综上，目前阻燃剂的阻燃机理主要有以上三类，阻燃材料在实际燃烧过程中往往是多种阻燃机制之间协同作用才能产生更加理想的阻燃效果，因此阻燃剂未来的主要发展方向之一就是多组分协同阻燃体系。

2. 无机阻燃剂的发展趋势

阻燃剂在经历了20世纪后期的蓬勃发展后，现已进入稳步发展阶段。近年来，随着电子电器和汽车市场的迅速扩大，我国国内阻燃剂消费量急剧上升。国内阻燃剂的品种和消费量还是以有机阻燃剂为主，但随着人们对环保问题的日益关注，世界范围内一直在调整阻燃剂的产品结构，加大高效环保型阻燃剂的开发。其中，无机阻燃剂作为无卤、低烟、低毒阻燃剂的代表，发展势头迅猛，市场潜力很大。目前阻燃剂的超细化、微胶囊化、表面改性、复配协效、有机无机杂化与新型阻燃剂种类的拓展成为无机阻燃剂未来的主要发展趋势。近年来研究者们经过不断探索开发出越来越多的无机阻燃剂种类，包括羟基锡酸盐、金属有机框架材料（MOF）、埃洛石纳米管、碳纳米管、C_{60}、石墨烯、二维过渡金属碳化物（Mxene）、笼型聚倍半硅氧烷（POSS）等在内的阻燃剂纷纷出现了大量的研究。这些阻燃剂的开发拓宽了阻燃剂的种类，且其阻燃效率的提高机制主要集中在颗粒的微细化（零维、一维和二维微纳米粒子）、多重阻燃元素的开发及协效、有机无机的杂化协效阻燃等。从目前无机阻燃剂的发展趋势来看，无机阻燃剂种类的拓展，对于阻燃领域的发展仍然具有非常重要的意义。

生物活性玻璃（BG）是一种以 $CaO\text{-}SiO_2\text{-}P_2O_5$ 组成为基础，具有特殊孔洞结构的硅酸盐材料，目前广泛应用于医学领域。它具有比表面积大、形貌和粒径可控、化学组成及分子结构可高度设计的特点。这些组成和结构特性将赋予其作为新型阻燃剂的潜力。

二、新型环三磷腈阻燃剂

大多数塑料、橡胶以及合成纤维等聚合物属于可燃、易燃材料，燃烧时会产生浓烟和有毒气体，对人们的生命财产以及自然环境造成巨大的危害。按所含阻燃元素的不同，阻燃剂可分为卤系阻燃剂、磷系阻燃剂、氮系阻燃剂、硅系阻燃剂以及无机阻燃剂等。卤系阻燃剂具有出色的阻燃效果，但燃烧时会释放大量有毒气体以及烟雾，对环境产生不良影响，不符合绿色环保要求。无卤阻燃剂大多具有低毒、低烟、低腐蚀等优点，属于环境友好型阻燃剂，具有较好的发展前景。磷腈类阻燃剂是一类无机高分子阻燃剂，其主链是由磷、氮原子单双键交替排列组成的，每个磷原子上有两个侧基，一般分为环磷腈和聚磷腈两大类。聚磷腈是一种本质阻燃高分子，常用作高温弹性材料；环磷腈则主要作为防火阻燃材料、燃料及催化剂等。环磷腈具有较高的磷、氮含量以及类似芳香环的共轭结构，使其具有优异的热稳定性和阻燃性能，由于取代基的不同，环磷腈结构具有多样性，这使得材料具有多功能性，取代基可以赋予磷腈更多有机物特有的性质，广泛应用于催化、生物医药、膜材料、光电材料、高分子电介质等领域。其中，六氯环三磷腈是磷腈中最基本的化合物，具有优良的热稳定性和化学惰性，而氯原子又具有化学活性，很容易通过亲核取代得到具有不同基团的环三磷腈衍生物。

（一）含苯氧基或苯胺基的环三磷腈阻燃剂

苯环结构有利于提高环磷腈的耐热性能，具有苯基、苯氧基或苯胺基的环磷腈不仅耐热、耐水解，且极限氧指数（LOI）高、排烟量低，应用在涂层、泡沫塑料、纤维等材料中。

1. 含苯氧基的环三磷腈阻燃剂

六（苯氧基）环三磷腈（HPCP）[图 2-1（a）] 具有热稳定性高、与高分子材料相容性好等优点，其合成方法不断改进和优化。采用 HPCP 对环氧树脂（EP）进行阻燃改性，发现 HPCP 可以与 EP 的热解产物反应成炭，进而形成泡沫层，隔热隔氧；另外，HPCP 自身分解可以产生小分子 H_2O，有助于火

焰熄灭。在 HPCP 阻燃丙烯酸树脂的研究中发现：当 HPCP 质量分数为 20% 时，阻燃效果最好，LOI 达 32.2%，并且残炭率较高。采用 HPCP 与膨胀型石墨对硬质聚氨酯泡沫进行协同阻燃，发现该泡沫具有良好的成炭性能，阻燃性能优异。Krystal 等将 1,1,3,3-二羟基联苯－5,5-二氨基乙烷磷腈（dBEP）［图 2-1（b）］应用于天然棉纤维的阻燃处理。结果发现：dBEP 在燃烧时热解为磷酸，并生成磷胺，而磷酸可以促进棉纤维成炭，磷胺则能产生氨气等挥发性不燃气体，都有利于提高棉纤维的阻燃性能。

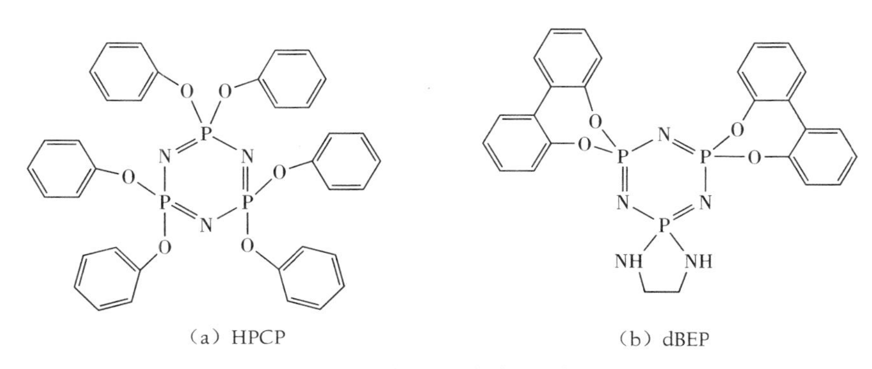

图 2-1　含苯氧基的环三磷腈阻燃剂的结构式

2. 含苯胺基的环三磷腈阻燃剂

含苯胺基的环三磷腈在 EP、丙烯腈－丁二烯－苯乙烯共聚物（ABS）等材料中有良好的应用。六（苯胺基）环三磷腈（HACTP）［图 2-2（a）］可用于 ABS 的阻燃，不仅能提高其阻燃性能，对材料的力学性能也有一定的改善。姚淑焕等将 HACTP 用于聚乙烯醇（PVA）阻燃纤维的合成，w（HACTP）为 10%～15%时，阻燃 PVA 的 LOI 提高，并且力学性能受影响较小，符合使用要求。Zhao Bin 等制备了双酚 A 桥接五（苯胺基）环三磷腈（BPA-BPP）［图 2-2（b）］，可与双酚 A 缩水甘油醚（DGEBA）共混制备阻燃树脂。含苯氧基或苯胺基的环三磷腈衍生物大多作为添加型阻燃剂，虽然阻燃效果达到使用要求，但存在填充量大、易迁移析出等问题，其低成本合成技术以及与基体材料的相容性还需要研究。

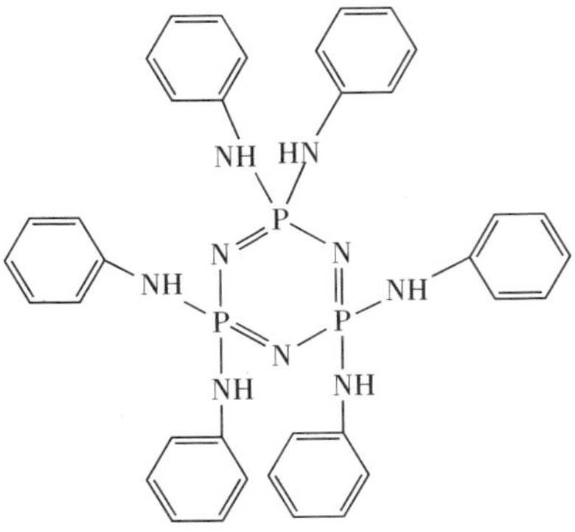

(a) HACTP

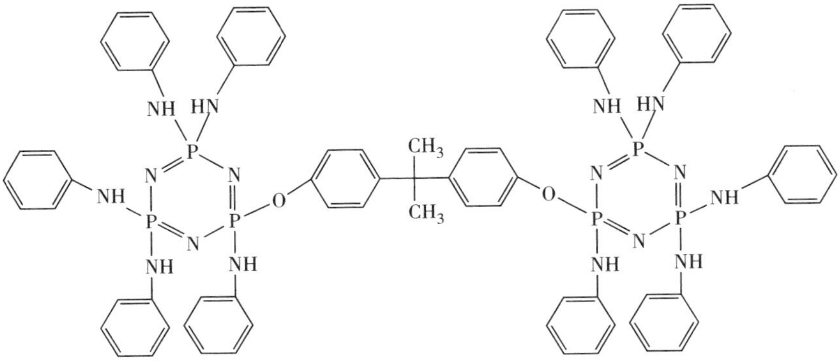

(b) BPA-BPP

图 2-2　含苯胺基的环三磷腈阻燃剂的结构式

(二) 含活泼官能团的环三磷腈阻燃剂

1. 含不饱和键的环三磷腈阻燃剂

含不饱和键的磷腈化合物（如丙烯基取代环磷腈）可以通过双键与基体进行共聚合形成稳定、耐高温和高效阻燃的本质阻燃材料。元东海等在苯氧基环磷腈上引入丙烯基，合成了（2-烯丙基苯氧基）五（苯氧基）环三磷腈（APPCP），结构式见图 2-3（a），可将其与丙烯酸酯单体共聚合制备阻燃树脂。w（APPCP）为 20%时，该阻燃树脂的垂直燃烧等级达到 UL-94 V-0 级，LOI 达 31.2%，表明 APPCP 对开发阻燃丙烯酸树脂具有使用价值。六（4-炔丙基苯氧基）环三磷腈（PPT）可与聚对苯二甲酸乙二酯（PET）共混制备 PPT/PET 混合材料。PPT 受热至 233 ℃时会发生自交联，可有效提高 PET 的成炭能力，

并显著改善 PET 熔融滴落现象。Ding Jun 等制备了六（丙烯酸酯）环三磷腈（HACP）［图 2-3（b）］对环氧丙烯酸酯进行阻燃改性。当 w（HACP）为 40% 时，树脂自熄性能明显提升，LOI 达 28.5%。Machotova 等合成了六（丙烯胺）环三磷腈（HACTP），结构式见图 2-3（c），用于自乳化水溶性涂层的阻燃处理可降低涂层的燃烧蔓延速率和烟释放量。

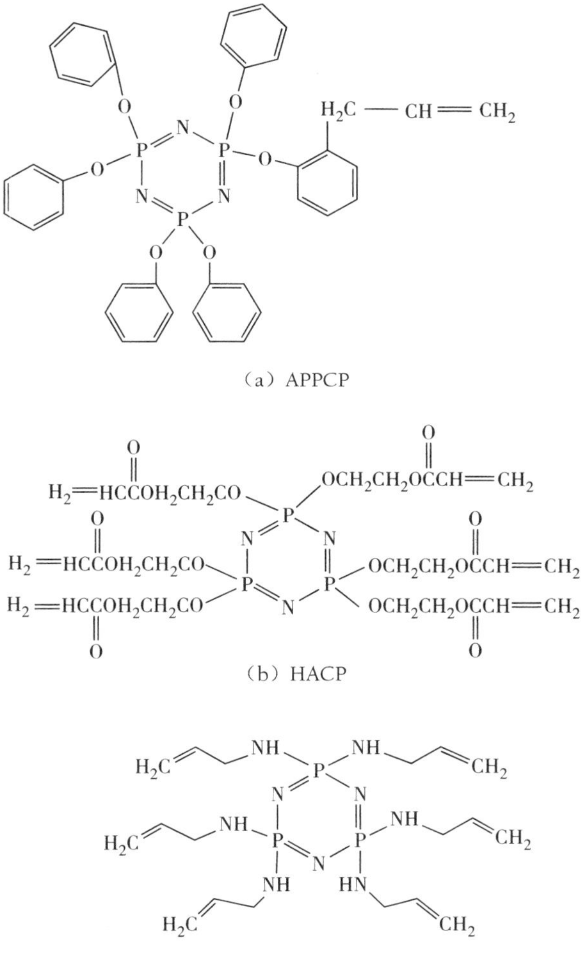

（a）APPCP

（b）HACP

（c）HACTP

图 2-3　含不饱和键的环三磷腈阻燃剂结构式

含不饱和键的环三磷腈通常作为反应型阻燃剂，通过不饱和双键与树脂基体中的不饱和双键形成化学键，提高阻燃剂与树脂基体的相容性以及阻燃剂在树脂基体中的稳定性，进一步提高树脂材料的阻燃性能。

2. 含羟基的环三磷腈阻燃剂

含羟基的环三磷腈衍生物大多作为反应型阻燃剂使用，因为羟基具有较强的反应活性，可以提高阻燃剂与基体的相容性和稳定性。

用不含活性基团的磷腈衍生物对织物或纤维进行改性，其耐洗牢度差，而用含羟基环磷腈处理后的纤维不仅提高了阻燃性能，而且增强了耐洗牢度。六（对羟基苯氧基）环三磷腈（HHPCP）[图 2-4（a）] 与甲基磷酸二甲酯组成复配阻燃剂，应用于硬质聚氨酯泡沫可获得较好的阻燃效果；Liu Ran 等以六（对醛基苯氧基）环三磷腈为中间体合成了六（对羟甲基苯氧基）环三磷腈（PN-ON）[图 2-4（b）] 并用于 DGEBA 的阻燃处理。发现 PN-ON 能提高树脂的初始分解温度和成炭性，树脂的 LOI 达 33.5%；六（羟甲基氨基）环三磷腈（HHMAPT）[图 2-4（c）] 可提高针叶木纸板的阻燃性能。9,10-二氢 -9-

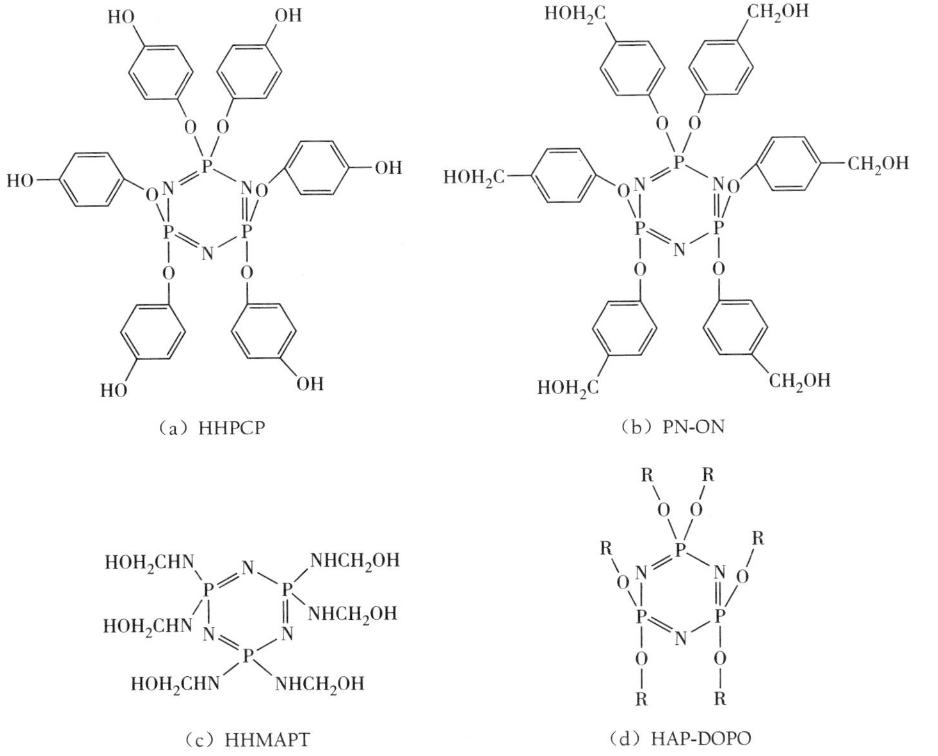

（a）HHPCP

（b）PN-ON

（c）HHMAPT

（d）HAP-DOPO

图 2-4　含羟基的环三磷腈阻燃剂的结构式

氧杂－10-磷杂菲－10-氧化物（DOPO）基团既能增加磷腈衍生物的磷含量，又能提高其热稳定性。含有 DOPO 基团的环磷腈阻燃剂（HAP-DOPO）[图 2-4（d)]具有较高的热稳定性和良好的成炭性，在阻燃应用上取得了良好成效。将 HAP-DOPO 用于 DGEBA 并以 4,4′-二氨基－二苯基二苯砜（DDS）作为固化剂制备阻燃树脂，当 m(DGEBA)：m(HAP-DOPO)：m(DDS)= 100.0：31.6：13.5 时，阻燃树脂的 LOI 达 31.0%，垂直燃烧等级达 UL-94 V-0 级，且具有较高的成炭率以及较低的热释放速率。

含羟基的环三磷腈作为反应型阻燃剂使其在材料中不易迁移，阻燃效果较好，多用于 EP 的阻燃，是目前研究最多的磷腈类阻燃剂之一。

3. 含氨基的环三磷腈阻燃剂

氨基可提高环三磷腈的含氮量，有利于提高阻燃效率。氨基环三磷腈价格低廉，容易合成，可用于树脂、纤维等材料的阻燃，同时含氨基环三磷腈也可作为反应中间体进行二次取代反应。氨基环三磷腈具有活性氨基官能团，可以作为反应型阻燃剂与树脂基体形成化学键，不会影响材料的力学性能。六（对氨基苯氧基）环三磷腈（HANPCP）具有多种合成方法，不仅对 EP 的阻燃性能有显著提升，并且其六臂星形结构参与 EP 的固化有利于高相对分子质量网状树脂的生成，对 EP 起到增韧效果。赵静等制备了三聚氰胺改性聚氨基环三磷腈（MPHACTPA）。MPHACTPA 受热分解产生磷酸、偏磷酸以及聚磷酸等，促进树脂基体脱水成炭，并产生 N_2、CO_2 等不燃气体，气体的发泡作用有利于形成膨胀炭层，阻止基体燃烧。Xu Lingfeng 等合成了一种混合阻燃剂，通过溶液共混法将其与 PVA 制成复合材料，发现不仅提高了其阻燃性能，而且还提高了其强度与硬度。

氨基环三磷腈虽然含有较高的磷、氮含量，阻燃效果较好，但其具有水溶性，且碱性较强，难以与副产物氯化铵分离。因此，还需改善其制备工艺，提高产率，从而实现其工业化的应用价值。

4. 含环氧基的环三磷腈阻燃剂

环氧基环三磷腈作为反应型阻燃剂主要用于 EP 的阻燃，能保持较高的力学性能，且与树脂基体具有较好的相容性。El Gouri 等探究了六（环氧丙基）环三磷腈（HGCP）[图 2-5（a)] 对 DGEBA 热稳定性和阻燃性能的影响。研究发现 HGCP 在热分解过程中，P—O—C 断裂并与其他热分解产物继续反应，生成热稳定性更好的结构，可提高 DGEBA 的热稳定性和成炭性，并且改性树脂具有较好的自熄性。Liu Huan 等将环磷腈与 EP 聚合得到含环氧基磷腈衍生物（记作 PN-EPC），结构式见图 2-5（b），可提高 DGEBA 的残炭率和热稳定性。Xu Guanghui 等合成了另一种环氧基环磷腈（记作 CTP-EP），结构式见图 2-5（c），固化后其 LOI 超过 30.0%，在初期热降解过程中促进了不燃气体的释放和致密富磷炭层的形成，使得在高温条件下增加了炭层的热稳定性，防止材料的进一步燃烧，进而提高了其阻燃性能。含环氧基的环三磷腈衍生物主要用于制备阻燃 EP，磷腈基的磷、氮成分通过凝聚相和气相两个方面发挥阻燃作用，赋予热固塑料良好的阻燃性；环氧基的存在使其与树脂基体有良好的相容性，对树脂力学性能影响很小，具有较好的应用前景。

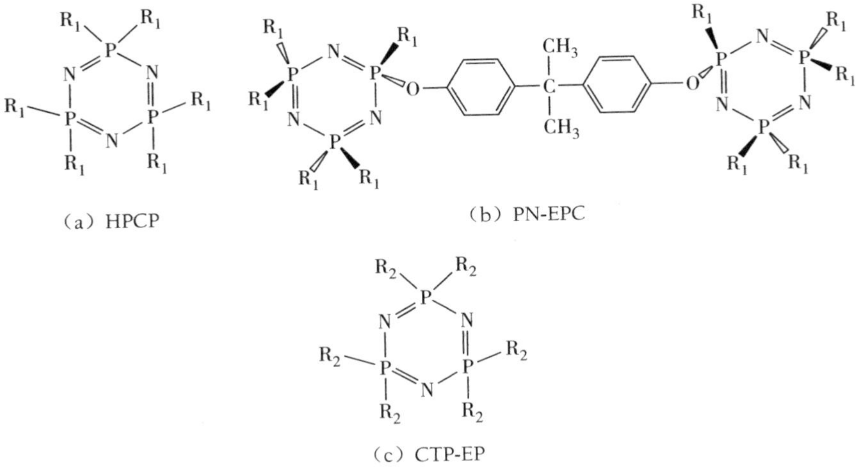

（a）HPCP

（b）PN-EPC

（c）CTP-EP

图 2-5　含环氧基环磷腈阻燃剂的结构式

注：R_1为—O—CH$_2$—CH—CH$_2$（环氧）；R_2为—O—（苯环）—C(=O)—O—CH$_2$—（环氧）

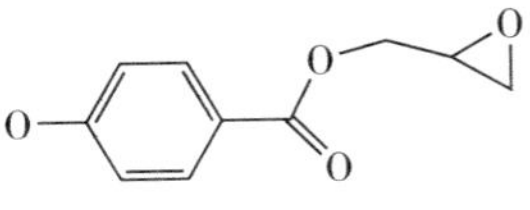

（三）其他结构环三磷腈阻燃剂

1. 含硅环三磷腈阻燃剂

含硅环三磷腈衍生物作为添加剂或共混成分均表现出较好的阻燃性能，

并且大多少烟、无毒，发展前景广阔。贺攀等合成了一种新型含硅环磷腈化合物（记作 HCCTP-PDMS-OH，结构式见图 2-6a），该取代产物热稳定性较高，初始分解温度高达 450 ℃，可作为阻燃剂使用。含有机硅官能团的环三磷腈［$NH_2(CH_2)_3Si(OC_2H_5)_3$，结构式见图 2-6（b）］可添加到棉织物的涂层中，提高棉织物的阻燃性能，且其附着性能稳定，棉织物经过 30 次皂洗阻燃性能变化不大。利用蒙脱土对六（氯）环三磷腈改性，得到产物（HCCP-OMMT）［图 2-6（c）］可用于提高 PET 的阻燃性能。有机硅成炭剂六（γ-氨丙基硅烷三醇）环三磷腈（HKHPCP）克服了传统膨胀型阻燃剂热稳定性差、阻燃效率低、与基体结合性差等缺点，将其用于制备膨胀阻燃型聚丙烯复合材料，LOI 可达 43.0%，阻燃性能优异，且在燃烧时形成高石墨化、致密炭层，隔热、抑烟性能良好。

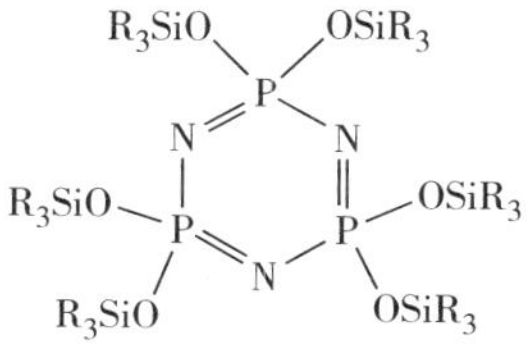

（a）HCCTP-PDMS-OH

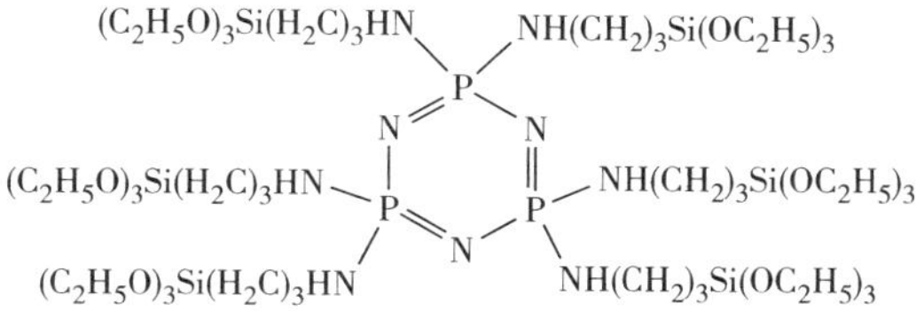

（b）$NH_2(CH_2)_3Si(OC_2H_5)_3$

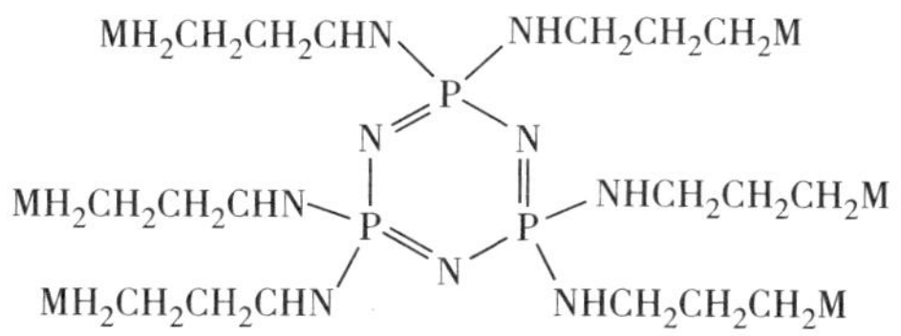

（c）HCCP-OMMT

图 2-6　含硅环三磷腈阻燃剂的结构式

注：R_3为—$(SiO)_nCH_3$, n=0,1, 2, 3……；M为 —Si—O—B(O〰)(O〰)（Si 上下各连 O〰）

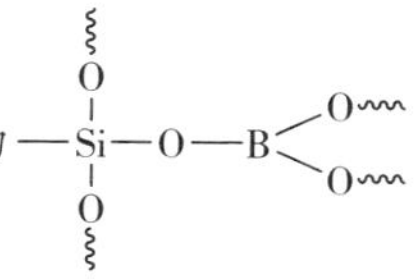

硅等新元素的引入，不仅提高了磷腈阻燃剂的阻燃效率，且绿色环保；但取代反应过程复杂，由于空间位阻等因素影响，可能会有部分氯原子不能

完全被硅原子取代，因此，还需研究新的工艺路线，实现协同阻燃元素完全取代环三磷腈上的氯原子，从而得到环保高效的无卤阻燃剂。

2. 超支化环三磷腈阻燃剂

Qu Taoguang 等合成了聚（对双酚 A）环三磷腈包覆的氮化硼（PCB-BN），并将其用于合成阻燃 EP/PCB-BN 复合材料。当 w（PCB-BN）为 20%时，EP/PCB-BN 复合材料的导热系数为 0.708 W/（m • K），阻燃性能和燃烧时的尺寸稳定性显著提高。Tao Kang 等合成了环簇磷腈的网状分子（PCPP），PCPP 具有优良的热稳定性，可影响聚乳酸的热分解，对该体系阻燃性能的提高起重要作用。Zhu Chen 等制备了[1,2,3]三嗪－[2,4,5]三胺环三磷腈（HPTT），并用于硅橡胶的阻燃。发现 HPTT 有利于硅橡胶热释放速率和产烟量的降低，促进热分解过程中改性硅橡胶形成大量的 Si—C，C—C，进而形成致密、稳定的炭层。

随着对阻燃剂环保以及阻燃性能要求的提高，磷腈类阻燃剂由于无卤、低污染、高效率、多功能性等优势，获得广泛的应用和发展。反应型磷腈类阻燃剂主要是以小分子为主，阻燃剂上的活性官能团可与树脂基体形成化学键；添加型阻燃剂应开发大分子结构，能与树脂基体具有较好的相容性而不易迁移析出。目前，磷腈阻燃剂已经在聚乙烯、EP、纤维等材料领域获得应用；但未能形成规模化生产且生产成本较高，限制了环磷腈阻燃剂的大规模应用。因此，降低磷腈阻燃剂成本，开发规模化生产工艺，减少阻燃剂对基体材料力学性能的影响，形成完善的理论、应用研究体系成为今后磷腈阻燃剂的发展趋势。

三、磷腈阻燃剂合成及其在包覆层中的应用

包覆层是固体推进剂装药不可或缺的组成部分，是影响火箭发动机工作状态和使用寿命的决定因素。近年来，随着推进剂不断向低特征信号方向发展，对装药包覆层性能要求也越来越高，通常要求包覆层与推进剂有良好的相容性，在工作中还要能经受高速火焰的烧蚀与冲刷，具有良好的耐烧蚀性和阻燃性，保证其炭层结构的完整性。目前，国内科技工作者对包覆层的研究和应用已做了大量工作，取得显著效果，但包覆层还存在烧蚀性能不好、燃烧后烟雾颗粒大的问题，为了提高耐烧蚀性能，同时满足少烟性能的要求，需要选择一种性能优良的耐烧蚀添加材料，达到低特征信号烧蚀材料的要求。

所谓低特征信号化，是为了更好地隐蔽发射地点和飞行轨迹，同时更有利于电磁波通过，为先进武器的安全制导提供便利。磷腈化合物作为一种新型的阻燃材料，将其应用于固体推进剂的包覆层中，可以提高包覆层的耐烧蚀性和阻燃性能，部分磷腈材料不仅具有耐烧蚀性，而且燃烧产物具有无烟/少烟以及低毒和环境友好的特点。磷腈材料的研究虽然起步较晚，但是其特殊的分子结构使得磷腈化合物具有一些独特而有价值的特性，如阻燃性、耐高温以及较强的分子可设计性。保持磷氮（—P＝N—）链状或环状不变，通过选择合适的亲核取代侧基来改变磷腈的分子结构，如烷氧基、芳氧基、氨基等，可以优化磷腈的性能，如燃烧性能、柔韧性、热稳定性、成膜性等。目前，国外在军事领域仍大力开发磷腈化合物的应用，我国也陆续开展了相关研究，尤其是在提高包覆材料的耐热性与耐烧蚀性方面。

（一）磷腈阻燃剂的结构特性及阻燃机理

磷腈化合物由氮、磷原子以单双键交替连接构成，属于一种杂化化合物，其磷原子上有两个可取代的基团，一般用 2 个有机侧基、有机金属或无机侧基来取代磷腈氯化物中的氯原子，合成一系列性能优异的化合物，其性质介于有机－无机化合物之间。磷腈化合物按结构可分为环状磷腈和聚磷腈两种。

磷腈阻燃剂富含氮、磷元素，存在氮－磷协同阻燃作用，其阻燃机理主要包括凝聚相阻燃和气相阻燃。在燃烧过程中，P 在高温下可以形成多聚磷酸、偏磷酸等，可促进包覆层脱水炭化，形成炭化膜，阻隔燃烧进行；N 在高温下放出氮气、氮氧化物等不燃气体，稀释空气中的氧气浓度，降低包覆层表面温度，具有较好的耐热性能；此外，含苯环的磷腈结构，在高温下易形成碳盔，提高耐烧蚀性能。引入不同的功能基团，可以使磷腈阻燃剂具有良好的热稳定性、耐高低温性能、阻燃和耐烧蚀性能等。

（二）合成研究进展

六氯环三磷腈（HCCP）作为制备磷腈阻燃剂的常见化合物，是一种六元环结构，且每个磷原子上含有两个氯原子。其中，磷氯键较为活泼，很容易通过取代反应将磷原子上的两个氯原子用不同亲核基团所取代，来制备功能不同的磷腈产物。

1. 醛基苯氧基取代合成

肖啸等通过在三口烧瓶中加入缚酸剂、4-羟基苯甲醛和四氢呋喃进行搅拌，然后加入含 HCCP 的有机溶液，充分反应后，加水洗涤并过滤得到白色粉末状产物，真空干燥后得到六（4-醛基苯氧基）环三磷腈（HAPCP），收率为 98.8%。对其进行热性能研究，热失重（TG）分析表明，HAPCP 在 800 ℃高温下的残炭率为 78%，是一种热稳定性很好的化合物，可以作为低密度阻燃填料，大幅度提高材料的耐热等级。

李梦迪等合成了一种六（4-苯胺基次甲基苯氧基–亚磷酸二乙酯基）环三磷腈（HACPPCP）阻燃剂，TG 分析结果表明，在氮气气氛下，HACPPCP 初始分解温度为 191.9 ℃，在 700 ℃高温下的残炭率高达 46.8%。胡文田等合成了一种反应型六（4-磷酸二乙酯羟甲基苯氧基）环三磷腈（HPHPCP）阻燃剂，TG分析结果表明，在氮气气氛下，HPHPCP 初始分解温度为 162.7 ℃，在 800 ℃高温下的残炭率大于 40%。周立生等以 HCCP、对羟基苯甲醛和磷酸二乙酯等为原料，制备出白色粉末六（4-磷酸二乙酯基—羟甲基—苯氧基）环三磷腈（HDHPCP）阻燃剂。通过对不同催化剂的选择，发现以三乙醇胺（TEA）作催化剂时其收率最高，达 95.4%。此外，TG 分析结果表明，HDHPCP 在 800 ℃高温下的残炭率高达 39.7%。通过上述研究报道可以看出，醛基苯氧基取代的环磷腈具有良好的热稳定性和成炭性。

2. 溴基苯氧基取代合成

关于溴代苯氧基环三磷腈阻燃剂的研究报道相对较少，其具有优良的阻燃等级和耐热性能。L.M.Philip 等最早报道了六（2,4-二溴苯氧基）环三磷腈的合成及其相关热性能，结果表明，溴代苯氧基环三磷腈化合物具有较好耐烧蚀性能，为溴代苯氧基的进一步合成提供参考。肖啸等在氮气保护下，将四氢呋喃和 2,4,6-三溴苯酚搅拌溶解后加入 NaOH，然后加入溶有 HCCP 的有机溶剂，反应若干小时后，水洗、过滤，真空干燥得到白色粉末六（2,4,6-三溴苯氧基）环三磷腈（BPCPZ）。研究了不同原料配比、反应温度、时间等对产品收率的影响，结果表明，以四氢呋喃为溶剂，溴苯酚和 HCCP 的物质的量之比为 6.56：1，反应温度为 65～68 ℃，反应时间为 24 h，收率可达 98%；对其进行 TG 分析表明，在 463 ℃时的残炭率高达 80%，具有良好的耐热和耐烧蚀性。

3. 其他基团取代合成

刘朋委将 4-苯氧基苯酚的四氢呋喃溶液逐滴加入盛有氢化钠和四氢呋喃溶液的烧瓶中，充分搅拌，然后加入含 HCCP 的有机溶液，升温至回流温度反应 6 h，通过过滤、旋蒸、洗涤后得到白色固体六（双苯氧基）环三磷腈阻燃剂（HCBP）。将其加入环氧树脂（EP）中，当添加质量分数为 9%时，极限氧指数（LOI）达到 33%，表现出优异的阻燃性能和抗熔滴性能，燃烧后材料表面形成连续完整的炭层，能有效阻隔热和氧的交换，提高基体的阻燃性能。

Chen Kuiyong 等将三乙醇胺加入溶有环三磷腈和 4,4′-二羟基二苯砜的有机溶液中，在超声波中室温混合反应 3 h，通过过滤得到初始产物，用四氢呋喃和去离子水分别洗涤三次后，真空干燥制得一种高性能的杂化聚磷腈纳米管（HPPN）白色粉末，收率为 92%。TG 分析结果表明，HPPN 在 800 ℃高温下的残炭率高达 70%；扫描电子显微镜（SEM）结果表明，将其在 600 ℃下热处理 2 h，仍保持原有的纳米管结构，说明 HPPN 具有好的耐烧蚀性、热稳定性和成炭性能。

Huang Xiaobin 等以 HCCP、烯丙基胺和苯酚为原料，通过亲和取代反应制备一种新型有机－无机杂化磷腈聚合物，TG 和差示扫描量热分析结果表明，磷腈聚合物有高的热稳定性，在 800 ℃高温下的残炭率达 48.6%，高的残炭率使其可以作为阻燃剂应用。贺梦等将 4,4′-二羟基二苯硫醚溶于乙腈溶液中，然后加入含三乙醇胺的烧瓶中，混合均匀后，将含 HCCP 的有机溶液缓慢加入其中，充分反应，随后经过滤、洗涤、烘干，得到一种环交联型的聚磷腈微纳米球（PTP）。TG 分析结果表明，PTP 具有优异的热稳定性，5%失重温度为 453.2 ℃，在 800 ℃高温下的残炭率为 74.3%，具有极高的成炭性。将 PTP 微球加入 EP 中，当添加质量分数为 5%时，EP/PTP 复合材料的 LOI 达到 30.4%，说明 PTP 对 EP 具有催化成炭效应，可以提高其阻燃性能，且在燃烧过程中降低了有毒有害气体的释放。

Zhang Yabin 等合成两种含 Salen 基（—CH＝N—）结构的交联聚磷腈阻燃剂。将制得的 *N*,*N*′-双(3-羟基亚水杨基)-1,2-苯二胺（Salen-6）粉末和三乙醇胺加入乙腈溶液中进行磁力搅拌，随后加入 HCCP，搅拌 4 h 后，将沉淀物洗涤过滤，最终得到橙黄色微球状 Salen 基交联聚磷腈（Salen-PZN-1）粉末，收率为 76%。用同样的方法在四氢呋喃中制得层状 Salen 基交联聚磷腈（Salen-PZN-2），收率为 79%。X 射线光电子能谱分析结果显示，Salen-PZN-1 和 Salen-PZN-2 有 P、O、N 和 C 元素存在，且以单一形式分散在 Salen 基交联聚磷腈（Salen-PZN）中，更有益于阻燃。火炬燃烧试验表明，Salen-PZNs 燃烧后仍保持其原有形状，且保留大量的残留物，说明其在高温下生成一层残炭保护层。TG 分析结果表明，Salen-PZN 具有好的热稳定性和高的热分解温度，而且不同形貌对其热性能影响不同，微球状的交联聚磷腈 Salen-PZN-1 具有更好的阻燃性能。

通过选用不同功能基团取代 HCCP 上的两个氯原子，可制备出不同性能的磷腈阻燃剂。其优良性能主要表现在耐热性、阻燃性、残炭率和耐烧蚀性方面，进一步将其加入绝热包覆层中可以显著提高其耐热性和阻燃等级，具有很好的应用前景。

（三）磷腈阻燃剂在固体推进剂包覆层中的应用

随着对固体推进剂包覆层洁净度、抗冲蚀要求的不断提高，要求包覆层在燃烧过程中要少烟且耐烧蚀性能良好，磷腈阻燃剂由于其特殊的磷、氮结构，具有优异的耐高温、阻燃性能，因此作为一种阻燃性能优良的填料被广泛关注。在包覆层中加入一定量的磷腈填料，可以很好地提高其烧蚀性能和阻燃性能，从而使其在火箭发动机绝热层和固体推进剂装药包覆层中得到逐步应用。现阶段广泛使用的包覆层主要有聚硫改性 EP 包覆层、三元乙丙橡胶（EPDM）包覆层、硅橡胶包覆层、聚氨酯（PUR）包覆层以及不饱和聚酯树脂（UP）包覆层，但是涉及磷腈阻燃剂在固体推进剂包覆层中的应用还不是十分广泛，仅针对研究应用较多的三元乙丙包覆层、聚氨酯包覆层和不饱和聚酯包覆层，关于磷腈阻燃剂在其他两种包覆层中的应用，还有待于进一步研究。

1. 在 EPDM 包覆层中的应用

EPDM 包覆层作为自由装填装药的一种常用包覆层，其耐烧蚀性略差，无法满足固体火箭发动机中高温、高压的环境要求，需要添加填料对其进行

改性。李军强等制备了不同六（2,4,6-三溴苯氧基）环三磷腈（BPCPZ）含量的 EPDM 包覆层，并对其性能进行了分析。结果表明，随着 BPCPZ 添加量从 0%增加到 13.55%，EPDM 包覆层拉伸强度不断提高，由 3.52 MPa 升高至 6.09 MPa，断裂伸长率逐渐降低，由 750.0%降低至 328.4%，包覆层的线烧蚀率由 0.18 mm/s 降低至 0.065 mm/s，800 ℃的残炭率由 5.24%升高至 17.5%；当 BPCPZ 的质量分数达到 3.37%以上时，包覆层 LOI 大于 27%，具有高难燃特性。

李鹏等在 EPDM 包覆层中加入了六（4-羟甲基苯氧基）环三磷腈阻燃剂（PN—OH）和聚酰亚胺（PI）纤维，结果表明，随着 PN—OH 和 PI 在包覆层中含量的增加，线烧蚀率和质量烧蚀率均呈降低趋势，当 PN—OH 和 PI 的添加量分别为 15 g 和 8 g 时，线烧蚀率和质量烧蚀率分别降低至 0.102 mm/s 和 0.055 g/s；采用透过率法测试固体推进剂装药排气羽流烟雾遮蔽能力，结果表明，可见光透过率由 68.4%提高为 90.2%，激光透过率由 55.3%提高为 75.3%，拍照法试验显示，烧蚀火焰平稳，无包覆层残渣颗粒吹出，说明其产生烟雾少；同时分析了 PN—OH 阻燃剂的阻燃机理以及 PI 纤维的固碳机理，从 SEM 照片可以看出，包覆层烧蚀后形成坚硬的炭化层，且填料与包覆层基体不易剥离。这主要是由于 PN—OH 与 PI 相互之间的协同作用，提高了 EPDM 基包覆层的耐烧蚀性能以及固碳能力，改善了发动机装药包覆层的性能。

刘建利等在 EPDM 包覆层中添加不同含量的六（4-醛基苯氧基）环三磷腈（HAPCP）有机填料，结果表明，随着 HAPCP 含量从 0 g 增至 18 g，EPDM 包覆层拉伸强度不断提高，由 3.52 MPa 升至 7.59 MPa；断裂伸长率逐渐降低，由 750.0%降至 47.4%；包覆层的线烧蚀率由 0.18 mm/s 降至 0.088 mm/s，800 ℃的残炭率由 5.24%升至 51.09%；包覆层的 LOI 呈增大趋势，当 HAPCP 含量超过 EPDM 质量的 4%时，LOI 大于 27%，当 HAPCP 含量为 EPDM 质量的 8%时，LOI 达到 29.5%，但当 HAPCP 含量超过 EPDM 质量的 4%后，随着 HAPCP 含量增加，LOI 并没有出现明显增幅，这与 EPDM 分子结构和自身的可燃烧特性相关。

2. 在 UP 包覆层中的应用

UP 可在室温下快速固化，有良好的力学性能，与推进剂有良好的粘接性能，使其成为一种常用的推进剂包覆层材料，但由于耐烧蚀性能差，在高温、高压燃气作用下烧蚀和冲刷严重，因此需要添加耐烧蚀填料来改善其相关性能。J. F. Kuan 等制备出六（烯丙基胺基）环三磷腈，并将其加入 UP 基体中，当六（烯丙基胺基）环三磷腈添加量为 12%时，UP 的 LOI 由 20.5%提高至 25.2%，垂直燃烧等级由易燃提高至 UL94 V-1 级。陈国辉等制备了不同六（4-羟甲基苯氧基）环三磷腈阻燃剂含量的 UP 包覆层，结果表明，当添加量为 8 份时，断裂伸长率最高，为 31.0%，拉伸强度最低，为 14.1 MPa；当磷腈阻燃剂含量从 0 份增至 40 份时，线烧蚀率从 0.75 mm/s 降至 0.36 mm/s，降幅达 52%。此外，磷腈阻燃剂可以提高 UP 包覆层的残炭率，并在树脂表面形成致密炭层，添加量为 40 份时，450 ℃时的残炭率达 35.1%，起到良好的阻燃和抗烧蚀作用。

肖啸等将自制的 1,3,5-三(2-烯丙基苯氧基)-2,4,6-三苯氧基环三磷腈（TAPPCP）和六（2-烯丙基苯氧基）环三磷腈（HAPPCP）两种阻燃剂作为耐烧蚀填料分别加入 UP 包覆层中，并对其进行了分散性、固化反应动力学以及力学性能与耐烧蚀性能研究。结果表明，两种耐烧蚀填料 TAPPCP 与 HAPPCP 在 UP 中均匀分散，基体与填料之间有良好的相容性；固化反应动力学方程表明，体系活化能与填料添加量无明显相关性；随着添加量的增加，拉伸强度呈增加趋势，断裂伸长率呈降低趋势，当 TAPPCP 和 HAPPCP 的添加量为 20 份时，UP 包覆层在常温下的拉伸强度由 37.74 MPa 分别提高到 55.98 MPa 和 60.31 MPa，断裂伸长率由 8.05%分别降低至 3.61%和 3.17%，线烧蚀率由 0.678 mm/s 分别降至 0.181 mm/s 和 0.116 mm/s，说明填料中的不饱和双键通过反应与树脂形成了网状交联结构，提高了包覆材料的交联密度，耐烧蚀性能得到了改善。

3. 在 PUR 包覆层中的应用

PUR 粘接性能良好，在室温下可固化，具有良好的低特征信号，满足推进剂对包覆层低特征信号的要求而被使用，但由于耐烧蚀性、热稳定性差，因此需要对其进行改性，加入磷腈阻燃剂可以改善其烧蚀性能。肖啸等制备

了有机磷腈化合物六（2,4,6-三溴苯氧基）环三磷腈（BPCPZ），其在 463 ℃的残炭率高达 80%，具有优良的耐热性和阻燃性，将其加入 PUR/芳纶纤维包覆层中，PUR 的初始热分解温度提高至 280.95 ℃，残炭率由 0.06%提高到 5.64%，线烧蚀率从 0.45 mm/s 下降为 0.12 mm/s，表明 BPCPZ 可以作为固体推进剂绝热包覆层的低密度填料使用。上述应用研究均表明，将含不同功能基团的磷腈阻燃剂加入 EPDM 包覆层、UP 包覆层以及 PUR 包覆层中，均可以较好地提高包覆层的耐热性能、阻燃性能以及耐烧蚀能力，同时线烧蚀率和质量烧蚀率也得到不同程度的降低，且燃烧过程中达到少烟/无烟的效果，是一种性能优良的阻燃添加材料。

磷腈阻燃剂由于其本身特殊的分子结构应用于固体推进剂绝热包覆层中具有独特的优势，在固体火箭推进剂装药包覆领域具有很好的应用前景。虽然目前已取得了阶段性成果，但仍存在诸多问题，为了进一步扩大其应用范围，需要重点开展以下工作：首先，目前相关研究院所仅在实验室中应用磷腈阻燃剂，若要工程化应用，其成本价格相对昂贵，因此开发低成本磷腈阻燃剂成为亟待解决的问题。其次，深入开展磷腈绝热包覆层工程化制造及应用技术研究，加快推动其工程化应用，提升绝热包覆材料行业水平，为推进剂装药包覆材料提供新的选择。

第二节　生物医用材料的应用

聚磷腈是其骨架主链上含有磷与氮交替排列组成单元—P＝N—的一大类高分子材料，属于杂化的无机－有机高分子材料。由于其与磷原子连接的氯原子可以通过与醇类、胺类、酚类等试剂反应而被诸如氨基酸、多肽、维生素等多种基团所取代，继而赋予其较佳的生物相容性、可生物降解性等综合性能，使其可以在生物惰性到生物活性的较大范围内变化，因而在生物医学材料研究领域得到迅速发展。此外，由于—P＝N—交替的无机骨架使该类大分子材料具有较佳的可扰性。而连接在 P 原子上的侧基从很大程度上影响了所得聚合物的性能。比如，亲水/疏水性、可溶解、热性能（玻璃化转变温度、熔点等）、黏接性、生物相容性、酸/碱性及水解性等。聚磷腈材料在生物医学材料领域迅速且广泛的应用，是该类材料自进入实用性阶段几十年以来除其在航空航天等工程领域获得成功应用以外的又一成就[11]。

由于聚磷腈诸多优异的应用性能，使其在 100 余年的发展历史中取得了显著的进展。尤其是自 20 世纪 60 年代 Allcock 课题组及其他研究人员的出色研究工作及所取得的诸多成果，从某种程度上奠定了聚磷腈研究的基础，使该类聚合物的合成和应用得到了全面、快速的发展。聚磷腈材料除了具有十分优异的力学性能、耐高低温性能及耐溶剂腐蚀性能外，通过取代基的改变可以使其具备优异的生物相容性、可生物降解性等性能，从而在生物医学材料研究领域获得广泛应用。聚磷腈作为生物医学材料使用除具有上述优点外，还具有降解产物对人体无害、可参与人体正常代谢活动等优点。近 20 年来研究人员在该领域研究所取得的显著的进展与应用成果更是证明了这一点。

一、可生物降解聚磷腈材料

生物医学材料至今已得到了快速充分的研究与开发，比如在人工脏器、药物缓释等领域。但随着技术的不断进步以及医学、医药领域对生物医学材料要求与需求的不断增加，研究人员面临急需研制性能更加优异的生物医学材料的困难局面与挑战。尤其是在可生物降解、材料与生物组织间的相互作用、药物释放特性以及材料的物理化学与力学性能等。可降解高分子材料可以是天然的或人工合成的。从化学的角度来看，这类高分子材料具有在生理条件下或生物体液环境中降解为低分子链段从而被身体代谢。虽然天然可降解高分子材料具有某些独特的优点，但由于其成分的不确定性、抗微生物侵蚀能力、力学性能差以及降解的不可控性，限制了其应用。而合成可降解高分子材料则具有诸多优点使其更适宜可降解生物医学材料的应用。

目前已获得较好应用的合成可降解生物医学材料主要有，聚酯、聚氨基酸、聚酸酐、聚乳酸以及乳酸与乙醇酸的共聚物（PLAGA）等。但由于上述材料降解产物的有害性、力学性能的局限性以及可功能化改性性能差等缺点，在某些领域的应用受到限制。而聚磷腈材料因其具有较佳综合应用性能（比

如，降解产物无毒并可参与体内代谢被人体吸收，降解速率可以通过取代侧基的种类及比率调节，易于通过功能化改性制备各种性能材料等）而受到研究人员的高度关注，对其可生物降解性进行了深入的研究。

Nichol 等设计合成了一种新的聚磷腈聚合物，考察了其作为韧带和肌腱组织工程支架的可能性。在制备过程中丙氨酸和苯丙氨酸的羧基被具有 5～8 个碳原子的烷基酯所保护。该材料将氨基酸酯对降解的敏感性与长脂肪链赋予材料的弹性结合起来，所制备材料的玻璃化转变温度为 11.6～24.2 ℃，在人生理环境条件下研究了材料的降解性能。Tian 等采用静电纺丝工艺制备了一种纳米/微米的可降解聚磷腈纤维，其含有氟喹诺酮抗生素取代基，研究了其水解可释放性。为了增加其水溶性及易于抗生素的控制释放，在低分子主链上引入了诸如氨基酸酯（甘氨酸、丙氨酸及苯丙氨酸）共取代基团。大约摩尔分数 25%的抗生素可以引入到聚磷腈材料中。随着材料所含氨基酸种类及比率的不同，其在六周当中，pH 为 5.9～6.8 范围内，37 ℃下质量损失 5%～23%，可释放出 4%～30%的抗生素。由于该材料是以纳米/微米的形式使用，其所具有的较大表面积明显增加了材料的降解速率。

Singh 等研究了对－苯基甲氧基和对苯基苯氧基侧基化学性能对丙氨酸取代聚磷腈可生物降解性能的影响。研究结果表明，聚合物的玻璃化转变温度、水解性、材料表面润湿性、拉伸强度和弹性模量随主链上共取代侧基种类的不同可在一较宽范围内变化。材料七周内的质量损失在 4%～90%之间，玻璃化转变温度为－10～35 ℃，水接触角为 63°～107°，当共取代侧基为丙氨酸乙酯和对苯氧基苯基时具有最高接触角。此外，该材料的拉伸强度为 2.4～7.6 MPa，弹性模量为 31.4～455.9 MPa。研究结果说明所制备的材料具有较佳的生物降解性和综合力学性能，适宜生物医学应用。

Weikel 等制备了具有双肽侧基的可降解聚磷腈材料，先通过混合酸酐液相肽反应，合成了双肽丙氨酸－甘氨酸乙酯、缬氨酸－甘氨酸乙酯和苯丙氨酸－甘氨酸乙酯，双肽末端的游离 N 原子作为反应点用于与聚二氯磷腈上的氯进行亲核取代反应。丙氨酰－胱氨酸乙酯可以完全取代聚二氯磷腈上的氯原子，为了防止单独使用缬氨酸－甘氨酸乙酯或苯丙氨酸－甘氨酸乙酯进行取代反应中出现的沉淀问题，采用了具有缬氨酰、苯丙氨酰乙酯共取代。所制

备的聚合物在中性或碱性（pH＝10.0）条件下对水解不敏感，但在 pH＝4.0 时则快速水解。除采用氨基酸烷基酯取代对聚磷腈进行水解改性外，研究人员还对其他一些生物亲和性较好的化合物进行聚二氯磷腈的亲核取代反应，以求获得降解性能更佳的材料。

Morozowich 等从制备能用于组织支架材料要求出发，采用了生物相容性较佳、具有各种生物功能、可在某种程度上增加所得产物力学性能的维生素 E、维生素 B6 及维生素 L1 作为侧基反应试剂。由于所用维生素空间位阻较大，采用胱氨酸乙酯或甘氨酸乙酯或乙醇钠、苯丙氨酸乙酯作为共取代基团。合成产物的玻璃化转变温度为－24.0～44.0 ℃，在去离子水中，37 ℃下，pH 为 2.5～9 时，六周内材料水解的质量损失为 10%～100%。为了人为控制可生物降解材料在人体内或人体外的降解速率，Wilfert 采用活性阳离子聚合工艺合成了一系列性能优异的水溶性聚有机磷腈材料并通过 GPC、P-NMR 光谱、UV-Vis 技术测定了材料水解性能。表明通过对所制备材料结构的适当调节，可以将材料的降解时间范围控制在数天到数月之间。还同时观察到 pH 的变化可以促进材料的水解，即在较低 pH 时可以显著加快材料的水解速率。由于具有可降解、水溶性、摩尔质量和分子结构可调节控制这些特性，该材料有望应用于聚合物疗法等水性生物医学领域。

二、共聚、共混、复合聚磷腈材料

由于对生物医学材料应用条件要求十分的苛刻，单一材料所具备的性能条件往往不能满足一些特殊应用要求，这就促使研究人员通过多种材料的共聚、共混、复合或接枝等途径来获得应用性能较为全面的生物医学材料。

Deng 等将可生物降解的双肽取代聚磷腈材料与聚酯进行共混改性，以期获得一种可用于再生工程的材料。将该材料用作细胞、组织生长的暂时支架，在细胞、组织生长过程中或完成后自行降解。为了允许生长过程中的组织及营养液运输，必须采用具有一定孔度的材料来制备该支架。该研究所采用的聚磷腈被亲水甘氨酰甘氨酸和疏水 4-苯基苯氧基共取代，得到的聚合物具有较强的氢键键合能力。从而使材料具有较佳的生物相容性和降解性。同时，

共混物中的聚酯在使用环境下可迅速水解在原位形成尺寸在10～100 μm的微孔结构，孔洞中则充满自组装聚磷腈微球。在体内用大鼠皮下进行以埋植模型试验，第十二周后材料的孔率达到 82%～87%，考察了细胞及胶原的生长情况。所获得的材料实现了材料降解与细胞、组织形成的平衡。羟基磷灰石是一种应用十分广泛的骨科材料，将聚磷腈与其进行复合可以制备性能更为优异的先进骨科材料。

Greish 等研究了在 37 ℃生理温度条件下羟基磷灰石与聚磷腈聚合物复合材料形成，采用 X 射线衍射和红外光谱测定了材料的结构。Greish 等则研究了低温条件下羟基磷灰石－聚磷腈复合材料的制备。由于与骨科骨磷灰石十分类似，磷酸钙类生物陶瓷羟基磷灰石常被用作硬组织替代的生物材料。生物陶瓷与生物医用聚合物所制备的复合材料能够模仿骨结构和性质。考察了在低温条件下该复合材料的制备工艺以及产物的特性。研究了不同温度、不同时间条件下材料的组成、溶液化学及微观结构。聚磷腈聚合物的存在增强了骨组织的延性。

Krogman 等曾研究了共混可生物降解聚磷腈与聚乳酸/乙醇酸（PLGA）的可行性，证明聚磷腈的降解产物可以有效中和 PLGA 的酸性降解产物。在目前的研究中合成了五种新的双肽取代聚磷腈材料，制备了它们与 PLGA 的共混物。采用示差扫描量热法、扫描电镜分析了共混物的相容性。表明共混物中聚磷腈所含有的氢键在共混物相容性上起到很大作用；共混物的玻璃化转变温度均比各自单独时要低，说明两种共混物成分互为注塑剂。共混物的水解实验表明，没有共混的固体氨基酸酯取代聚磷腈在不到一周内水解，而共混物的水解速率却比未共混的两种聚合物母体要慢。这主要归功于聚磷腈水解产物的缓冲能力，即其将降解介质的 pH 由 2.5 提高到了 4.0，从而降低了 PLGA 降解速率。PLGA 是一类应用十分广泛的可降解传统生物医学材料，但由于其在人体内降解产物具有酸性，对人体具有一定的危害性，使其的应用受到限制。上述研究则通过其与某些聚磷腈材料的共混，在提高材料综合性能的同时又在某种程度上解决了这一问题。

Modzelewski 等制备了一系列的具有负电荷侧基的 β－丙氨（β－Ala）、γ－氨基丁酸（GABA）侧基的聚磷腈，并将羟基磷灰石沉积在聚磷腈的表面。

研究了将其暴露在模拟体液环境下引发羟基磷灰石生长的能力。所合成的多种聚磷腈材料均能水解降解，其水解速率取决于所带侧基的种类（GABA＞β－Ala）。采用环境扫描电镜（ESEM）耦合能量色散 X 射线光谱（EDS）测定了材料表面矿质化程度；采用 X 射线衍射鉴定了矿质化物质的构成。常有氨基酸酯侧基的聚磷腈材料具有无毒、降解产物呈中性等优点，是一种理想的可用于体内的候选骨科材料。

Nukavarapu 等采用纳米羟基磷灰石与聚磷腈材料制备出可应用于骨组织工程的复合微球支架。合成了具有亮氨酸、缬氨酸和苯并氨酸乙酯侧基的可生物降解聚磷腈材料。其中，苯并氨酸乙酯取代的聚磷腈具有最高的玻璃化转变温度（41.6 ℃），将其与羟基磷灰石复合成 100 nm 大小的微球，将该微球进行烧结成三维孔性支架。以该工艺制备的复合微球孔性支架的压缩模量为 46～81 MPa，平均孔径在 86～145 μm 范围内。该复合微球支架表现出较佳的成骨细胞黏合、增殖和碱性磷酸酶表达，具有较大的骨科组织工程应用潜力。

三、纳米颗粒及微球

由于在生物医学工程、纳米技术、纳米器件中具有巨大的潜在应用，具有可控制组分、结构和外观尺寸的聚合物纳米颗粒（微球）在近些年受到研究人员的高度重视。特别是在药物释放领域。纳米颗粒（微球）具有亚细胞、亚微米尺寸，其可以通过精细的毛细血管穿透进入人体组织，还可以透过上皮组织使其所释放药物成分得到细胞的有效吸收。

Wang 等采用沉淀聚合工艺，以六氯环三磷腈（HCCP）单体为原料制备了可控粒径范围在 0.57～4.33 μm 之间的氟化交联聚磷腈微米—纳米微球。通过扫描电镜、傅里叶变换红外光谱、能量散射 X 射线光谱、核磁共振以及 X 射线衍射检测，表征了所制备微米—纳米微球的特性。没有观察到微球的玻璃化转变温度，其热降解温度是 366 ℃，接触角约为 137°。实验发现，通过调节原料 HCCP 的浓度、聚合温度及超声波强度，可以有效控制微球粒径。Xue 等采用静电雾化技术（EHDA）制备了具有氨基酸酯取代聚磷腈微粒，为制备可生物降解用于药物释放系统的聚磷腈微球提供了一条新的途径。随溶

解种类、聚磷腈摩尔质量、聚合物溶液浓度不同，所制备的微球的外观形态也不相同，可以是珠体、环形或有皱纹。实验还发现，根据聚磷腈在不同溶剂里的溶解度不同，产物外观从颗粒到纤维状过渡。而聚合物浓度对产物外观具有显著影响。

Zhang 等通过两性聚磷腈自组装技术制备了一种温度诱导纳米微球。合成了一种两性聚磷腈聚合物，其水溶液在 17.2～33.78 ℃温度范围内呈现出温度诱导相转变现象，据此可以通过自组装过程制备出微球。在低温时将疏水的药物布洛芬溶解于微球聚集态，使药物成功负载在微球上。在体外的释放实验表明，该释放系统可以持续进行药物的释放。研究结果说明，所研制的聚合物在药物释放载体方面具有潜在的用途，特别是对于疏水药物成分的负载与释放。Zhang 等在不加任何表面活性剂的前提下，以六氯环三磷腈（HCCP）和 4,4′-二氨基二苯醚（ODA）为原料，以乙腈为分散介质，采用沉淀聚合工艺一步合成了在其表面具有活性氨基的交联型微球。通过傅里叶变换红外光谱、扫描电镜、示差扫描量热等检测手段表征了微球特性。结果显示微球具有光滑的表面，粒径范围在 0.5～2.5 μm 之间。可以通过改变 HCCP/ODA 的比率来调节微球表面的氨基含量，HCCP 在溶液中的浓度及单体比率对微球外观形态有明显的影响。

四、聚磷腈水凝胶

目前，在组织工程中有可能应用的水凝胶分为天然和人工合成两大类，前者已获得较为广泛的应用。然而，由于该类大分子难以对其进行改性，从而限制了其应用。因而，研究人员把研究重点放在了可以在较大范围内进行各种物理、化学改性的合成聚合物领域。研究人员可以模仿天然细胞外基质的生理和生物化学特性，来设计合成在生理条件下具有可降解性、降解速率可以调节和细胞相容性的水凝胶。并对水凝胶在包括控制生物活性分子释放、可控三维细胞增殖微胶囊化、组织工程等领域在内的生物工程中的应用进行了深入的研究。

Allcock 等合成了含有甲氧基乙氧基和肉桂酸酰基侧基的聚磷腈，对其用做水凝胶嵌入在微米大小尺寸生物传感器阵列中的应用可行性进行了考察。采用标准光刻技术使所制备的聚合物暴露在波长为 320～480 nm 的紫外光下，然后交联形成粒径为50～500 μm的凝胶微粒。应用光学显微镜、扫描电镜和轮廓测定法检测了凝胶微粒的分辨率和外观尺寸。制备的三维凝胶微粒被用于生物传感器的酶微胶囊化。

CHO等制备了一种含有水飞蓟素的可注射、可生物降解聚磷腈凝胶，将其用做疏水性药物水飞蓟素载体以克服其有限的生物利用度。与该药在磷酸盐缓冲溶液里的溶解度相比，聚磷腈聚合物水溶液可以使其溶解度提高2 000倍。随着温度的不同，含有或不含水飞蓟素的聚合物溶液均能出现溶液–凝胶的转变。在37 ℃下进行的水凝胶体外降解和药物释放速率实验表明，其在pH为6.8时要比7.2时快。水飞蓟素在水凝胶中的持续释放机理是扩散控制机理。药理实验证明，该凝胶所释放水飞蓟素对癌症肿瘤具有较好的治疗，有望应用于局部注射水飞蓟素药物的载体。较低的机械强度一直是可注射水凝胶的缺点，虽然可以采用添加较为坚固的材料以期克服这种水凝胶这方面的不足，但由于所添加材料的非生物降解性而限制材料的应用。

Huang等从混合取代聚磷腈材料采用主客包合技术合成并自组装制备了一种可注射、可交联的用于空间填充支架的聚磷腈水凝胶。将水凝胶转变成固体状采用了光交联工艺。由此制备的聚磷腈凝胶的机械强度、抗水溶性能满足应用的要求。还可以通过改变聚磷腈取代侧基的种类使凝胶表面亲水或者疏水。Qiu采用对氨基苯甲酸乙酯与聚二氯磷腈进行亲核取代反应，紧接着用碱进行水解反应，制备了一种含有羰基的水溶性聚磷腈材料，IR、^{1}H-NMR、示差扫描量热和元素检测分析表明，取代反应较为完全，聚磷腈骨架上的氯原子基本上被羰基取代。用该水溶性聚磷腈制备的水凝胶珠体可以在较为温和的条件下用钙交联。通过在制备过程中增加水溶性聚磷腈或$CaCl_2$的浓度，水凝胶珠体的水解时间可以明显延长。研究表明，所制备的凝胶珠体对环境pH十分敏感。凝胶珠体所具有这些性能使有望应用于药物控制释放，包括肠道特异性口服药药物释放系统。

五、纳米纤维

随着静电纺丝技术的不断完善，通过该技术制备纳米级纤维获得了极大

的发展。同时，由于纳米纤维所具有的独特物理、化学性能及纳米效应，作为一种直径在纳米—微米范围的新型纤维近年来也获得了广泛的应用。采用静电纺丝技术制备聚磷腈纳米纤维除可以获得上述性质外，因其具有较好的生物相容性、可降解性以及无毒等独有特性和纳米纤维形式，使其在生物医学各个领域中应用的研究得到研究人员极大的关注。

Lin 等合成了丙氨酸乙酯和甘氨酸乙酯混合取代的聚磷腈材料并采用静电纺丝工艺制备出聚磷腈纳米纤维。研究了包括应用电压、聚合物浓度及环境温度等因素对纳米纤维直径及外观形态的影响。研究结果表明，纳米纤维的直径与所施加的电压成反比，溶液中聚合物浓度的增加及较低的环境温度则会因为纤维的粘连而对纺丝不利。已经有大量采用天然或合成高分子材料作为支架而用于不同类型细胞的引种和生长探索实验。如要制备一种可用于合成细胞外基质的支架材料，关键的问题是要复制出了天然纳米尺寸的细胞外基质。静电纺丝技术能够制备出非常细的纳米纤维，适宜用来制备此类用于组织工程的支架。

Carampin 等首先采用苯并氨酸乙酯和甘氨酸乙酯对聚磷腈进行共取代反应，制备了具有较佳生物相容性的材料，然后采用静电纺丝技术制备出一种可以使大鼠内皮细胞增殖的聚磷腈纳米纤维。可以将所制备的纳米纤维制作成管状或平板状的应用形式。考察了各种工艺参数对纤维成型及外观形态（包括纤维直径等）的影响，研究表明大鼠血管内皮细胞可以在由直径约 850 nm 纤维制作的平板或管状支架装置上黏合和增殖。该可生物降解纤维或许可以用于构造诸如人体血管、心瓣膜等组织。

Nair 等采用静电纺丝技术合成了一种甲基苯氧基取代的聚磷腈纳米纤维材料，由于这种纤维具有较大的表面积可望应用于生物医学领域。研究了静电纺丝工艺参数对所制备纤维各种性能的影响，在最佳条件下获得的纤维直径约为 1.2 μm。采用该纤维制作的纤维垫可以与牛冠状动脉内皮细胞产生粘合，还可以促进小鼠成骨细胞的粘合与增殖。

由于聚磷腈聚合物的生物相容性、可生物降解性以及其降解产物无毒并可以被人体吸收代谢，近 20 年来受到相关研究人员的高度关注，合成出大量可应用于生物医学工程的生物医学材料，获得了众多的研究成果。可以展望该类材料在今后的发展中可在以下几个研究领域获得较大的突破和应用。第一，用于牙科和心血管的生物惰性弹性体；第二，用于药物释放及组织工程的可生物降解聚合物；第三，用于生物医学的表面定制；第四，高分子药物血红素加氧酶聚合物模型；第五，可响应的口服药和疫苗释放；第六，用于药物释放的胶束。但该类材料的进一步发展也存在诸多挑战，比如用于制备各种功能化聚磷腈材料的关键材料—聚二氯磷腈的工业化生产技术还未获得突破；侧基亲核取代反应的可控性操作等问题还有待于在今后的研究中加以解决。

第三节　高分子电解液的应用

随着固态电池等新型电化学器件的研究发展，人们研究和开发了多种固态电解质（SE），其也是近十几年来最具科学研究和商用价值的电解质材料。这种固体材料内部结构中存在着离子，当加入能够提供能量的外部电源后，离子会发生移动并形成所谓的离子流，进而可进行化学储能或发生电化学反应。固态电解质较传统液态电解质具有很多的优势，稳定性、安全性等都得到极大的提高，因此具有极其广阔的应用前景。但目前受限于固态电解质的离子传导速率低等问题，限制了其实际应用。

一、固态电解质

目前，固态电解质主要包括无机固态电解质、聚合物固态电解质、复合固态电解质，以及新型的金属有机框架（MOF）和共价有机框架（COF）基固态电解质。无机固态电解质分为氧化物固态电解质、硫化物固态电解质以及氮化物固态电解质。同时，固态电解质还可以根据电解质内部离子的类型来进行分类。目前，已知的固态电解质主要有两类：单正离子固态电解质和双离子固态电解质。单正离子固态电解质是指内部只存在一种正离子（比如 Li^+、Na^+、K^+等）的电解质，这类电解质通常的特点是化学惰性较高，而且离子导电性能也比较好。双离子固态电解质是指内部存在两种离子（正、负离子）的电解质，这类电解质通常的特点是化学惰性较低，性能更容易受

到外界环境的影响。

无机固态电解质室温下具有良好的离子电导率（10^{-5}～10^{-2} S/cm），高的锂离子迁移数和一定的机械强度。然而无机固态电解质较大的界面阻抗会降低能量转换，且固有的刚性及脆碎度会导致不可逆转的裂痕及失效，充放电过程中会造成电池短路。聚合物固态电解质是由高分子量的聚合物和锂盐组成的体系，将锂盐包埋入聚合物基体中，两种物质之间通过共混或交联等方式形成配位基团，如聚环氧乙烯（PEO）或聚丙烯腈（PAN）和高氯酸锂（$LiClO_4$）或双三氟甲烷磺酰亚胺锂（LiTFSI）等锂盐组成。

聚合物固态电解质在能量密度和安全性均有所提升，但仍然面临室温离子电导率低、力学性能差、电化学窗口窄等问题。在聚合物基底中加入填料形成的复合固态电解质，利用各自的性能，从而实现优化力学性能和提高离子电导率的目标。然而聚合物基质中掺杂剂的存在往往会破坏电极/电解质界面化学稳定性，并在电极表面形成电阻层。因此需要优化复合固态电解质的结构、修饰电极表面、引入稳定的中间层来提升其能量密度和增强循环稳定性。这不仅要求尺寸可调，更要求材料的组成可调。近年来网状化学的发展目标得以实现，在网状化学中，分子构建通过强键连接到扩展结构中，如金属有机框架、沸石咪唑酸盐框架（ZIF）和共价有机框架（COFs）。网状化学材料体系的晶体构型、化学成分、孔隙度和功能可以进行原子精度控制，有机建筑既可自身创建框架，也可与无机建筑单元连接形成杂化材料。

日本东京工业大学等机构参与团队近期在美国《科学》杂志上发表论文说，他们研发出一种高导电性的固态电解质“锂超离子导体”，并成功用这种新型电解质使全固态锂电池特性有了显著提升。东京工业大学近日发布公报说，在新研究中，研究团队力争同时达成多项提升锂电池性能的目标，其中关键是开发出高导电性的固态电解质材料。团队以此前报告的固态导体锂锗磷硫化物为基础，尝试最大限度发挥其离子导电性能。他们对锂锗磷硫化物进行了“高熵化”设计改进，开发出在室温下离子电导率达 32 mS/cm 的新材料。在 −50～55 ℃的温度范围内，新材料离子电导率为原锂锗磷硫化物导体的 2.3～3.8 倍。

锂合金金属负极具有较高的理论电荷存储容量，是开发高能可充电电池的理想选择。然而，这种电极材料在使用标准非水液体电解质溶液的锂离子电池中表现出有限的可逆性。为了避免这个问题，研究人员报告了在全固态锂离子电池配置中使用非预锂化铝箔基负极的工程微结构。当30 μm厚的$Al_{94.5}In_{5.5}$负极与Li_6PS_5Cl固态电解质和$LiNi_{0.6}Mn_{0.2}Co_{0.2}O_2$基正极相结合时，实验室规模的电池在高电流密度（6.5 mA/cm^2）下提供数百次稳定循环，具有实际相关的面积容量。研究人员还证明，由于铝基体内分布的LiIn网络，多相Al-In微观结构可以改善速率行为和增强可逆性。这些结果表明，在简化制造工艺的同时，通过负极的冶金设计改进全固态电池的可能性。相关研究内容以“Aluminum foil negative electrodes with multiphase microstructure for all-solid-state Li-ion batteries”为题发表在《Nature Communications》上。

与锂离子电池相比，固态电池提供了完全不同的化学机械环境。例如，固态电解质（SSE）不会流动以润湿体积变化的负极颗粒的表面，这可以稳定SEI的形成。具有硅基负电极的SSB与使用非水电解质溶液的电池相比表现出改善的循环稳定性。此外，具有各种合金基负极（硅和铝）的SSB可以实现高能量密度和比能，甚至接近具有过量锂的锂金属SSB。然而，最近的合金负极SSB演示使用了铸造颗粒或复合电极，其概念上与传统锂离子电池电极相似。考虑到SSB不同的化学机械环境，其他电极概念对于长期耐用性可能是可行的，包括开发致密箔电极。与锂金属物理合金化的厚（＞100 μm）铟箔或铝箔已被用作SSB负极，以充当锂汇，但这些厚箔具有大量多余的材料，导致能量密度低，这对于实际应用来说是不现实的。此外，避免使用锂金属进行预锂化有利于规模化电池生产。

全固态锂电池可以克服目前商业化锂离子电池在安全性上的严重缺陷，同时进一步提升能量密度，对新能源车和储能产业是一项颠覆性技术。但是，由于全固态锂电池的核心材料——固态电解质难以兼顾性能和成本，产业化仍面临巨大阻碍。为了满足实际应用的需求，全固态锂电池的固态电解质至少需要同时具备三个条件：高离子电导率（室温下超过1 mS/cm），良好的可变形性（250～350 MPa下实现90%以上致密），以及足够低廉的成本（低于50美元/kg）。目前被广泛研究的氧化物、硫化物、氯化物固态电解质都无法

同时满足这些条件。中国科学技术大学教授马骋开发了一种新型固态电解质，其综合性能与目前最先进的硫化物、氯化物固态电解质相近，但成本不到后者的4%，适合进行产业化应用。目前，该成果发表在国际著名学术期刊《Nature Communications》上。

此次研究中，马骋不再聚焦于上述氧化物、硫化物、氯化物中的任何一种，而是转向氧氯化物，设计并合成了一种新型固态电解质——氧氯化锆锂。这种材料具有很强的成本优势。如果以水合氢氧化锂、氯化锂、氯化锆进行合成，它的原材料成本仅为11.6美元/kg。而如果以水合氧氯化锆、氯化锂、氯化锆进行合成，氧氯化锆锂的成本可以进一步降低到约7美元/kg，远低于目前最具成本优势的固态电解质氯化锆锂（10.78美元/kg），并且不到硫化物和稀土基、铟基氯化物固态电解质的4%。

在具备极强成本优势的同时，氧氯化锆锂的综合性能与目前最先进的硫化物、氯化物固态电解质相当。它的室温离子电导率高达2.42 mS/cm，超过了应用所需要的1 mS/cm，并且在目前报道的各类固态电解质中位居前列。与此同时，它良好的可变形性使材料在300 MPa压力下能达到94.2%致密，可以很好地满足应用需求，也优于以易变形性著称的硫化物、氯化物固态电解质（同等压力下不足90%致密）。实验证明，由氧氯化锆锂和高镍三元正极组成的全固态锂电池展示了极为优异的性能：在12 min快速充电的条件下，该电池仍能成功地在室温稳定循环2 000圈以上。

研究人员介绍，氧氯化锆锂能以目前最低的成本实现和当下最先进的硫化物、氯化物固态电解质相近的性能，对全固态锂电池的产业化具有重大意义。审稿人认为，这一发现“很有新意和原创性”，并且认为氧氯化锆锂材料“很有前景”“有益于固态电池技术的商业化”。

二、新型锂离子固态电解质

“十四五”新型储能发展实施方案中提出加大关键技术装备研发力度，推动多元化技术开发。锂离子电池因其能量密度高、电化学窗口宽、环境友好等优势，在电化学储能技术中具有良好的发展前景。传统的锂离子电池由液体电解质、隔膜、正负极构成。液体电解质具有室温下离子电导率高的优点，但存在易燃、易爆、漏液等安全隐患，同时在循环使用过程中易产生锂枝晶刺破隔膜使电池发生短路，限制了其在电化学储能领域中的大规模应用。相比于液体电解质，固态电解质具有较高的电化学稳定性和安全性、工作温度范围广以及电化学窗口宽等优点。因此，采用固态电解质代替传统的液体电解质，开发高安全性、高能量密度及宽温度使用范围的全固态锂离子电池具有十分重要的意义。

迄今为止，锂离子固态电解质已经产生数千种。随着新型材料的合成应用，发展了多种新型锂离子固态电解质，其中金属有机框架材料、共价有机框架材料和聚合物固态电解质在储能领域尤其是电池领域引起了广泛关注。

（一）金属有机框架化合物应用及其进展

MOF 是由无机金属中心（金属离子或金属簇）与桥连的有机配体通过分子间相互作用力连接而成的周期性网状结构的晶态多孔材料，是一类新型的晶体微孔材料，又叫多孔配位聚合物。目前，已经合成了多种金属有机骨架材料，其中以含羧基有机阴离子配体为主，或与含氮杂环有机中性配体共同使用。MOF 拥有高的孔隙率和良好化学稳定性的优点，同时具有可调控的孔结构和大的比表面积，可以通过合理的优化、配体的控制以及特定的合成条件达到所需的目标产物。MOF 在电催化、水裂解、储氢、吸附等领域已经被广泛研究，在固态电解质上研究也备受关注，是一种新型的固态电解质材料。按照 MOF 材料中的离子传导种类，可分为单离子导体的纯 MOF 材料和多离子导体的复合 MOF 材料。

1. 纯 MOF 材料中金属离子传导

制备金属有机框架衍生的固态电解质，通过将磺酸锂（—SO_3Li）接枝到以锆为金属中心、对苯二甲酸为有机配体的刚性金属有机框架材料（university of oslo，UIO）上，得到磺酸锂接枝的固态电解质（UIOS-Li）。通过后修饰提

高锂离子的电导率，为了提高 UIO 材料的离子导电性，将磺酸（SO_3H）基团接枝到配体上，得到的 MOF 记为 UIOS，为了从 SO_3H 基团中去除质子，用锂离子液体（Li-IL）对 UIOS 进行锂化，得到的锂化 MOFs 称为 UIOSLi。为了获得高的 Li^+ 离子导电性，进一步用含有 2.0 mol/L ITFSI 的 1-乙基－3-甲基咪唑双（三氟甲基磺酰基）酰亚胺（EMIM-TFSI）的 Li-IL 处理 UIOSLi，得到 MOFs 称为 Li-IL/UIOSLi。Li-IL/UIOSLi 固态电解质在室温下的离子电导率为 3.3×10^{-4} S/cm。基于独特的结构，Li-IL/UIOSLi 固态电解质能有效抑制锂枝晶的生长。以 Li-IL/UIOSLi 用作固态电解质并组装成锂硫电池具有稳定的循环性能，250 次循环后容量保持率为 84%，每次循环容量衰减率为 0.06%。单离子导体电解质在传导过程中，只有锂离子能够在固态电解质中进行长距离迁移，MOFs 材料的多孔特性为锂离子的迁移提供了快速通道。

秦超等将大型阴离子基团锚定在金属有机框架的骨架上，利用合成后修饰方法，将三氟甲烷磺酰与 UiO-66-NH_2 框架的氨基共价配位，获得卓越的单离子固态电解质。该单离子固态电解质具有较高的离子电导率，25 ℃时离子电导率为 2.07×10^{-4} S/cm、0.31 eV 的低活化能、4.52 V 的宽电化学窗口和 0.84 的高 Li^+ 转移数。通过阴离子的固定，通道中只有阳离子进行跳跃，减缓传输阻碍。郭欣等利用纳米结构的 UIO/Li-IL 固态电解质实现锂离子在本体和电极/电解质界面的快速运输，即离子液体（Li-IL）吸附在 UIO-66 孔径内和表面。其离子电导率在 25 ℃时达到 3.2×10^{-4} S/cm，以 UIO/Li-IL 为固态电解质组装的锂离子电池具有高的放电容量和优良的保持力。0.2C 循环 100 次容量保持率为 100%，1C 循环 380 次容量保持率达 94%。将离子液体吸附在 MOFs 表面或孔径内，为锂离子的迁移提供平稳的过渡态，减少传输所需能量。

Mircea Dincă 等制备的新型铜（II）-氮化盐金属有机骨架，通过协调阴离子打开 MOFs 中金属位点，并赋予不同导电性的阳离子，卤化物/假卤化物阴离子结合在金属中心上，阳离子在一维孔隙内自由移动，产生单离子固态电解质。当用不同的阳离子，锂离子、钠离子、镁离子负载材料时，离子电导率分别为 4.4×10^{-5} S/cm、1.8×10^{-5} S/cm 和 8.8×10^{-7} S/cm。加入四氟硼酸锂（$LiBF_4$），Li^+ 电导率提高到了一个数量级，为 4.8×10^{-4} S/cm。微量电解液的添加起到润湿作用，加速锂离子的传输。Bruce Dunn 等将电解质阴离子与充满溶剂分子的 MOFs 通道内开放的金属位点络合，实现了锂离子在 MOFs 通道中传导，这种络合方式减弱了阳离子和阴离子之间的相互作用，使 Li^+ 快速通过通道传导。因此电解质与阴离子的相互作用越强，孔径越大，电解质的离子电导率越高，活化能越低。

Jeffrey R.Long 等报道的以阴离子四苯基硼酸盐四面体为节点和线性双炔连接的新型固体聚合物电解质，交联的四苯基硼酸盐带负电荷，阴离子硼酸盐作为 Li^+ 跳跃位点。室温下离子电导率为 2.7×10^{-4} S/cm，锂离子迁移数为 0.93。

Cepeda 等将二价过渡金属离子整合到 MOFs 结构中，增加碱性离子数量，提高锂离子电导率。此外，将样品浸渍到含碱性盐的溶液中，可以获得更多的载体，得到的锂离子电导率为 4.2×10^{-4} S/cm。孙学良等研究的新型阳离子金属有机骨架，通过接枝氨基基团对聚合物链中的醚氧键进行保护，阳离子 MOFs 固态电解质的电化学窗口为 4.97 V，锂离子迁移数为 0.72。通过固定阴离子，引导锂离子均匀分布，构建无枝晶的固态电解质。

锆（Zr）基 UiO-66 因其优异的化学稳定性和热稳定性，可将自由金属阳离子引入 MOFs 中得到广泛的研究。固态电解质的离子电导率与锂离子迁移有关，MOFs 中更多的游离氢离子与锂盐中的锂离子交换，从而提高离子电导率。铪（Hf）基 MOFs 比锆 MOFs 具有更高的稳定性和 Brønsted 酸性，而且 Hf—O 键更强的稳定性及 Hf^{4+} 更小的半径协同效应促进基团的脱质子化，从而使更多的质子与锂离子交换。该课题组研究者设计合成了含有不同官能团的 MOFs 材料，通过两步改性将锂离子引入 MOFs 体系中。无机锂盐使锂离子接枝到 MOFs 骨架中，有机锂盐能使阴离子和阳离子更容易解离，增加 Li^+ 在通道中传输，提高了锂离子的迁移数。利用具有不同结构和多孔性能的 MOFs 合成了 10^{-4}～10^{-3} S/cm 离子电导率的固态电解质薄膜，其中锂离子浓度较高的 Li/HLMOF-4 的离子电导率为 2.82×10^{-3} S/cm。

2. 复合材料 MOFs 的金属离子传导

KazuyukiFujie 以 1-乙基－3-甲基咪唑双（三氟甲基磺酰基）酰胺（EMI-TFSA）和 ZIF-8 为离子液体和 MOFs 制备固态电解质。体相 EMI-TFSA

的离子电导率在冻结后急剧下降，而 EMI-TFSA@ZIF-8 由于没有相变而没有明显下降。在 250 K 以下，EMI-TFSA@ZIF-8 的离子电导率高于 EMI-TFSA。通过在 MOFs 中引入离子液体的方法来设计固态电解质，实现在低温下工作，满足寒冷环境中需求。

郭平春等通过客体交换的方法制备 1-丁基－3-甲基咪唑氯（[BMIM] Cl）和 1-乙基－3-甲基咪唑溴（[EMIM] Br）两种 IL@MOF 固态电解质，同时研究 IL@MOF 固态电解质的热稳定性、主客体相互作用和电化学性能。赵海霞等通过加热、研磨和扩散，将 1-乙基－3-甲基咪唑氯（EMIMCl）引入到 UiO-67（Zr）MOFs 的孔隙中，EMIMCl@UiO-67 的工作温度高达 200 ℃时，离子电导率高为 1.67×10^{-3} S/cm，活化能为 0.37 eV。潘峰等报道的离子液体浸渍金属有机骨架纳米晶体的固态电解质（Li-IL@MOF），室温离子电导率高达 3.0×10^{-4} S/cm，锂离子迁移数为 0.36。选用离子液体与 MOFs 复合的方式可以有效提高工作温度及室温离子电导率，降低活化能。

MOFs 亦可作为固态电解质的填料被添加到聚合物固态电解质中。张等首次制备金属有机骨架（MIL-53（Al））修饰的聚合物固态电解质 Al-TPA-MOF 修饰的 PEO 基聚合物固态电解质在此之后也被报道。韩等选择 Mg-MOF-74 作为聚偏二氟乙烯（PVDF）基聚合物固态电解质填料，其离子电导率高达 6.72×10^{-4} S/cm。不同长度的棒状 MOFs 均匀分布在 PVDF 膜中，与纯 PVDF 膜相比，改性后的 PVDF 膜更加致密稳定。适当孔径的 MOFs 可以几乎包围所有的阴离子，从而均匀化锂离子的沉积，组装成对称电池表现出更小的过电位电压和更优异的循环寿命。

选择合适的 MOFs 材料对固态电解质的性能至关重要，纯 MOFs 材料可以和磺酸锂基团进行接枝改性处理、锂离子液体集成，协调阴离子产生单离子、离子硼酸盐，过渡金属、固定阴离子、含碱溶液浸泡等方式进行制备固态电解质。这些基团在溶解锂盐后与游离锂离子交换离子，改善了锂离子在 MOF 颗粒孔隙中的输运，实现锂离子在 MOF 通道内的快速传导。单离子导体在提高离子电导率、消除界面副反应、拓宽电化学窗口等方面具有较大优势。复合材料中 MOF 金属离子的传导，通常与离子液体共同作用或作为填料添加到聚合物固态电解质中使用。MOF 基固态电解质通过合理的结构优化、选择配体、后修饰或掺杂改性等方式代替传统的液体电解质具有较大的研究价值。此外，当固态电解质的特征尺寸减小到纳米级时，比表面积和表面张力大大增加，电极与电解质界面的接触也会得到改善，从而有望实现界面上的离子快速传导。衍生的纳米结构固态电解质在锂离子快速运输方面具有广阔的前景，然而，MOF 衍生的固态电解质的物理化学性能，如化学和电化学稳定性、电极/电解质界面电阻、保持稳定的 Li 电镀/剥离能力，并没有得到足够的重视。为了实现其在全固态电池中的应用，必须进一步探讨其物理化学性能。

（二）共价有机框架化合物（COFs）应用及其进展

COF 由硼、氧、氮、碳等轻质元素组成，通过强共价键将各种有机建筑单元整合成延伸的 2 维（2D）和 3 维（3D）周期性结构。因其建筑单元、链接和拓扑结构的可调性和多样性使得 COFs 在结构定制和性能调整方面具有独特性。COF 具有良好的一维通道和精确的化学修饰特性，是实现单离子导体的最佳平台。按功能化策略可以分为中性 COF 和离子型 COFs。中性 COFs 通过物理封装或化学锚定将聚合物链整合到纳米通道中，为传统固态电解质的改进提供了一种更有效的策略。离子型 COFs 可以屏蔽库仑相互作用，增加自由移动 Li^+ 的浓度，从而提高 COF 的离子电导率。

1. 中性 COF 固态电解质

压力诱导择优取向对 COF-5 和 TpPa-1 施加单轴压力可以促进晶体择优取向，迫使 COF 形成排列的孔道和离子运输更有效的长程通道，为锂离子的传输提供定向通道。在高氯酸锂溶液中浸泡后，去除溶剂并对其单轴挤压得到的 COF-5 和 TpPa-1 固态电解质，离子电导率分别为 2.6×10^{-4} S/cm 和 1.5×10^{-4} S/cm。基于共价有机框架固态电解质的扩散机理，利用分子动力学模拟方法研究了 2D-COFs（COF-5）结构的离子扩散。通过第一性原理计算证明，2D-COF 基电解质虽被视为固体，但内部的 Li^+ 离子扩散采用类液态行为，借助高氯酸根离子和四氢呋喃的快速旋转和短程扩散，得到锂离子快速扩散途径。

Kitagawa 团队开发自下而上的合成策略，通过一般侧链工程化得到凝胶

COF。电流密度 1C 时，1 108 次循环后放电比容量保持 147.7 mAh/g，容量保持率为 97.36%。该方法有效地提高了 COF 材料的可加工性，利用大而软的支链烷基侧链作为内增塑剂实现 COF 的凝胶化，系统地研究了侧链长度对 COF 凝胶形成的影响。得益于其可加工性和柔性，这种新型 COF 凝胶可以很容易地加工成具有特定锐度和厚度的凝胶型电解质。采用简单的溶剂热法将柔性低聚物环氧乙烷链集成到聚合物电解质 COF 孔壁中，得到的 Li^+@TPB-BMTP-COF 离子电导率为 5.49×10^{-4} S/cm，活化能为 0.87 eV。基于共价有机框架的离子超快传输策略，设计特定的离子界面来介导离子运动。聚电解质 COF 通过载体机制促进离子运动，表现出强循环性和热稳定性，有利于锂离子在一维通道界面内的运输。将电解质链集成到一维通道壁上，通过孔表面工程构建离子框架，从而可以系统地调整离子界面的组成和密度。同时，该课题组测量了界面浓度对离子迁移的影响，并揭示了离子迁移率随离子界面浓度呈指数模式增加，为离子界面的传导设定了一个基准系统，这是能源转换和存储系统的关键指标。

2. 离子型 COF 固态电解质

与中性框架 COF 相比，离子型 COFs 具有更强的极化能力，因此可以有效地屏蔽库仑相互作用。通过 Cl^-与 $TFSI^-$的阴离子交换得到阳离子 COFs（Li-CON-TFSI），在 30 ℃下离子电导率为 5.74×10^{-5} S/cm，离子转移数为 0.61。将低相对分子质量的聚乙二醇结合到阳离子 COF 中加速锂离子传导，聚乙二醇被限制在排列良好的通道内，保持了较高的柔韧性和 Li^+溶解能力，其离子电导率在 120 ℃时可达 1.78×10^{-3} S/cm。COF 材料骨架中的部分阳离子可以分裂锂盐的离子对，增加自由移动的锂离子浓度，从而提高 COF 固态电解质的离子电导率。

磺酸盐 COF 可以实现低温下无溶剂的离子传导，其离子电导率为 10^{-5} S/cm，合成 COFs 后可以通过硫醇锂化进一步剥离，通过磺酸基功能化的固态电解质在 20 ℃时表现出 0.92 的高 Li^+转移数，以及可持续到 −40 ℃低温时保持高的离子电导率。通过温和的化学锂化策略制备含有磺酸基团 COFs（$TpPaSO_3Li$），并将其用作聚环氧乙烷（PEO）基活性填料，$TpPaSO_3Li$ 中的—SO_3Li 基团作为纳米通道中的锂离子传导位点，在 PEO 链之间提供快

速通路，在 60 ℃时离子电导率为 3.01×10^{-4} S/cm。磺酸基的吸电子诱导作用及共轭效应加速锂离子的传输，使 COF 固态电解质具有较高的锂离子迁移数。

通过螺旋硼酸键的形成，构建一种具有 SP^3 杂化硼阴离子中心和可调控阳离子的新型离子共价有机骨架（ionic covalent organic frameworks，ICOFs），其室温下离子电导率为 3.05×10^{-5} S/cm，平均锂离子迁移数为 0.8。DongDerui 等通过在聚偏氟乙烯（PVDF）和高氯酸锂体系中添加含硼 COFs（H-COF-1），当 COF 添加量为 20%时，锂离子迁移数为 0.71，离子电导率为 2.5×10^{-4} S/cm。通过硼杂环吸电子基团络合负离子，促进电解质盐的高度解离，固定负离子使正离子可以实现自由传输，从而制备了在高低温下具有高离子电导率、高离子迁移数和高能量密度的固态电解质，并且可以在拉伸、弯曲、折叠以及高低温等条件下依然保持良好机械稳定性能、热学性能和电化学性能。

基于不同反离子柔性构筑的三维阴离子型 COF 被合成，其中环糊精（γ-CD）分子作为有机支柱，以螺硼酸酯键共价连接。微波辅助溶剂热方法，在氢氧化锂存在的条件下，将环糊精和硼酸三甲酯共冷凝，得到了具有高度结晶的三维阴离子 COF（CD-COF-Li，Li^+ 作为反离子），离子电导率在 30 ℃时达到 2.7×10^{-3} S/cm。由于明确的通道、动态结构和阴离子骨架，CD-COF-Li 可以提供较低的能量传导路径，成为锂离子固态电解质的潜在候选材料。

咪唑盐是咪唑的共轭碱，在金属有机框架中被广泛用作螯合配体。通过将咪唑盐引入共价有机框架的主链中，可以获得具有排列阴离子中心的新型离子共价有机骨架（ICOF）。Lee 等通过自下而上的合成方法将阴离子官能团固定在骨架上，合成了咪唑型单锂离子导体共价有机骨架（Li-ImCOF），从而抑制阴离子迁移，仅由 Li^+ 迁移传导。在室温下 Li^+ 电导率高达 7.2×10^{-3} S/cm，活化能低至 0.1 eV，迁移数高达 0.81，离子电导率与 COF 的孔隙度、比表面积均有关。使用咪唑盐制备了短链的化合物并测定离子电导率，结果与环状 COF 相差 1 000 倍。研究表明框架结构为离子传导提供了内在的传输路径，促进了锂离子在固态电解质中的传导。

COF 基单离子固态电解质加速了锂离子扩散的同时抑制枝晶的生长，云

南大学郭宏团队研究了 3 种类型的锂羧酸盐 COF 作为单锂离子导体的固态电解质，其中单锂离子导体 LiOOC-COF_3 在室温下具有 1.36×10^{-5} S/cm 的离子电导率和 0.91 的迁移数。

共价有机框架具有拓扑结构易于设计及功能化的特点，便于改善孔内环境，π-π 堆积形成的高度规整的结构更有利于离子的传导。COF 可以通过不同反应物引入更多的活性位点，碳氧双键、碳氮双键、羧酸、磺酸基等活性基团从而促进金属离子在电池中的迁移。通常采用电解质溶液浸渍后挥发得到中性 COF 固态电解质。离子型 COF 通过 Lewis 酸性骨架的酸碱相互作用和阳离子 COF 的介电屏蔽效应抑制阴离子的迁移，通过亲锂的 Lewis 碱基修饰孔壁，构建阴离子 COF 等方式制备固态电解质。COF 周期性的原子分布和规则的孔道结构，为锂离子传输提供有序通道，缩小离子迁移的路径；而离子型 COF 上均匀分布的电荷为锂离子提供了传输位点，降低锂离子传输的能垒。

MOF 和 COF 材料可以提供固定化和均匀分布的离子跳跃路径，增强了热稳定性和机械稳定性，并且可以抑制枝晶的生长。MOF 和 COF 的高比表面积增加了金属阳离子的跳跃位点，有助于在器件中实现功率密度的最大化，明确的孔结构为离子的传导提供了有效途径。框架内的阴离子与阳离子相互配位，将阴离子直接作为框架组件安装到 MOF 和 COF 中，从而将跳越位点安装到 MOF 和 COF 中，或者利用固有的阴离子材料，平衡存在于孔隙中的潜在移动阳离子。

由于固态电解质比液体电解质具有广泛公认的安全优势，全固态电池的商业应用已被广泛设想。理想的固态电解质应具有与液体电解质相当的离子导电性、优良的安全性、合适的力学性能和与电极良好的接触性。然而，很难得到一种兼具这些特性的电解质，因此固态电解质的研究面临着各种问题。要实现固态电解质的商业化利用，必须克服科学和技术挑战。首先，离子电导率仍然是评价固态电解质的先决条件。其次，了解各种电解质的共性和个体性，并提出机制，使其背后的科学现象合理化，指导进一步深入的研究。通过实验、计算和实际的联合研究，可以全面地了解固态电解质。

为获得更好的电池性能，建议采取以下措施：第一，合理设计 MOF 和

COF 的化学结构。金属中心和有机配体的设计将产生不同的框架结构和孔道结构，进而得到结构可控、电化学性能稳定的固态电解质；第二，充分考虑孔隙结构，需满足电解质的渗透或可以容纳活性材料的填充；第三，颗粒尺寸和形貌应很好地优化，探索 MOF 和 COF 晶体尺寸对电导率的影响将有助于阐明离子迁移率是晶体间还是晶体内的现象；第四，随着先进的原位表征技术和理论计算的发展，应更加重视机理研究，深入探讨电化学过程中的离子如何传导以及传输路径的择优选择。

（三）聚合物固态电解质应用及其进展

近年来人们对于离子液体混合聚合物电解质体系进行了研究，这种设计能够在较宽的温度范围内，显著地提升电解质的离子电导率和电化学稳定性。例如，聚偏氟乙烯（PVDF）、聚甲基丙酸甲酯（PMMA）、聚 2-乙烯基吡啶、聚氧化乙烯（PEO）、聚对苯乙烯磺酸等均可与离子液体配合，提高聚合物电解质的性能。

研究表明离子液体能够与聚合物链形成纳米尺寸的团簇，这些团簇会对聚合物电解质的离子电导率产生显著的影响，通过共聚合作用形成的共价键连接亲离子和憎离子单体能够有效的离子传输通道。提高聚合物电解质的电导率和机械特性是目前的重要研究方向，其中提高载流子浓度是一种重要的方法，但是载流子不可控的团聚限制了电导率的提升。Park 等研究发现双磷酸盐聚合物体系能够有效的避免离子团聚，该体系通过与离子液体配合，能够提高 2～3 倍的离子电导率，即便在 15 ℃玻璃化转变温度点也能够获得良好的效果。另外一种方法是对聚合物的骨架结构进行调整，通过在骨架中特定位置加入适当官能团，能够有效的电解质在宽泛温度范围内良好的机械性能。通过在聚合物骨架中引入高极化官能团，提高聚合物电解质的介电常数，或者增加一些双性离子能够有效地提升锂盐解离程度。

聚合物中离子迁移通常非常依赖聚合物的玻璃化转变温度 T_g，因此通常提高聚合物电解质电导率通常以牺牲电解质的机械特性为代价。研究显示通过液体相和晶体相配合能够促进离子传输，同时研究也显示晶体结构中缺陷能够降低离子迁移的势垒，在聚合物骨架中增加酸官能团，能够利用静电作

用力和离子空穴促进离子迁移。

在聚合物中添加无机填料是一种提升聚合物基固体电解质离子电导率的重要手段。无机填料的添加可以削弱聚合物与锂离子间的相互作用，促进锂盐的解离和破坏聚合物链的规整性，增加聚合物的自由体积，提高链段的运动能力。此外，无机填料的添加可以在不牺牲聚合物柔性和可加工性能的前提下，提升聚合物基电解质的离子迁移数、机械性能、热稳定性和化学/电化学稳定性。无机填料在聚合物基固体电解质中的含量、粒径和分散均匀程度都会影响聚合物基固体电解质的离子电导率。构建连续且有序的离子传输通道对聚合物基固体电解质性能的提升意义重大。根据无机填料的形貌，可以分为零维纳米颗粒、一维纳米线、二维纳米片和三维纳米骨架等结构，这些不同形态的离子传输通道的构建，有利于提升聚合物基固体电解质离子电导率和稳定性。

从提升固态电池性能的角度而言，提升固体电解质的离子电导（G）非常重要，因为其将电解质的厚度（l）纳入考量：$G=\sigma A/l$，其中 A 为电解质的面积，l 为电解质的厚度。随着电解质厚度的增加，离子电导将减小。由于聚合物基固体电解质的主要组分为聚合物，具有优异的可加工性，成型性好。因此，可在不牺牲力学性能的前提下，采用多种方法制作超薄的固体电解质，在显著提升离子电导的同时缩短离子传输路径和时间，加快电解质内部的离子传导。此外，电解质的超薄化可减小电池的重量和体积，能极大地提升电池的能量密度。

电极与电解质之间存在着界面接触不佳及界面相容性不好等问题严重阻碍了固态锂电池的发展。尽管相较于陶瓷电解质，聚合物基复合固体电解质具有柔性，可在一定程度上改善电池内部的界面接触较差的问题，但其电化学氧化窗口较窄，高压下容易在电极界面发生副反应，阻碍了其在固态电池中的应用。通过构建润湿界面、原位固化制备聚合物基电解质、设计非对称结构的聚合物基固体电解质等方式可有效解决界面问题。

尽管目前对聚合物基固体电解质的研究已经取得了诸多成果，但离实际应用仍有很长的路要走。在未来一段时间内，开发具有性质稳定且具有高离子电导率、同时能够在正负极界面处形成良好界面接触的聚合物基固体电解质仍然是最具潜力的研究方向之一。同时，以原位固化技术为基础，开发能适配现有电池生产工艺的聚合物基固体电解质对其实际应用具有重要意义。

三、聚磷腈高分子固态电解质

聚磷腈高分子是一类具有特殊性能的无机功能高分子材料。自从 20 世纪 60 年代中期 Allcock 等首次制得可溶性聚磷腈高分子以来，有关聚磷腈高分子的研究取得了突破性进展。近年来关于聚磷腈功能材料的研究十分活跃，聚磷腈高分子固态电解质材料就是其中典型代表之一。

现代社会便携式电器的迅猛发展对二次储能设备提出了特殊的要求，尤其是高性能二次锂电池的研究和开发更是引起了世界各国广泛的重视。虽然锂电池的总体性能决定于许多因素，但是由于电解质的性能决定了锂离子的传输，因而电解质的好坏对整个电池的性能是至关重要的。在过去的 15 年中，人们进行了大量的科学研究以期开发出不同的电解质材料用于锂电池，这些材料大体上可分为液体电解质和固态电解质两大类型。液体电解质离子电导率高，但是由于液体电解质中使用了有机溶剂，因而存在一系列问题：第一，有毒和易燃溶剂的释放使得液体电解质的安全性能不佳；第二，液体电解质中的溶剂容易挥发，电池内部蒸汽压变化要求制造电池时使用更加坚固的外壳；第三，使用液体电解质往往要求电池内部加入分离电极的隔膜，这不仅增加了电池的重量，同时也增大了电池设计和制造的复杂性。

为了解决液体电解质存在的这些问题，人们开发了多种固态电解质。高分子固态电解质（SPE）就是 20 世纪 80 年代迅速发展起来的一类新型固态电解质材料，它具有质轻、成膜性好、黏弹性好、稳定性好等优点，并且能克服液体电解质安全性差、有毒、抗氧化还原性能不佳等缺点。但是由于目前高分子固态电解质的电导率还比较低，还未大规模商品化。为了提高高分子固态电解质的各项性能，科学家们在研究中曾经采用过以下几类高分子：聚醚、聚亚胺、聚酯、聚硅氧烷衍生物、含聚醚链段的聚合物、网状聚合物等，这些高分子主体大都满足以下三个基本要求：第一，高分子在室温或者更低

的温度下保持非晶态；第二，高分子链段含有使离子配位或溶剂化的位点，帮助离子对的分离；第三，高分子链具有足够的活动性，从而使得离子的迁移可以容易进行。聚氧化乙烯是最早用于研究高分子固态电解质的高分子材料，但是 PEO 的结晶性使得其电导率较差，因而近年来人们研究并开发了许多无机高分子固态电解质，带有寡聚氧化乙烯侧链的聚磷腈高分子就是其中的典型代表之一。

选择聚磷腈体系作为高分子固态电解质的高分子主体是由聚磷腈的特殊结构所决定的。聚磷腈的主链是由交替的 P、N 原子以交替的单双键组成的长链结构，由于主链上 P—N 键之间存在着 dπ-pπ 共轭稳定作用，所以主链的化学稳定性较高。但是由于对称的 dπ-pπ 轨道在每个磷原子上均形成一个结点，主链上交替的单双键未能形成长程共轭体系，双键的形成并没有对 P—N 键的旋转造成障碍，所以与有机高聚物的主链相比，聚磷腈高分子主链具有较高的扭转柔顺性，使得它们一般具有较低的玻璃化温度 T_g，因而聚磷腈高分子大多数为低温弹性体。以上的这些结构特性决定了聚磷腈高分子接上含有溶剂化基团的侧链（多为醚链）后，将是一类很好的固态电解质的高分子主体。

聚［二（甲氧基乙氧基）乙氧基］磷腈（MEEP）是由 Allcock 等设计并合成的第一个聚磷腈高分子固态电解质，用意是使一种高分子同时满足上述三个要求。自 1984 年首次报道 MEEP 用于制备高分子固态电解质后，Allcock 等合成了约有 30 多种聚磷腈高分子固态电解质，全部是建立在 MEEP 的基本结构和基本理论上的。MEEP 的玻璃化温度为 – 84 ℃，室温下无法形成微晶，完全处于非晶态；另外，MEEP 每一个重复单元侧链上的六个氧原子对阳离子有很大的配位和溶剂化作用，这种结构可以防止在电解质中形成离子对，并且可以增大盐在高分子中的溶解度。

MEEP 导电性能明显优于 PEO，$MEEP_2LiSO_3CF_3$ 体系在 25 ℃时电导率为 2.6×10^{-5} S/cm，比 PEO_2 碱金属盐体系高出三个数量级。但是预期的 MEEP 在二次锂电池和其他设备中的应用却未见报道，主要原因如下：第一，PEO 较 MEEP 廉价易得；第二，近年来工业上制造固态锂离子电池的主要精力集中在向 PEO 中加入小分子的有机增塑剂，以减少结晶提高电导率，然而含有溶剂的 PEO 机械性能较差，并且容易引起很多问题，如溶剂的释放和易燃性等；第三，MEEP 的分子链活动性很强，即使在有压力的情况下也不能够形成尺寸稳定的薄膜，将此类电解质制成薄膜电池后容易在电极与电极之间流动，这是目前聚磷腈高分子固态电解质研究中要解决的关键问题。

（一）新型结构的聚磷腈高分子固态电解质

质高分子的结构决定了高分子的某些性质，如溶解性、热性能、黏度以及玻璃化温度等。聚磷腈高分子 MEEP 及其类似的衍生物是一类性能较好的高分子固态电解质材料，但其主要的缺点就是机械强度不佳，因此人们相继合成了许多新型结构的聚磷腈高分子固态电解质。

Allcock 等在聚磷腈主链上接上冠醚侧基，提高了玻璃化温度，但室温下与三氟甲基磺酸锂或高氯酸锂复配得到的电解质室温电导率较低。这主要是因为此类化合物中冠醚侧基对碱金属有很强的配位作用，阻碍了阳离子在体系中的迁移。Chen yang 等报道了聚二（戊胺基）磷腈和聚二（己胺基）磷腈的合成，当掺入 $LiClO_4$ 的物质的量比为 0.2 时聚二（戊胺基）磷腈的室温电导率为 1.5×10^{-7} S/cm，在 100 ℃时电导率可以达到 4.8×10^{-5} S/cm。Allcock 等合成了几种新型结构的聚磷腈。该聚磷腈高分子由于具有很大的自由体积，而且每个重复结构单元含有较多的配位点，因而显示了良好的离子导电性能，将其分别与 $LiSO_3CF_3$、$LiAsF_6$ 和 $LiClO_4$ 复合制备电解质，最高室温电导率分别为：2.4×10^{-5} S/cm、5.2×10^{-5} S/cm 和 4.3×10^{-5} S/cm。

Kenzo 等报道了一类具有聚苯乙烯骨架的新型结构聚磷腈。这些聚合物都带有环三磷腈的结构，而每个环三磷腈上又连有寡聚醚链段，使得这些高分子都具有较低的玻璃化温度，同时由于每个重复结构单元中氧原子个数多，对锂盐有较大的溶剂化作用，环三磷腈结构还能够增大体系的自由体积，也利于离子的传输。尽管聚苯乙烯骨架并不具有很高的柔韧性，但是这些体系与 $LiClO_4$ 复配，在 60 ℃下最大电导率可以达到 10^{-4} S/cm。这些新型结构的聚磷腈高分子不仅提高了原有聚磷腈高分子固态电解质的各项性能，而且为固态电解质的研究与开发提供了新的思路。

（二）聚磷腈高分子固态电解质导电机理

为了开发新型高分子固态电解质，了解高分子主体、锂盐以及溶剂和添加剂小分子的相互作用机理至关重要。科学家们通过运用各种光谱（如红外、拉曼、核磁共振等）和测试手段（如电导率和迁移数的测定等），再将这些测试结果和分子动力学模型的理论计算结果相结合，总结出了高分子固态电解质离子传输的机理。但是这些机理的研究大多基于 PEO 体系，由于 PEO 体系和聚磷腈体系在结构和形态上有着较大差异，所以那些适用于 PEO 体系的理论和相关信息无法直接应用于聚磷腈体系。

Allcock 等在 1999 年通过 ^{13}C、^{31}P 和 ^{15}N 核磁共振光谱研究了聚磷腈高分子固态电解质和凝胶电解质的离子传导机理，但是其实验结果与计算结果不相符合，主要争议来源于聚磷腈骨架上 N 原子究竟是否对锂离子有配位作用。Allcock 考虑到分子动力学模拟计算本身的不确定性，倾向于认为骨架上的 N 原子在离子传导的配位过程中不起重要的作用。Luther 等在 2003 年提出了不同的观点，他们认为锂离子在高分子骨架中会出现在任何位置，但最容易出现在能与多个原子进行配位的位置，他们还提出了一种“荷包（pocket）”结构，表明骨架上 N 原子在锂离子传输过程中和醚链上的 O 原子一样对锂离子具有配位作用。迄今为止，科学家们对聚磷腈高分子固态电解质离子传导机理的研究还在进行当中。

聚磷腈高分子固态电解质从出现伊始，由于其特殊的结构即受到了广泛的重视，在短短的 20 年时间内，这个领域的研究就取得了令人瞩目的进展。聚磷腈作为无机高分子，已成为高分子化学中的一个重要研究课题，并展示出在功能材料应用方面广阔的应用前景。然而，聚磷腈高分子固态电解质的开发毕竟还是一个较新的研究领域，其应用研究还处于起步阶段，还有很多相关的基础理论研究有待开发。探索新型聚磷腈高分子固态电解质结构与各项性能关系的研究有待进一步深入。随着科学技术的发展和进步，研究领域的不断拓展和深入，我们可以相信聚磷腈高分子固态电解质必将对整个固态电解质的研究开发发挥更大的作用。

第四节 膜材料的应用

一、高分子膜材料在膜分离领域中的应用

随着科技的进步，膜分离技术在各领域的应用也变得越来越广泛，尤其是在污水处理、冶金、纺织以及化工等领域的发展中发挥了巨大的推动作用。对于膜分离技术而言，膜材料的研发与应用一直都是发展的主要方向，其中高分子膜材料就是较为主流的膜技术，其应用会对膜分离技术的效用发挥造成直接的影响，因此，针对高分子膜材料在膜分离过程中的实践应用加强研究是很有必要的[12]。

（一）膜分离领域中高分子膜材料的应用

1. 在膜制备方面的应用

（1）聚酰胺类材料

所谓的聚酰胺类材料，实际上就是一些含有酰胺链段的聚合物，对其进行应用，可以制备气体分离膜以及液体分离膜等。相关人员借助螺旋形聚醚砜中空纤维膜对洗毛废水的处理效果进行了研究。试验发现，利用这种高分子膜材料对于羊毛脂能够实现 92%以上的截留率，对于废水的浊度以及化学需氧量（COD）的去除率分别能够达到 91%和 99%。由此可见，将其应用在膜分离技术中能够获得良好的处理效果。也有研究人员对聚酰胺纳滤膜的分离效果进行了研究，分别对含有红色和黑色的活性染料废水进行处理，获得的截留率分别是 92%和 94%，而对 COD 的去除率也能够达到 94%。此外，相关人员还对聚砜膜进行了试验，发现这种高分子膜材料表面具有负电荷，而很多染料分子同样含有负电荷，所以会产生相互排斥的作用，确保了相应的截留率及膜通量。尽管有很多高分子材料都可以用于膜的制备，但仍需要相关领域从功能材料、合金材料以及膜面化学改性等方面入手加强研究，不断提升高分子膜的性能、扩大适用范围。

（2）纤维素

纤维素这种高分子材料具有明显的天然性特征，主要是以植物细胞材料为来源。目前，醋酸纤维素（CA）在膜分离过程中的应用较为广泛。早在1960年，相关人员就已经在膜分离工艺中对该项材料进行了有效的应用，使得膜分离期间的透水率以及脱盐率得到了显著的提升。但其缺陷在于分子链当中含有—COOR，受到酸碱作用的影响，容易出现水解现象，而且水解速度会受到pH和温度的影响，所以单纯地使用CA材料会存在很大的局限性，但将其与其他材料混合制备，则可以有效扩大适用范围。例如，相关人员将CA材料与三醋酸纤维素进行结合应用，借助L-S法获得不对称纳滤膜，能够保证200～600的截留分子质量。在1 MPa的条件下，对1 000 mg/L的Na_2SO_4水溶液进行截留，截留率在90%以上。纤维素大多为线型棍状结构且不容易弯曲，可以用于超滤膜、微滤膜以及反渗透膜的制备。除此之外，由于使用纤维素制备的膜具有较大的过滤通量，又容易降解，应用前景也是非常广阔的。

（3）壳聚糖

壳聚糖是一种天然多糖，具有碱性特征，对生物具有较高的亲和性，容易接枝改性，不仅能够进行生物降解，对于微生物也有较高的固化效率。因此，相关领域对这种高分子膜材料的应用进行了大量的研究与实践。例如，有学者利用墨干鱼进行交联壳聚糖的制作，因为其中固定了活性酶，所以能够对活性染料进行有效的吸附，虽然交联度会对酶的活性造成一定的影响，但是具有降解染料分子的作用。还有学者通过相转化法制备了壳聚糖反渗透膜。实践发现，在厚度相同的情况下，这种反渗透膜要比传统形式的醋酸纤维膜具有更高的耐久性、脱酸率和透水率。壳聚糖本身比较容易改性成膜，而且耐溶剂性能较强，加之其是天然的高分子材料，所以不存在毒害作用，抗菌效果也非常出众，能够和水分子构成较强的氢键。同时，其对于碱土金属离子具有较高的脱出率，是一种综合效益较高的反渗透膜，所以在未来发展中具有较大的应用潜力。

（4）其他类型的材料

目前，常用的高分子膜材料除了上述几类之外，还包括聚丙烯、聚偏氟乙烯以及聚四氟乙烯等。将这些高分子膜材料应用在膜分离技术中，不仅能够保证较高的化学稳定性和良好的疏水性，还能使膜具有更高的抗氧化性。因此，相关人员针对聚偏氟乙烯的应用进行了研究，分别针对单膜和复合膜展开了试验，发现通过优化工艺制备聚偏氟乙烯膜，能够将孔隙率控制在75%以上，而且膜的平均孔径能够控制在1 μm以下，孔的形态基本可以达到微孔膜的理想状态。在其中加入支撑体获得的复合膜，在膜中有着贯穿性指状孔，具有较高的除盐率和抗污染性能。除此之外，相关人员在研究中将多孔尼龙当作支撑体，制作成聚苯胺导电透膜，并以此为基础展开气体分离试验。由试验结果可知，这种膜具有较高的选择性，在对其进行二次掺杂以后，进行O_2、N_2的分离试验，发现该模的分离离散数能够达到。当然，在液体分离方面具有较强适用性的高分子膜材料还包括聚乙烯醇、聚丙烯酸、聚芳香醚、聚乙烯以及聚酰亚胺等。每一种高分子膜材料的特性和适用范围都是不同的，但如果能够对这些材料容易接枝和改性的特征进行充分的利用，就会获得更为广阔的应用前景和更好的应用效果。

2. 高分子膜材料自身的改性

随着膜分离技术在各领域的广泛应用，各界对于膜材料的要求也在不断提升，要求膜不但要具有丰富的选择性，在热稳定性、化学稳定性、机械强度以及通量方面也要满足相关工作的要求。但对单一的高分子材料进行应用，想要满足这些要求是不现实的。因此，还需要相关领域做好膜材料的改性工作，以此来获得综合性能较好的膜材料。对于膜材料的改性来说，常用的方法包括等离子体表面改性法、等离子体表面聚合法、表面接枝法、辐照法以及活性剂吸附法等。

有的研究人员对高分子质量聚乙烯微孔膜实施改性处理，发现改性之后的膜具有更高的通量恢复能力，经过清洗，能够将其通量恢复到80%以上，而且改性膜对于污染的抵抗力也更强，特别是对蛋白质污染，具有良好的抗性。有的研究人员在醋酸纤维素当中加入了过渡金属，获得的改性膜不仅具有良好的耐高温性能，耐酸性能也十分突出。有的研究人员利用理化的方式进行膜的改性处理，获得的交联聚酰胺反渗透复合膜具有更高的耐氯性。此外，其脱盐率以及产水率也得到了适当的提升。还有的研究人员分别使用硫

酸和二羟酸作为催化剂和交联剂，将含有这两种物质的聚乙烯醇（PVA）水溶液倒在微孔聚砜支撑膜上，发现使用草酸作为交联剂能够获得最佳的效果，制备的膜在温度为 25 ℃、压力为 0.4 MPa 的条件下，对于质量分数为 0.35%的 NaCl 溶液有 95%的截留率。

通过上述研究可以确定，对高分子膜材料进行改性处理以后，会使其综合性能得到有效的提升，包括机械性能、热稳定性、化学稳定性以及耐腐蚀性等。因此，对于膜材料的改性处理也应该作为相关领域研究的主要方向。

（二）高分子膜材料的应用前景

虽然目前我国的膜分离技术已经得到了快速的发展，各方面的应用也较为成熟，但随着现代社会的发展，各界对于膜分离技术的要求也会不断提升，包括产品质量、应用成本等诸多方面，也随之衍生了一系列的问题，包括产值、通量稳定性以及选择性等。

1. 产值

尽管如今的膜分离技术在应用方面已经逐渐趋于成熟，但在很多方面仍然无法达到产业化要求。因此，相关领域一直致力于新型膜材料的研发与应用，意在通过科学、先进的强化膜提高膜分离技术的应用效果，使其能够在各领域的发展中发挥更大的作用。

2. 膜通量

针对该项问题的研究应该集中在膜分离过程中的污染防控上。不管对何种膜材料和膜分离技术进行应用，各种膜污染问题都是难以避免的，包括膜表面出现黏性附层或者膜孔堵塞等。一旦出现膜污染的问题，就会对膜通量造成极大的影响，甚至还会影响产值比。因此，在发展过程中，还需要从适用范围、使用寿命以及抗污染能力方面入手加强研究，并在此基础上尽可能地降低膜分离过程中的成本投入。但这需要对各种因素进行综合考虑。例如，结合实际情况对膜材料进行优选，并合理地设计膜组件，有针对性地落实防污染措施和清洗措施，对各种操作参数进行优化等。

3. 选择性

选择性问题大多集中在膜材料方面，需要对高分子膜材料的功能性进行不断的开发，并对分离性能及分子结构的关联性进行定量研究。同时，要继续合成多种分子结构的材料，根据分离要求对组合膜材料进行设计，这也是提高高分子膜材料应用效果的重要途径。当然，还应该大力发展高分子合金，对无机、有机杂化膜的制备及应用方法进行深入的研究。

在膜分离过程中，对高分子膜材料进行合理的应用，能够有效提升膜分离技术的应用效果，这对于相关领域的发展具有非常重要的意义。因此，相关领域必须要对高分子膜材料的应用保持高度的重视，要结合自身实际情况以及行业发展要求，对各种高分子膜材料进行合理的选择和应用，尽可能地提升膜分离过程的效果，为相关领域的发展提供支持。

二、导电高分子膜材料制备及其生物应用

生物体内具有活性的细胞和组织，无论处于静息态还是活动态，都存在电信号的产生与传递过程。生物电现象与生命活动密切相关，表现在电刺激可使细胞膜两侧电位差发生变化，从而调节细胞内离子浓度和基因表达，最终将影响细胞的增殖、分化和迁移以及组织、器官的功能。当组织受损或发生病变时，细胞间传导电信号的通路往往会被切断，而导电高分子可以完成组织中的电信号传导过程，因此能够实现组织的修复与再生。此外，导电高分子在电化学反应过程中还伴随着体积的变化和离子的嵌入与释放，这些独特的性质为其在生物医学领域的应用奠定了基础。

目前得到深入研究的导电高分子主要包括聚吡咯（PPy）、聚苯胺（PANi）和聚噻吩（PTh）及其衍生物，这些导电高分子通常被制备成纳米粒子、膜材料［710］和复合水凝胶。其中，导电高分子膜材料因其比表面积大、可剪裁和可弯曲的特性而拥有更大的应用潜能。学者针对导电高分子膜材料展开大量研究，但目前综述报道尚不多见。

（一）生物医用导电高分子

与金属、金属氧化物等无机导电材料不同，高分子中各原子的所有电子都用于形成共价键，不存在自由电子，因而一直被认为是绝缘体。但从理论上来说，当在电场作用下，物质内存在足够数量的载流子以一定速度发生定向运动时就可以实现高分子导电。导电高分子的特殊分子结构赋予了其很多特性，这些特性也是其被用作生物医用材料的原因。

（1）导电高分子分类

根据载流子的来源，导电高分子可分为复合型导电高分子和本征型（结构型）导电高分子。复合型导电高分子本身不导电，由炭黑、金属等导电填料提供载流子从而在高分子网络间传导电流。本征型导电高分子本身带有载流子，分为两类：第一，离子型导电高分子，其通常含聚醚、聚酯、聚亚胺链段的聚合物，阴、阳离子作为载流子可以在分子链形成的螺旋孔道中空位扩散或在大分子链的空隙间跃迁传输，从而实现导电功能；第二，电子型导电高分子（又称合成金属），其以电子或空穴为载流子，一般通过掺杂使载流子快速迁移，从而达到较高的电导率，所涉及的电荷传导理论包括孤子传导模型、极化子/双极化子传导模型。

掺杂和脱掺杂本质上是在高分子的空轨道中注入电子或从占有轨道中释放电子，可以将其视作氧化还原反应，即掺杂脱掺杂过程完全可逆，因此通过掺杂和脱掺杂可以实现材料在绝缘体和导体之间的可逆转变，这使得电子型导电高分子得到深入研究。通常导电高分子特指电子型导电高分子，主要包括聚吡咯、聚苯胺和聚3,4-乙烯二氧噻吩[poly-(3,4-ethylenedioxythiophene),PEDOT]。其中，聚吡咯的导电机理如下：氧化时聚合物主干失去一个电子，为保持电荷平衡，溶液中一个阴离子进入主链，形成极化子；进一步氧化时，聚吡咯主链会再失去一个未配对电子同时再引入一个阴离子，形成双极化子，双极化子能够沿着共轭聚合物链迁移传导电流。

（2）导电高分子材料特性

导电高分子分子内的共轭 π 键长链结构和高度离域的电子，赋予其导电性和耐热性，但同时又使分子链刚性和分子间作用力增强，在一定程度上带来材料力学强度较差、难降解、不溶不熔以及亲水性差等问题。导电高分子材料成本低廉、环境稳定性好，电导率范围宽且可调控性强，有较快的非线性光学响应，可实现光电磁转化。此外，导电高分子的掺杂脱掺杂（氧化还原）过程伴随着离子和溶剂分子的迁出与迁入、π 电子的迁移、同性电荷间的静电排斥作用，致使其体积、颜色和力学性能等发生可逆变化，即具有电致变色和电致动的能力。导电高分子用作生物材料的研究表明：聚吡咯没有急性细胞毒性和致突变性，不会引起凝血、溶血及过敏反应，长期植入也只会引起轻微的组织炎症，对金黄葡萄球菌、大肠杆菌等菌株有一定抗菌性，还能支持许多细胞的黏附、生长和分化。聚苯胺的生物相容性尚有争议，多数研究认为聚苯胺是有选择性的细胞相容，且相容性会受氧化状态影响，需要通过改性来减轻植入体内后可能引起的异物反应。以 PEDOT 为代表的聚噻吩衍生物的生物相容性不如聚吡咯，需通过掺杂和化学改性来改善。

目前，用作生物材料的导电高分子的聚集态包括零维的纳米颗粒、一维的纳米管或微纳米纤维、二维的涂层或膜材料以及三维的复合水凝胶材料。导电高分子膜材料能充分利用导电高分子发生电化学反应时的负载卸载响应和体积变化响应特性，向细胞提供稳定的电刺激，从而调节细胞活动，因此得到了广泛研究。

（二）导电高分子膜材料的制备方法

导电高分子膜材料可通过电化学合成法或化学合成法制备。电化学合成过程中导电高分子直接在电极上沉积成膜；化学合成法包括需经二次加工的溶液浇铸法和静电纺丝法，以及一步成形的原位聚合法和界面聚合法。

1. 电化学合成法

电化学合成法基于三电极体系，通过向溶剂中加入导电高分子单体和电解质引发电解反应，从而在工作电极上快速沉积获得掺杂态的导电高分子薄膜。改变电流密度、电解质材料、沉积时间等参数可以实现对薄膜的结构、厚度、导电性等的控制。相比化学合成法，电化学合成法的优势在于电沉积过程可控，重现性好且能一步成膜。Kim 等利用电化学沉积技术在循环伏安法和恒电势法 2 种条件下，以多巴胺为黏合剂在聚吡咯层上通过自聚合制备

聚多巴胺/聚吡咯导电复合膜，所制备的导电复合膜与电极的黏附性稳定、不易脱落，且电化学性能优于纯聚吡咯膜。然而，电化学合成法制得的导电高分子膜尺寸受电极面积限制、结构较密、厚度较薄，难以从电极上剥离，且宏量化制备困难，用作生物材料时并无显著优势。

2. 化学合成法

（1）溶液浇铸法

溶液浇铸法是将导电高分子在易挥发性溶剂中分散成铸膜液，通过刮涂、旋涂、滴涂等手段将铸膜液均匀涂覆在基材或铸膜模板表面，待除去溶剂后获得导电高分子膜的方法。溶液浇铸法仅适用于平面基材，所得膜材料的厚度不易控制，浇铸后溶剂蒸发速率的不均一将导致膜表面不平整、膜内出现不均匀的孔隙。要获得均匀的可用于浇铸的导电高分子分散液，需对导电高分子进行化学改性并配合适当的掺杂剂和溶剂。但浇铸后存在因膜脆性高而不易从模板上剥离的问题。Qazi 等将掺杂樟脑磺酸的聚苯胺溶液与聚癸二酸甘油酯（PGS）溶液均匀混合，浇铸并干燥后得到交联的 PANi-PGS 膜。结果表明，PANi-PGS 膜的电导率为 1.29×10^{-3}～1.77×10^{-2} S/cm，与天然心肌的电导率相当，并且具有良好的生物相容性，能够缓慢降解，可用于开发人心外膜贴片。

（2）静电纺丝法

静电纺丝法是在高压静电场下将高分子溶液或熔体直接制备成纤维膜的方法，该法可以得到微纳米尺度的无纺纤维膜或取向纤维膜。但由于导电高分子通常难溶、难熔且相对分子质量不够高，其溶液的黏度通常不满足直接进行静电纺丝的要求。可通过添加助剂将导电高分子溶液调制成纺丝液，或对导电高分子进行化学改性再与其他具有可纺性的高分子混合成纺丝液进行共纺。静电纺丝法制备的导电纤维膜常用作组织工程支架和药物输送系统，但用于细胞培养时其致密的结构可能会限制细胞的分布、生长和增殖。

（3）原位聚合法

原位聚合法包括液相沉积法和气相沉积法。液相沉积法的基本流程是将吸附了氧化剂（或单体）的基膜浸没在单体（或氧化剂）中，生成的不溶性导电高分子在基材上沉积成膜，反应结束后经洗涤和干燥获得复合导电膜。液相沉积法操作简单，适合于各种形状的基材，成膜过程无需高温热处理。Chen 等开发了连续溶液聚合法，通过将预先吸附了氧化剂的聚酯基布浸入单体溶液，聚合后 PEDOT 沉积在基布表面形成高电导率的柔性薄膜，该薄膜用作触控装置时具有优异的传感能力和弯曲性能。

用于制备导电高分子膜的气相沉积法分为氧化化学气相沉积法和气相沉积聚合法两类。氧化化学气相沉积是指单体和氧化剂以气态形式直接在反应室内聚合，聚合产物在反应室底部基材上生长成膜；气相沉积聚合是指预先在基材上涂覆氧化剂，然后经短暂干燥后将基材暴露于气态单体中完成聚合，最后洗涤并干燥，获得导电高分子膜。相比其他方法，气相沉积法更容易在具有纳米多孔结构的基材内部沉积导电高分子，也可获得自支撑的导电高分子膜，制备的膜形态易于控制，但所需的反应设备和反应条件较为复杂。Mao 等通过改良的气相沉积聚合法制备了具有多孔互连结构的聚吡咯膜，具体方法为将不锈钢网浸没在对甲苯磺酸铁（同时作为掺杂剂和氧化剂）溶液中，待不锈钢网表面均匀涂覆溶液后取出干燥，转移至吡咯蒸气中聚合，成膜后洗去残留的单体和氧化剂，所制备的聚吡咯膜电极的电导率达 94 S/cm。原位聚合法制备的自支撑导电高分子膜的力学性能较差，因此，通常用原位聚合法结合导电高分子的导电性和柔性基材的力学性能及特殊拓扑结构，制备用于组织修复与再生的导电高分子复合膜。

（4）界面聚合法

界面聚合法是基于不互溶的水/有机溶剂双相体系在液液界面聚合成膜的方法。通过将单体溶解于有机相中，氧化剂溶解于水相中，单体与氧化剂会在界面处接触并引发聚合反应，形成的聚合物薄膜随后迁移到水相，去除有机溶剂后可从水相中分离出导电高分子薄膜。界面聚合法具有反应速度快、反应条件温和、对反应单体纯度要求不高的特点。

最初通过界面聚合法制得的导电高分子膜具有一定柔性但尺寸很小，后续报道的由界面聚合制得的 PPy 膜也会因厚度增加而使膜的导电性和柔性变差，但可以获得纳米尺度或具有特殊结构的薄膜材料。Yu 等通过界面聚合法在冰盐水浴中制备了具有不对称结构的单组分聚吡咯多孔膜。Mao 等以甲基

橙（MO）为模板，构建氯化铁/甲基橙的水溶液和吡咯的氯仿溶液两相体系，获得了一侧具有纳米管结构，另一侧表面呈气泡结构的 PPy 膜。该 PPy 膜在液氮和室温下都能展现出柔韧性颇佳的单组分 PPy 膜，在室温下反复弯曲也不易破裂，极大地改善了 PPy 膜的柔性、导电性等使用性能，并且可批量化大尺寸制备。后续开发了通用的生物分子固定方法，通过该法将接枝了蛋白质的改性 PPy 颗粒组装在此 PPy 膜的纳米管侧，构建了可用作传感器、神经假体、电刺激平台的生物活性 PPy 膜。

利用其他膜制备技术构建导电高分子薄膜的研究也有被报道。例如，将溶液浇铸法与 3D 打印技术结合制备出具有特殊三维结构的导电高分子支架，可用于组织工程；利用 Langmuir-Blodgett 技术和自组装技术制备得到导电高分子超薄膜，可用于生物传感器。上述几种膜制备方法各有利弊，需根据具体用途及预期的性能要求进行选择和改良。

（三）导电高分子膜材料在生物医学领域的主要应用

自从发现生物电现象和神经组织、心肌组织等组织对外源电刺激的响应以后，研究人员开始探索导电材料在生物医学领域的应用。虽然金属纳米颗粒、碳纳米管、石墨烯等导电纳米材料的生物相容性及其对细胞活动的调节作用已得到了体外试验证实，但这些纳米材料复杂且高成本的制备程序以及在人体内长期使用的潜在危害，使得研究人员将目光转向了导电高分子材料。在导电高分子材料因其特殊的光电性能被成功应用于能源、光电子设备等领域后，其良好的生物相容性和低毒性使得学者开始探索其用作生物医用材料的可行性。导电高分子膜材料的导电性和可逆掺杂行为可用于传递生物电信号和施加机械刺激，从而促进组织的修复与再生；环境条件变化引发的掺杂与脱掺杂行为可用于载药与释药；规律性变化的电化学性能可用于构建生物传感器；电驱动下不对称的体积变化可用于组装人工肌肉。选择其他角度应用导电高分子的特性时，导电高分子膜材料在生物医疗领域还能表现出其他潜力。

1. 组织修复与再生平台导电

高分子的导电性允许其对培养的细胞或组织施加外源电信号刺激，还可通过传导生物电信号恢复组织内电信号通路，研究表明聚吡咯和聚苯胺对细胞的黏附、生长、增殖、分化等活动有明显的电调控作用。因此，将导电高分子与具有生物相容性和生物降解性的柔性高分子材料复合，可用于电信号敏感组织的修复与再生。比如，创口护理敷料用于创面愈合和皮肤组织再生，神经导管用于神经组织修复，导电复合支架用于心肌修复、骨骼肌修复和骨修复等。

为了模仿天然组织的结构和功能，除生物相容性外，导电高分子膜材料还需具备适当的电导率、力学性能、表面拓扑结构、疏水性、孔隙率、氧化还原稳定性等。例如，心肌组织工程中可使用界面聚合法、溶液浇铸法、静电纺丝法或原位聚合法构建导电高分子复合膜，膜的电导率、刚度以及结构需要与心肌组织（成人心肌的电导率为 10^{-5}～10^{-3} S/cm，舒张末期弹性模量为 200～500 kPa）匹配。针对心血管疾病导致的心肌受损问题，学者已经探索了利用导电膜材料负载心肌细胞构建功能化心肌补片、利用导电支架和干细胞疗法体外构建心肌组织的治疗手段。Roshanbinfar 等采用静电纺丝法制备了模仿天然心肌细胞外基质的胶原蛋白/透明质酸/聚苯胺复合纤维膜，用于培养新生大鼠心肌细胞和多能干细胞分化的心肌细胞，试验证实了该复合支架良好的生物相容性，以及聚苯胺导电性对心肌细胞基因表达和支架同步收缩的作用，这种具有仿生结构的导电支架在心肌修复方面展现出良好的应用前景。

目前电刺激对细胞活动的具体调节机制还不明确，因此，很多研究还集中于利用导电高分子膜探索电刺激的作用原理和电刺激调控细胞行为的最佳方式。了解电刺激作用机制，才能真正通过导电高分子膜材料实现组织的修复与再生。同时，构建与天然组织结构、性能都相似的仿生导电高分子膜的方法也是一大研究热点。

2. 药物输送系统

准确地向病灶递送药物和精确地控制药物释放速度是药物治疗的难题，因此，开发能实现靶向药物控制释放、改善治疗效果同时降低副作用的药物输送系统一直是药物释放领域的研究热点。导电高分子可以控制带电分子从聚合物主链中吸收或排出，从而根据组织微环境的变化自动调节药物释放速

率，在低电压下即可驱动药物控制释放甚至靶向输送。

基于导电高分子设计的药物输送系统，目前已经在消炎药、抗癌药、抗生素、生长因子、肽和蛋白质等药物上进行过研究。使用导电高分子膜输送药物时要求膜的载药量可控、对电势变化敏感、降解速率可控，从而实现电场或磁场调控下的按需给药。因此，目前国内外研究较多使用电化学沉积法和静电纺丝法制备载药的导电高分子膜。将药物分子或药物前体设置成掺杂剂是最简单的导电高分子基药物输送系统载药方式，对已掺杂的导电高分子施加不同电势条件，即可控制药物的释放。

Zhu 等以牛血清白蛋白（BSA）和肝素（Hep）为模型分子，分别代表大尺寸、弱电负性的蛋白质分子和小尺寸、强电负性的药物分子，通过两次电化学沉积获得 BSA/Hep/PPy 复合膜，对膜施加不同电压时观察到恒定电压下 BSA 和 Hep 的选择性释放。施加正电压时，BSA 大量释放，而带负电的 Hep 少量释放后又重新沉积；施加负电压时，Hep 优先于 BSA 释放扩散。在此基础上探究了 BSA/Hep/PPy 复合膜对成骨细胞分化的影响，结果表明，正电势下释放的 BSA 促进了成骨细胞的增殖，负电势下释放的 Hep 促进了成骨细胞的分化。这种能在特定电位释放不同生物分子的生物材料，不仅可以用作药物输送系统，还可以与细胞信号分子结合后加强组织修复与再生的效果。

然而，实现药物靶向输送和控制释放的前提是药物的稳定负载。通过简单的掺杂过程装载药物的方法一般只适用于体积较小的阴离子药物，对中性药物、阳离子药物和体积较大的阴离子药物而言并不可行；掺杂过程还可能带来电导率降低、膜脆性和粗糙度增大，以及药物负载率不足等问题。故仍需探索更加可靠的载药方式。此外，还需解决导电高分子在体内降解率较低，以及如何实现药物输送系统根据体内微环境自发调节药物释放速率的问题。

3. 电化学生物传感器

生物传感器由具有分子识别能力的生物识别元件（细胞、细胞器、酶、核酸、抗体等）和将识别的化学信号转换为光、电信号的换能器组成。导电高分子在电场中具有构象效应、信号放大效应和电子传递效应，可以构成电化学电极并作为换能器与生物活性分子通过吸附、掺杂、共价结合等手段固定在一起，组装成电化学生物传感器，然后根据电化学性能的变化与所识别的生物分子浓度之间的关系传递信息。电化学生物传感器的效率受生物分子较慢的电子转移速度约束，因此，开发高效、易于使用和有高选择性的电化学生物传感器一直是较大的挑战。

电导率是决定电化学生物传感器灵敏度和响应速率的关键，因此，学者通过界面聚合或电化学沉积等手段制备了具有纳米级厚度、粗糙度或孔结构的导电高分子膜，以及嵌入金属、金属氧化物或碳纳米材料的导电复合膜。这些导电高分子基纳米复合材料比表面积大、允许被分析物快速扩散，因而电荷转移速度更快，用于构建电化学生物传感器时可以进一步优化传感器的灵敏度、响应时间等参数。目前已有基于导电高分子开发的酶生物传感器、DNA 生物传感器、免疫生物传感器等多种传感器被报道，其可用于疾病诊断和监测、药物研究、食品安全和环境监测等方面。

因酶生物传感器固有的工艺复杂性和环境不稳定性，Mengarda 等开发了可以在汗液、泪液、血液中检测乳酸（lactic acid，LAC）水平的非酶电极电位式生物传感器，可代替血液分析，快速实时地监测运动时体内的乳酸水平。以含有乳酸的样品为电解质进行吡咯的电化学聚合，乳酸浓度与所制备的 PPy/LAC 膜电极的电势线性相关，可在 0.1～10.0 mmol/L 线性范围内测量样品中的乳酸水平。所制传感器在不同电流密度和电解液 pH 下工作灵敏度都很高（最低检出限为 81 μmol/L），且样品中其他分子对传感器的选择性无明显影响，证实所提出的传感器可以确定乳酸水平并且是有助于实时评估体能的可行装置。

生物传感器本身种类繁杂、原理各异，目前对导电高分子制备电化学生物传感器的研究较多地集中于改善传感器的选择性、灵敏度、响应速度、稳定性和使用寿命，改善生物分子的固定效果并减少失活，以及开发可植入的生物传感器用于实时健康监测。

4. 人工肌肉

在发生电化学反应时导电高分子薄膜会出现体积变化。以掺杂小尺寸阴离子的聚吡咯膜为例，膜的氧化/还原分别对应掺杂/脱掺杂过程，聚

吡咯主链的构象运动产生可抗衡或容纳离子和溶剂分子的自由体积，因此氧化过程驱动阴离子从溶液中进入聚吡咯主链和溶剂分子从聚吡咯主链排出，还原过程驱动阴离子排出和溶剂分子进入，进而实现电荷和渗透平衡，宏观表现为膜的氧化膨胀和还原收缩，据此开发了电驱动人工肌肉或致动器。导电高分子基人工肌肉通常由界面聚合法、电化学沉积法和原位聚合法制备的柔性导电高分子薄膜组装而成，工作时通过电化学反应将电能转化为机械能，其驱动电压较低（2～10 V）、产生的应力较大（约 10^2 MPa）、功密度较大（＜100 MJ/m^3），在医疗卫生、电机械工业等领域很有发展潜力。

根据电场下材料两侧的相对体积差异开发双层人工肌肉，通常由一层在电刺激下会发生体积变化的电活性材料和一层无电响应的非活性材料组成。为提高响应速率和驱动力，开发了三明治结构的三层人工肌肉，由两层电活性材料包夹一层非活性材料组成，通电后一层收缩而另一层膨胀。多层人工肌肉通常由物理黏附整合，经多次动作循环后，电活性层和非活性层界面处的极端应力容易导致驱动器分层，因此开发了单层人工肌肉。单层人工肌肉一般会赋予导电高分子膜平衡离子浓度梯度、电导率梯度或形态学梯度，或将导电高分子膜制成分别掺杂大体积阴离子和小体积阴离子的双分子层，从而构成具有不对称结构的单层材料，通电后不对称的体积变化实现弯曲变形。Maziz 等为解决多层制动器分层和难以微型化的问题，通过在 PEDOT 气相沉积时加入聚甲基丙烯酸酯形成半互穿聚合物网络，组装成交联的三层结构，结合光刻加工技术在柔性衬底上构建通过聚环氧乙烷传导离子的微型人工肌肉。这种逐层组装得到的微型人工肌肉可在柔性基质上直接集成并可进行图案化加工，使用时无需处于电解液环境。

由导电高分子膜构建的人工肌肉的致动效果受薄膜的厚度、孔隙率、电导率及离子电导率影响。降低膜的厚度有利于离子扩散和电子传输，可提高响应速率，但会牺牲驱动力；增加薄膜孔隙率可提高通过膜的电荷密度从而增加应力和应变；在恒电位下工作时，较高的薄膜电导率和电解质离子电导率会增大电流，加快充放电速度，继而加快应变响应。相比其他材料，导电高分子基人工肌肉的缺点是氧化还原过程会导致部分电荷损失，长期使用后的弯曲响应能力会逐渐降低。此外，由导电高分子开发的人工肌肉还需解决以下问题：如何在不损失电导率的前提下尽可能提高导电高分子膜的柔性；如何模拟除角运动或简单线性位移以外的复杂非线性运动，并提供更大的驱动力和更快的应变响应速率；如何摆脱需在体外电解液池中使用的条件限制，从而拓宽应用场合。

除良好的导电性、稳定的电化学特性及易于制备、成本低廉等诸多优点外，导电高分子还具有生物相容性及调控细胞活动的能力，因此成为优异的生物医用材料基材。但其较差的力学性能、较低的可加工性等由分子结构带来的固有缺点在一定程度上限制了导电高分子的实用性，因而推动了各种基于导电高分子的化学改性和复合材料开发。如何有效改善导电高分子的强度、加工性能、柔性、电导率稳定性，以及如何批量制造性能优异的导电高分子材料，这是导电高分子的诸多应用走向实用化必须解决的课题。

二维薄膜形态的导电高分子材料被广泛应用于生物医学领域。制备导电高分子薄膜的各种方法均存在一定缺陷，例如，电化学沉积法制得的膜尺寸小、厚度低；溶液浇铸法制备稳定分散的浇铸液的难度较大，所制得的膜厚度、均匀度较差；静电纺丝法对原料性能和纺丝液制备过程要求高；原位聚合法通常需要柔性基材做支撑才能获得较好的力学性能。同时，这些方法都受限于制备规模，并且很难实现稳定的高电导率与良好的力学性能的平衡，而界面聚合法可批量制备大尺寸柔性膜材料。为提高材料实际使用时的性能，需根据最终用途选择能最大化突出导电高分子特性的制膜方法，并对其进行适当改良。

目前已经有大量导电高分子用于组织修复与再生、药物输送、生物传感器、人工肌肉等生物医用领域，但仍然需要通过复合、化学改性、改变合成条件等手段优化导电高分子材料的电导率、电导率稳定性和力学性能，解决导电高分子因生物降解性差异带来的体内使用的安全性问题，并且只有实现材料的批量、稳定生产，才能真正推动材料的应用进展与商业化。还可从其他角度探索利用导电高分子特性的可能，以拓宽其在生物医学领域的应用面。

三、磺化聚磷腈类质子交换膜

在现代社会，天然气，煤和石油等化石能源是全球主要的能源需求来源。然而由于这些能源会释放一些污染环境的气体，使环境污染问题日益严峻，而且由于人们毫无限制地使用这些能源，这些能源正面临枯竭。为了解决环境污染和能源危机问题，人们研究开发了燃料电池。燃料电池是一种利用氧气和其他物质反应使化学能转换为电能的装置。质子交换膜燃料电池（PEMFC）作为一种清洁能源已经被人们研发出来，这种电池主要应用于汽车和一些便携式电力装置。质子交换膜在燃料电池中起着关键的作用。它分离了阴极和阳极阻止了化学短路，为质子提供了从阳极流向阴极的传输通道。在质子交换膜燃料电池中通常需要的质子交换膜有如下功能：在电池的工作条件下具有高的质子传导率；较好的化学稳定性能和机械稳定性；低燃料渗透率；低成本等。近几年来人们研究的质子交换膜的性能主要在以下三个方面：第一，适用于高温低湿度条件下的 H_2/O_2 燃料电池；第二，具有高质子传导率和低的甲醇渗透率的甲醇燃料电池；第三，具有较低成本的能够替代全氟磺酸的质子交换膜。

杜邦公司生产的 Nafion 膜是现阶段研究最为广泛的一类质子交换膜，Nafion 膜具有较高的质子传导率，较好的化学稳定性能和机械性能，然而，Nafion 膜也有一些缺陷，如应用于甲醇燃料电池时具有较差的阻醇性能，在高温低湿度条件下质子传导率较低，成本较高等。已经研究出了一系列用于氢气/O_2 或者甲醇燃料电池（DMFC）的质子交换膜材料，包括磺化聚酰亚胺、磺化聚醚砜、磺化聚醚醚酮以及磷酸掺杂的聚苯并咪唑。但这些材料大部分抗氧化性能较差；湿度较高的条件下溶胀度过大，湿度较低的条件下易裂；质子传导率不高。所以在燃料电池领域还没有出现可以作为较好的质子交换膜材料的聚合物。以聚磷腈为基质的膜虽然没有以上材料那样广泛研究，但也可以作为质子交换膜的备选材料[13]。

（一）磺化的聚磷腈

为了使聚磷腈可以作为质子交换膜用于燃料电池中，应该给予其质子化，使其具有导质子能力。最广泛用于给质子的官能团是磺酸基团，这种基团加入高分子链有两种方式：第一，在聚合物的合成步骤中加入磺酸基团；第二，在合成聚磷腈后用磺化试剂进行磺化作用制备磺化聚磷腈，称为后磺化作用。后磺化作用比较容易发生，能够直接合成功能化的聚磷腈，但这种方法磺化度较高时，容易使膜溶解，磺化度较低的条件下膜的质子传导率较低，磺化度不易控制。

（二）聚磷腈类质子交换膜在燃料电池中的应用

近期研究的磺化聚磷腈类质子交换膜有以下两种情况：第一种是只含有磺酸基团的聚磷腈类质子交换膜；另一类是磺化聚磷腈与其他聚合物的混合膜。

1. 含有磺酸基团的聚磷腈类质子交换膜

Fu 等通过原子转移自由基（ATRP）聚合方法制备了含有悬挂的烷基磺酸侧链苯乙烯的磺化聚磷腈类聚合物，然后使其与交联剂进行交联反应制备出质子交换膜。含有烷基磺酸侧链的聚磷腈类质子交换膜在完全吸水条件下具有较高的质子传导率，膜在 80 ℃条件的质子传导率可达到 0.284 S/cm，高于 Nafion117 膜（0.191 S/cm）；膜质子传导率较高的原因是在膜内形成了具有纳米相分离结构的离子通道；膜的甲醇渗透率范围为 1.60×10^{-7}～10.4×10^{-7} cm^2/s，低于 Nafion117 膜（15.8×10^{-7} cm^2/s）；此外，膜还具有良好的热稳定性能和抗氧化性能。Fu 等还将烷基磺酸侧链直接接到聚磷腈侧链上，制备了含有烷基磺酸侧链的聚磷腈类聚合物，然后使其与交联剂 2,6-二（羟甲基）-4-甲基苯酚（BHMP）进行交联反应制备出交联的磺化聚磷腈类质子交换膜。交联的磺化聚磷腈膜具有很好的尺寸稳定性能，吸水率和溶胀度都很低，溶胀度为 13.8%，而 Nafion117 膜的溶胀度为 18.2%；膜的甲醇渗透系数范围为 1.35×10^{-7}～7.18×10^{-7} cm^2/s，低于 Nafion117（15.8×10^{-7} cm^2/s）；由 TEM 图片显示膜具有纳米相分离形貌，从而使膜具有较好的质传导率，80 ℃时膜的最大质子传导率达到了 0.14 S/cm；此外，膜还具有较好的热稳定性和抗氧化性。

2. 磺化聚磷腈与其他聚合物的混合膜

Dong 等制备了含有烷基磺酸侧链的磺化环聚磷腈聚合物，然后使其与磺

化聚磷腈进行交联反应，制备出交联的磺化聚磷腈类交联膜。交联膜具有较低的吸水率和溶胀度；由于膜中形成了明显的相分离结构，交联膜的质子传导率较高；复合膜具有较好的阻醇性能、较高的膜选择性能，最大的膜选择性能为 2.46×10^5 Ss/cm^3，高于 Nafion117 膜（0.74×10^5 Ss/cm^3）；此外，交联膜具有较好的热力学性能、抗氧化性能和机械性能。Dong 等还制备了磺化聚醚醚酮和含全氟磺酸侧链的聚磷腈类交联膜。交联膜具有较好的尺寸稳定性能，室温下的溶胀度最高为 11.6%，低于 Nafion117 膜（23.5%）；TEM 测试表明膜具有良好的相分离形貌，从而具有较高的质子传导率；交联膜具有较好的阻醇性能，交联膜的甲醇渗透系数范围为 1.32×10^{-7}～3.85×10^{-7} cm^2/s，低于 Nafion117（12.1×10^{-7} cm^2/s）；此外，交联膜具有较好的热稳定性能和抗氧化性能。

Luo 等制备了含有烷基磺酸侧链的聚乙烯，然后使其与磺化碳纳米管（SCNT）复合制备出含有 SCNT 的磺化聚苯乙烯类复合膜。在 100 ℃下掺杂 SCNT 后的复合膜的质子传导率为 0.55 S/cm，是 Nafion117 膜质子传导率的 2.6 倍；复合膜具有比 Nafion117 高的阻醇性能，具有更好的选择性能；复合膜的 IEC、吸水率和溶胀度比不掺杂 SCNT 的纯磺化聚磷腈膜低。Luo 等还制备了交联的含有磺化聚醚醚酮的磺化聚磷腈类质子交换膜。交联膜具有较高的热稳定性能、阻醇性能和选择性能；交联膜在 80 ℃条件下的质子传导率可达到 0.143 S/cm；交联膜具有较高的机械性能，拉伸强度是不含磺化聚醚醚酮的纯磺化聚磷腈膜的 5 倍；在 80 ℃条件下交联膜组装的燃料电池的最大功率密度为 294 mW/cm^2。将磺化的碳纳米管（SCNT）加入交联膜中形成复合膜，复合膜在 80 ℃条件下的质子传导率为 0.196 S/cm，高于 Nafion117 膜；在 80 ℃条件下复合膜组装的燃料电池的最大功率密度为 280 mW/cm^2。Gao 等制备了交联的磺化聚醚醚酮（SPEEK）和磺化聚磷腈质子交换膜。交联膜具有低的溶胀度和较高的机械性能；掺杂磺化的碳纳米管（SCNT）后复合膜具有高的质子传导率，在 80 ℃条件下复合膜的质子传导率达到 0.132 S/cm；此外，复合膜还具有较好的阻醇性能。

第三章 聚磷腈基复合材料的制备及应用

第一节 聚磷腈基复合材料的制备

高分子材料广泛应用于生产生活的各个角落，而传统的高分子材料极易燃烧，给人们的生命财产留下了极大的隐患。提高材料的热稳定性、阻燃性能成为当前材料改性的热点与重点。传统卤系阻燃剂的阻燃效率高、价格低廉，广泛应用于高分子材料阻燃当中。但大部分卤系阻燃材料在光解或燃烧过程中生成二噁英等具有生物累积性的有毒气体，对人类健康和环境质量造成了极大的危害，所以无卤、低毒、高效阻燃剂的研究应用已是大势所趋。

六氯环三磷腈中的磷、氮元素含量丰富，稳定的共轭环结构赋予其优异的热稳定性能和阻燃性能，这种有机–无机复合结构使其兼具有机、无机材料的优异性能。同时六氯环三磷腈携带多反应活性位点，容易与其他基团发生亲核取代反应，可设计、修饰性强，是一种理想的阻燃中间体，广泛应用于 EP、PU 以及 PC/ABS 合金等阻燃研究。

环交联型聚磷腈是一类以六氯环三磷腈（HCCP）为核出发制备的有机–无机杂化高分子聚合物，其合成是由无机磷、氮单双键交互组合的六元环上的活性氯直接与有机化合物亲核取代来完成的。此外，由于其易发生取代反应，磷腈环还可以修饰两个不同或者相同种类的官能团，该官能团的性能和数量直接或间接地影响着所制备出的环交联聚磷腈所表现出的物理化学属性，使它们可以兼有如疏水亲油、亲水、离子靶向分离等各种独特的性能，

因而表现出很强的分子可设计性，这同时也是聚磷腈相比其他传统材料最明显的优势。

环交联聚磷腈的结构呈环状有很强的折叠性和柔韧性，由六个键长相同的 N、P 单双键构成。与苯环的结构有差异的是，这主要是因为聚磷腈骨架中，磷原子的 sp^3d 杂化，使每个磷氮结构单元在形成 σ 键后，还剩下四个电子，其中两个为氮原子的孤对电子，另外两个则占据由磷的 3d 轨道和氮的 2p 轨道杂化而成的 dπ-pπ 轨道，但是对称的 dπ-pπ 轨道在每个磷原子处均会形成一个结点，每一个 π 键更像一个互相之间毫无作用力的孤岛，致使整个磷腈环并不能形成共轭结构。环状三聚磷腈结构中 dπ-pπ 共轭的 d 轨道是可以折叠的，与一般芳香族化合物在形成 pπ-pπ 共轭不同，磷腈环上的原子是不共平面的。

一、环交联聚磷腈的制备及形貌调控方法

（一）环交联聚磷腈的制备

传统环交联聚磷腈的制备方法主要以两步法为主，首先将取代的有机官能团与氢化钠或钠反应合成钠盐，再将该钠盐与作为交联剂的 HCCP 进一步反应制备出目标产物，如图 3-1 式（1）所示，但是由于易燃易爆的钠的使用，增加了反应的危险性，不适合大量产物的制备。目前，环交联聚磷腈的聚合主要采用沉淀聚合法制备，将六氯环三磷腈和设计的有机官能团作为共聚单体，溶于不同极性的溶剂中，随着反应的发生会逐渐析出聚合物，然后该聚

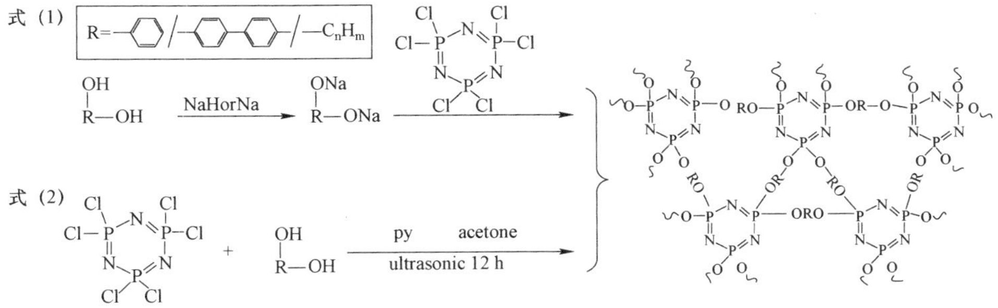

式（1）　R= / / $-C_nH_m$

OH–R–OH —NaHorNa→ NaO–R–ONa —HCCP→

式（2）　HCCP + HO–R–OH —py acetone, ultrasonic 12 h→

图 3-1　环交联聚磷腈的制备方法

合物会在体系中逐渐生长后沉淀，从而得到产物。该方法聚合过程简单，不需要任何表面活性剂和稳定剂，在室温超声分散下就能简单合成，如图 3-1 式（2）所示。

环交联聚磷腈因其独特的形貌可调性，使其可以拥有多种形貌，如纤维形、纳米管形、微球形、中空球形、层片形等，并都表现出不同的研究价值，应用于各个领域[14]。

（二）不同形貌的环交联型聚磷腈的制备及应用

1. 环交联型聚磷腈纤维的制备及应用

国内关于环交联聚磷腈的研究就是由纤维结构开始的，2006 年，Zhu 等以 2,4-二羟基－二苯砜为聚合单体，以六氯环三磷腈为核制备出一种直径在 20～50 nm 的纳米纤维，并且纤维之间彼此共价连接并形成三维的矩阵网络结构。2008 年，Zhu 等在制备环交联聚磷腈纤维时又进一步发现通过调节体系溶剂极性可以控制其在纤维状结构和微球状结构之间相互转换。通过调整单体投料比也可以控制微球的粒径，研究得出具有微纳米尺寸的高交联的聚磷腈材料形貌也可以实现人为调控。它填补了纳米形态转变研究的空白，并为研究聚合物纳米材料的不同形态的控制转化提供了极好的开端。Fu 等以同样的聚合单体制备磷腈纤维，并进一步推演出该纤维和微球的形成机理假设：在反应的前期，单体进行缩合交联到一定程度，从溶剂中析出，澄清的溶剂体系也变得浑浊。当反应继续进行下去，如果在较弱的外界扰动下，则这些交联体系在一种定向作用下，排列成为纳米纤维形貌；如果此时体系中的外界扰动较大，则会破坏该定向作用，导致交联体系发生无规律的碰撞和反应，在低表面能的作用下生长成为微球。

2. 环交联型聚磷腈微纳米管的制备及应用

2006 年，Zhu 等首次对二苯酚环交联聚磷腈进行纳米管的合成，证明在超声波清洗器中，通过控制投料比可以对纳米管的内径可以进行调控。在反应的初期，体系中会出现白色浑浊，这是因为开始反应后大量的低聚物被析出。然后，由于表面能的作用这些低聚物依附在反应的副产物 TEA・HCl 纳米晶体的表面，后处理过程中用水将 TEA・HCl 溶解后可得到二苯酚环交联

聚磷腈纳米管。Fu 等制备了辣椒型、支化型及一端封闭的管状等多种形貌的二苯酚环交联聚磷腈纳米管，这些纳米管的比表面积为 60 m^2/g 左右，除具有中间空洞外，其管壁上还具有大量的微孔和介孔结构。Li 等以含氮量丰富的三聚氰胺为共聚单体和 HCCP 合成 PZM 纳米管，该纳米管直径在 200～300 nm 之间且形貌规则，然后将这些纳米管对水中的亚甲基蓝进行光催化降解。结果证明，其降解现象与传统半导体材料（TiO_2、CdS、ZnO）光催化降解亚甲基蓝的现象相同，为杂原子聚合物纳米材料进入光催化领域打开了大门。

3. 环交联型聚磷腈微球的制备及应用

关于环交联型聚磷腈微球的合成，研究者已经做了大量的工作。在无模板剂的高极性溶剂中，由于低表面能的作用就可以可控地得到微球结构，其中以酚类和含氨基的化合物做单体的研究较为成熟，例如以双酚 S、双酚 A、4,4′-二羟基偶氮苯等酚类、三聚氰胺、三甲氧卞二氨嘧啶、4,4′-二氨基二苯醚、对苯二胺等胺类作为单体合成微球，可应用于生物医药、太阳能光电转化、荧光检测、吸附重金属或染料等领域。王岩等在环状单体上引入含氟官能团高功率超声波下制备出了分散均匀、颗粒明显的含氟环交联聚磷腈微球，而且该微球有很强的疏水性，并证明含氟基的数量和分布对交联聚磷腈材料的疏水性有很大的影响。其表观形貌类似于海绵表面，有丰富的孔隙和坑洞，使微球表面具有粗糙度，并进一步增强了其疏水性。

与纳米管的形成机理类似，合成中空结构的微球就需要引入易被去除的无机或高分子纳米颗粒作为模板剂。中空球与实心微球相比拥有更多的空腔结构和比表面积，在载药、电容等方面有巨大的应用价值。Liu 等以自制的纳米碳酸钙为模板，以双酚硫修饰的环交联聚磷腈为包覆层，通过酸洗制备出空腔直径可控的中空材料，并且该材料对阿霉素表现出很高的药物存储容量和优秀的药物释放性。Chang 等以二氧化硅颗粒为模板以同样方法制备出中空纳米微球，并且在其中引入荧光素，该荧光中空球表现出优异的水分散性和生物相容性，并且具有靶向性，可以将药物准确地送达癌细胞，再加上其独有的荧光性可以对药物在体内的作用进行实时监控。

4. 环交联型聚磷腈层片结构的制备

当环交联聚磷腈合成的过程中引入的取代官能为多官能团或短链时，由于空间位阻作用也会出现不同的层片结构。Chen 等以三聚氰胺和 HCCP 为共聚单体合成一种由超薄的二维聚合物纳米片折叠褶皱组成的微球，该微球在水中浸泡数小时可以分解伸展为纳米片，片层厚度为 0.91 nm，为研究聚合物的二维结构提供了崭新的思路，为膜分离、传感器、光电等方面开阔了新领域。Zhang 等以对苯二胺和 HCCP 为共聚单体制备出一种新型的共价有机骨架单体（MPCOF），其结构为二维的超微孔，研究得出在 pH<7 的多离子水溶液中，其对铀有选择性吸附的效果。

二、环交联聚磷腈的复合材料

环交联聚磷腈的复合材料能够充分发挥各组成成分的特性，已成为应用材料领域研究的主流。其能够表现出更良好的化学稳定性、可设计性和成型工艺性，在诸多领域都有很高的研究价值。

（一）环交联型聚磷腈与碳材料的复合

碳纳米管自从出现就是时代的宠儿，然而在溶剂中的分散问题阻碍了其更广阔的发展。聚合物包覆是解决这一问题的重要方法，然而普通的聚合物包覆必须首先经过酸处理，这样会毁坏纳米管本身的结构，影响电化学性能和机械强度。Fu 等为增加碳纳米管的分散性，通过二苯酚环交联聚磷腈的自组装性包覆碳纳米管，二苯酚环交联聚磷腈层的厚度为 25 nm。包覆后的碳纳米管在水中可以稳定分散，更有利于随后 Au 粒子的固定，得到 Au@PZS@MWCNTs 复合材料，该复合材料在反应中表现出良好的催化活性。另外，Huang 等以双酚 AF 为共聚单体制备环交联聚磷腈并包覆单壁碳纳米管，从而得到疏水改性的碳纳米管，并进一步在其上引入 Pt 粒子制出一种三元复合材料。Zhu 等采用三聚氰胺制备的 g-C3N4 纳米片作为形态模板，在表面包覆 PZS 制备出一种 N、P、S 共掺的超薄碳纳米片。其拥有的 N 杂源和介孔度成为丰富的催化活性位点，用于芳香族烷烃在水溶液中的选择性氧化反应。

（二）环交联型聚磷腈与金属纳米线和纳米粒子的复合

金属纳米线因其非线性和量子效应被人们广泛关注，在传感器、电子电路、催化有巨大的应用前景。但传统的金属纳米线属于环境敏感型，很容易被空气中的水氧化甚至腐蚀，尤其是电绝缘问题很难达到要求。Fu 等制备了外围包覆有绝缘聚合物二苯酚环交联聚磷腈的 Ag 同心轴电缆，直径为 80 nm，热稳定性良好，构成了金属电缆的完美保护层。同时，通过改变投料比实现了纳米同轴电缆的壳层厚度的自由调控，为今后金属纳米线的制备提供了新的思路。

环交联聚磷腈因其丰富的氮原子，具有大量的孤对电子，利于与具有空 d 轨道的金属离子形成配位键，是一种稳定的催化剂载体。这些金属催化剂通过与聚磷腈上的氮原子配位或直接附着在环交联聚磷腈表面上，从而解决了金属颗粒常见的团聚问题。Allcock 等以三苯基磷作为共聚单体修饰磷腈环，通过负载金、铜、铑等金属离子制备出新的具有催化活性的聚磷腈复合材料。Vadapalli 等同样引入三苯基膦作为官能团取代，并让其与 $PdCl_2$ 进行反应，将 Pd 包覆在环交联聚磷腈上，制备出一种新型的均相催化剂并应用于 Heck 反应。

Fu 等提出制备了 Pd/PZS 纳米复合微球的新方法，即在超临界条件下进行反应。该方法可以实现金属颗粒的尺寸调控，过程简单易得、绿色环保，为类似贵金属参与的复合材料的制备提供了新的方向。Wei 等以含氟疏水型环交联聚磷腈微球为载体制造出一种能均匀固定银粒子的稳定液体弹珠，结果显示，在硼氢化钠作用下这是一个优秀的具有催化性能的液体弹珠，对亚甲基蓝有高效的吸附催化降解能力，且循环使用后催化效率依旧很高。张小燕等还把二苯酚环交联聚磷腈包覆于 Fe_3O_4 上，制备出含有磁性的环交联聚磷腈，并应用于磁性器件和核磁成像等领域，进一步扩展了其研究方向。

（三）环交联型聚磷腈复合碳材料

众所周知，地球有分布最广、储藏量最多的碳，其独特的物理化学性质、大孔容、高比表面积、良好的化学稳定性和丰富的形态被人们逐渐地挖掘出来。但是传统制备碳纳米材料的方法对原材料有特殊要求且工艺复杂产量很低，因此，开发一种路径简单成本低的制备方法是我们面临的一个重大考验。环交联聚磷腈不仅具有三维网状的空间结构，而且内部均匀分布 N、P 等杂原子，更重要的是其结构可设计，能够引入含有不同杂原子的有机官能团。将环交联聚磷腈作为碳材料的前驱体，通过将其在氮气气氛下高温碳化就可以得到不同形貌且分子内部均匀掺杂非碳原子的多孔碳材料，且过程简易。2009年，Fu 等提出以制备出的含硫环交联聚磷腈微球在管式炉中氮气气氛下程序升温至 800 ℃碳化，得到一种含磷、氮、硫杂原子的具有大比表面积的新型碳材料。

环交联聚磷腈碳材料与普通制备的碳材料相比有如下特点：第一，碳含量高、收率高、制备条件简化；第二，比表面积及孔容大小可有效调控；第三，碳微纳米材料形貌多变。Gao 等通过模板诱导自组装性以二苯酚环交联聚磷腈包覆 Si 纳米颗粒，再进一步高温碳化制备出孔道丰富且含有 P、N 杂原子的复合碳材料。这种材料可以作为锂电池的阳极材料，多孔的结构为锂离子的传输提供了空间，表现出良好的电化学性能。Yang 等以金属有机框架（MOFs）化合物 ZIF-67 作为模板，一步法使二苯酚环交联聚磷腈在其表面自组装包覆制备出 ZIF-67@PZS 复合材料。经高温碳化和酸刻蚀后得到多边形的中空碳壳，壳层厚度为 20 nm。由于聚磷腈自身的 N、P、S 分子结构，碳化后三种杂原子分布均匀，为催化提供活性位点，这种方法的提出，为环交联聚磷腈的研究又开拓了一个领域，同时也打破了传统碳材料制备的局限性。

三、环交联聚磷腈材料的分子设计

环交联型聚磷腈独特的分子设计性，可以通过具有功能性的有机官能团和 HCCP 环上的六个氯离子发生亲核取代反应从而实现分子的功能设计。通过人为设计合成对称或不对称的分子结构，筛选出性能优异的取代基，进一步得到修饰基团相应的功能性。同时，被设计好的小分子会以原位模板诱导自组装逐渐地生长为大分子，最终表现出多种形貌，例如纤维形、纳米管形、微球形、中空球形、层片形等，并都表现出不同的研究价值，应用于各个领

域。更可以与碳纳米管、纳米粒子掺杂稀土、MOF 材料、金属离子等复合，发挥出各组成成分的优点，填补了单组分材料在减震、耐磨、比强度、耐温等方面的不足，表现出良好的化学稳定性、可设计性和成型工艺性，在诸多领域都有很高的研究价值。近年来环交联聚磷腈衍生物的分子设计。由于线性聚磷腈以及环线型聚磷腈的制备步骤繁多合成条件苛刻，人们把更多的注意力放在了简单易得的环交联型聚磷腈材料上。综上所述，近年来该材料已在聚合物填充电解质、光催化、金属催化剂、非金属催化剂、疏水自洁、磁性材料、药物控释剂等领域广有涉猎，逐渐成为一种全能型材料。

第二节　聚磷腈基复合材料的催化应用

聚磷腈具有柔顺的主链结构，非常适合作为催化剂的载体使用。这些催化剂通过直接取代或间隔基团连接到聚磷腈分子上，而其自身具有的催化活性没有发生改变，其应用已进入到实际操作推广阶段。具有活性基团的磷腈类聚合物，能进行重氮化反应从而制备出不同种类的高分子染料。这种高分子染料具有不易燃烧、耐高温、不同的结构表现出不同的颜色等特点。

一、磷腈催化开环共聚

随着社会的发展，材料也一直在快速发展。材料的每一次革新都会导致社会生产力的大幅提高，从而改善着人们的生活水平。从 20 世纪初开始，科学家们第一次通过化学合成的方法得到了合成树脂，从此材料的发展进入了全新的时代，合成高分子材料因为其品类多、容易加工、合成快速方便和力学性能优异等优点，成为了人们生产生活中必不可少的一类材料。传统的合成高分子材料已经渗透到人们生活的方方面面，通过多年的发展逐渐成为了人们生活中必不可少的一类材料。但是由于制备传统高分子材料所需的原材料基本都来自于石化等不可再生的自然资源，并且传统的合成高分子材料也面临着不易分解、在自然界中长时间的稳定存在、污染环境的问题。随着社会的进步和人类科学技术的发展以及绿色生态环保的大力推广，人们急切地需要大力发展绿色环保的材料，并将其逐渐替代传统的以石油化工为原料的合成高分子材料。

聚酯材料是一类用途特别广泛的高分子材料，其可用作纤维、薄膜和塑料制品。国内的聚酯市场十分广大，到 2017 年底，中国聚酯总产量超过 5 000 多万吨。聚酯材料可分为两类：芳香族聚酯和脂肪族聚酯。其中最常用的芳香族聚酯——聚对苯二甲酸乙二醇酯（PET），因为其良好的机械性能、电绝缘性能和耐摩擦性等，被广泛地应用于包装、电子和汽车等相关领域，每年的生产规模十分巨大。脂肪族聚酯，由于其容易水解、可以良性降解且原料大部分属于丰富的可再生资源，因此成为了石油基聚合物的潜在的可持续的替代品，基于以上的多种优势，脂肪族聚酯受到了广泛的关注。

目前聚酯的合成方法有三种主要方法。第一，缩合聚合是传统的聚酯合成方法，通常以金属化合物作为催化剂，其优点为原料廉价易得，缺点是反应条件严苛，一般需要十分高的温度，能耗很高，并且聚合过程由小分子化合物生成，因此不容易得到相对高分子量和窄分布的聚合物。第二，开环聚合就是一种原子经济性的聚酯合成方法，其反应条件较为温和，能耗比较低，并且该聚合过程不会有小分子化合物生成，但其局限性是单体种类少且单体成本较高，无法合成各种带有极性基团的聚合物。第三，环状酸酐和环氧化物的交替共聚就解决了以上两种方法的局限性，其单体种类很多且价格便宜，并且不需要特别严苛的反应条件，因此交替共聚成为了近年来研究的热门。

根据报道，特定环氧化物和环状酸酐的交替共聚反应生成的聚合物的可降解性非常好。大多数聚酯聚合物都是可降解的或生物可降解的，因为在主链上有特定的键。与聚乳酸（PLA）相比，聚己内酯（PCL）由于结晶度的原因，所以降解速率较慢。相比之下，由酸酐和环氧化合物组成的脂肪族聚酯降解速度更快，但这取决于组成比例和酸性或碱性条件。

人们对用于聚酯合成的催化剂的研究已经有几十年了，金属催化剂主导了聚酯催化剂的研究，人们期望设计合成一系列的金属催化剂来催化聚酯的合成，以得到高效率、高选择性的聚酯，但不可否认的是金属催化剂具有金属残留等问题限制了其制得的聚酯材料在医药领域方面的应用。因此近些年

人们对有机催化剂的研究越来越感兴趣，人们期望设计合成新型的有机催化剂来应用于环氧和酸酐的交替共聚。这其中的磷腈碱就是一种重要的杂环有机催化剂，它具有良好的非亲核性能、碱性可调、良好的原位活化引发和链增长催化机制。通常情况下，因为酯交换反应很难得到窄的分子量分布，尤其是在高的单体转化率的条件下。调节磷腈碱催化剂的不同碱性来催化得到相对分子量分布窄、可控性好的交替共聚物。

（一）可用于交替共聚的环氧化物和环状酸酐

交替共聚制备聚酯的单体是环氧化物和环状酸酐，它们的种类十分繁多，在已发表的各类文章中，所使用的环氧化物和环状酸酐的种类均超过 20 种。如果将其自由排列组合则会有 400 多种结构各异的聚酯。因此人们通过环氧化物和环状酸酐的开环交替共聚可以制备种类繁多的聚酯，并且通过单体带有极性基团，可以设计合成带有极性基团的聚酯。

1. 环氧化物

环氧化物，顾名思义，是一类具有三元环醚结构的化合物，如环氧乙烷（EO）、环氧丙烷（PO）、环氧环己烷（CHO）、环氧丁烷（BO）、环氧氯丙烷（ECH）、环氧苯乙烷（SO）和苯基缩水甘油醚（PGE），是高分子工业中最常见的化学品之一。环氧化物可以通过自己开环得到脂肪族聚醚及其衍生物，其中以聚环氧乙烷（PEO）和聚环氧丙烷（PPO）为主的聚醚类，构成了普遍应用于各个领域的新型高分子材料。其中赵俊鹏团队，通过由三乙基硼烷和相对温和的磷腈催化剂积极组成的双组分无金属催化剂，得到了可以控制聚合物摩尔质量和低相对分子量分布的聚醚，这使得羧酸引发的环氧化物选择性开环聚合为不可降解聚醚材料转化为生物可降解材料提供了一种更加简便的思路。环氧化物还有另一种重要的用途，其与各种各样的环状酸酐进行开环交替共聚可以制备聚酯，因为环氧化物的种类十分繁多，因此理论上可以制备的聚酯种类十分繁多，且可以通过带有极性基团的环氧化物从而制备带有极性基团的聚酯。有大量的文献报道了种类繁多的环氧化物与环状酸酐进行交替共聚，其中环氧丙烷（PO）、环氧环己烷（CHO）和环氧苯乙烷（SO）则是报道最多的环氧化物。

早在 20 世纪 80 年代，日本的 Inoue 教授就报道了邻苯二甲酸酐（PA）与环氧丙烷（PO）的交替共聚，获得了交替共聚的聚酯。环氧环己烷（CHO）因其有一个六元环，因此其与环状酸酐聚合可以得到高的玻璃化转变温度的聚酯。环氧环己烷（CHO）也是最常用的环氧化物之一，其可以与邻苯二甲酸酐（PA）、马来酸酐（MA）、琥珀酸酐（SA）等环状酸酐发生交替共聚反应，得到的聚酯玻璃化转变温度最高可达到 184 ℃。

2011 年，Duchateau 教授在 Salen 催化剂存在下，催化环氧环己烷（CHO）与邻苯二甲酸酐（PA）和二氧化碳进行三元聚合，得到了目标嵌段聚合物。2012 年，Darensbourg 教授则利用铬系催化剂催化环氧环己烷（CHO）与邻苯二甲酸酐（PA）和二氧化体验三元聚合，并研究了聚合过程的动力学。2015 年，刘宾元教授和 Merna 教授同样通过实验证明了环氧环己烷（CHO）与邻苯二甲酸酐（PA）的可聚合性。2010 年，张兴宏教授采用高活性的非均相双金属催氰化物络合催化剂对二氧化碳、环氧环己烷（CHO）和马来酸酐（MA）进行一锅三元聚合，得到的聚合物选择性都很好，优于之前的报道。

2013 年，吕小兵教授利用单核和双核的铬系络合物催化剂催化环氧环己烷（CHO）与马来酸酐（MA）进行交替共聚，得到了完美交替的聚酯。同年，吕兴强教授基于不对称双希夫碱配体的锌配合物来催化环氧环己烷（CHO）与马来酸酐（MA）的开环交替共聚，同样也得到了完美交替共聚的聚合物。2015 年，刘登峰教授利用不对称锰希夫碱配合物催化环氧环己烷（CHO）与马来酸酐（MA）交替共聚，同样证明了环氧环己烷（CHO）与马来酸酐（MA）的可共聚性。2011 年，Duchateau 教授成功地用金属 Salen 氯配合物催化环氧环己烷（CHO）与琥珀酸酐（SA）进行交替共聚，并且所有溶液共聚得到的都是完美的交替共聚物。其中，铬金属的催化活性最高，铝金属的催化活性最低。

与环氧丙烷（PO）和环氧环己烷（CHO）相类似，含有苯环取代的环氧苯乙烷（SO）也经常和不同的环状酸酐进行共聚。在 2012 年，Duchateau 教授利用铬系催化剂催化环氧苯乙烷（SO）与不同的结构的环状酸酐进行交替共聚，如邻苯二甲酸酐（PA）、马来酸酐（MA）、琥珀酸酐（SA）和柠康酸

酐（CA）等。得到了相对分子量分布窄并且是完全交替的不同结构的半芳香族的聚酯。2013年，Chisholm教授首次利用配位金属催化剂研究环氧苯乙烷（SO）开环的立体化学。研究结果说明：开环过程中类似于金属结合配体在环氧苯乙烷（SO）上的亚甲基和次甲基位置上进行攻击，这种攻击可能会发生在亚甲基碳上，也可能发生在次甲基碳上，当在次甲基上发生开环时，具有明显的反转倾向。这些机理研究可以帮助开发有选择性地形成聚碳酸酯而不是环状碳酸盐的催化体系。

氧化柠檬烯（LO）和呋喃缩水甘油醚（FGE）作为来自生物的环氧单体，同样也是研究人员重点研究的单体。2007年，Coates团队报道了氧化柠檬烯（LO）与DGA（二甘醇酐）在70 ℃的条件下，反应16 h，得到分子量为36 kg/mol，分子量分布为1.2的聚酯。2011年，Thomas教授将氧化柠檬烯（LO）与柠康酸酐（CA）进行共聚，根据聚合度和催化剂投放比例，聚合物分子量从8 kg/mol到27 kg/mol，分子量分布为1.2。Kleiji教授利用氧化柠檬烯（LO）与邻苯二甲酸酐（PA）进行交替共聚，以制备生物基的可再生聚酯。此外，高刚性单体奈酸酐的使用，可以进一步在150～200 ℃的范围下调整聚酯的玻璃化转变温度。Dunchateau教授同样利用了氧化柠檬烯（LO）与邻苯二甲酸酐（PA）开环交替共聚制备生物基可再生聚酯。国内的李悦生教授课题组，则利用三乙基硼烷（TEB）和双（三苯基磷）氯化铵（PPNCl）作为催化剂体系来催化呋喃缩水甘油醚与endo-CPMA进行开环交替共聚，得到了完美交替的聚酯，聚合过程表现出良好的聚合活性，这项工作实现了环氧化物的区域选择性开环，可以在无金属条件下制备一系列区域和立体规则的功能性聚酯。

除了上述常见的三元环氧化物外，还有一些四元环氧化物和五元环氧化物同样可以用于制备聚酯。2002年，Nishikubo团队报道了将四元环氧化物BMEO与邻苯二甲酸酐（PA）和联苯酸酐（DPA）交替共聚，聚合得到的聚酯分子量最高可达11.1 kg/mol。2012年，Tang团队利用非氟丁烷磺酰亚胺作为有机催化剂，催化五元环氧化物四氢呋喃（THF）与各种不同结构的环状酸酐进行开环交替共聚，在温度为120 ℃的条件下进行的聚合，产生的聚合物为完全的交替共聚，但实际分子量不如理论分子量，这是因为酯交换反应严重。在温度稍微低的 50 ℃条件下，聚合物不仅有交替共聚物，还有聚醚链端，因此在 50 ℃的稍低温度下，此聚合过程不可控。

2. 环状酸酐

环状酸酐也是催化得到交替共聚酯的一类十分重要的单体，如丁二酸酐（SA）、马来酸酐（MA）、柠康酸酐（CA）、邻苯二甲酸酐（PA）、六氢苯酐（CHA）、二甘醇酐（DGA）和降冰片烯二酸酐（NA）等。这其中最常用的单体为邻苯二甲酸酐（PA）和马来酸酐（MA），它们也是来源广泛价格便宜的基础化学品，文献中报道使用最多的酸酐为邻苯二甲酸酐（PA）。经过研究人员的研究，使用有机小分子作为催化剂催化它们与环氧化物进行开环交替共聚的活性与金属催化剂催化开环交替共聚的活性基本相当，共聚得到的聚酯分子量可以达到 124 kg/mol，分子量分布可以做到小于 1.15。

由于邻苯二甲酸酐（PA）含有苯环，其与环氧化物开环交替共聚制备得到的聚酯的玻璃化转变温度（T_g）一般较高，得到的聚酯玻璃化转变温度最高可以达到 165 ℃。由于马来酸酐（MA）含有不饱和双键，因此其与环氧化物开环交替共聚得到的聚酯属于不饱和聚酯，我们可以基于双键进行进一步的固化或者进行修饰。不饱和聚酯具有十分优良的综合性能，其使用用途十分广泛，是最近几年热固性树脂中发展比较快的一类。但是不饱和树脂脆性比较大，这个缺陷就导致了其应用领域受到极大的限制，所以提高不饱和树脂的韧性就成为了研究的重点。

Coates 团队报道了用铬、钴和铝为催化剂催化环氧丙烷与萜烯基环状酸酐进行开环交替共聚制备生物基聚酯，首先用 α-萜品烯与马来酸酐（MA）进行 Diels-Alder 反应得到萜烯基环状酸酐，然后萜烯基环状酸酐与环氧丙烷反应，得到的非晶态聚酯的玻璃化转变温度（T_g）可以达到 109 ℃。由于单体成本低、可再生资源的比例高和聚合物优异的玻璃化转变温度（T_g），这种聚酯有可能成为石油基高聚物的可持续替代品。

Metzger 团队利用 Salen-铬系催化剂，在 n-Bu_4NCl 的存在下，催化环氧硬脂酸甲酯等环氧化物与马来酸酐（MA）进行开环交替共聚，得到了相对分子量分布窄的聚酯。该聚合过程具有可持续发展的特点，使用来自可再生资源的比例达到 60%以上，催化剂用量少，且不加溶剂。二甘醇酐（DGA）也

是一种非常重要的环状酸酐，其氧含量在环状酸酐中最高，氧碳比例（O/C）为 1。二甘醇酐因为这个特点，成为了制备富氧型聚酯最常用的单体。将二甘醇酐（DGA）与环氧乙烷（EO）共聚，得到的富氧型聚酯可以应用在锂离子传导领域，在聚合物电解质方面有着巨大的用途。

有一类环状酸酐因为其可以由生物途径获得，因此可以用这些单体来制备生物基的聚合物，这可以解决一些制备石油基聚合物所带来的一系列能源问题和环境保护问题，对人类社会的可持续发展具有重要的意义。丁二酸酐（SA）又称作琥珀酸酐，可以从植物树脂中获得；戊二酸酐（GA）可以由碳水化合物戊二酸获得；柠康酸酐（CA）可以由柠檬酸得到。1997 年 Maeda 等报道了关于生物基环状酸酐丁二酸酐（SA）与环氧乙烷（EO）交替共聚的研究，Maeda 等利用二氧化镁（ME）对丁二酸酐（SA）和环氧乙烷（EO）进行交替共聚，就所得到的聚合物的聚合速率而言，二氧化镁（ME）优于其他引发剂，且二氧化镁（ME）所引发的共聚反应在任何投料比的情况下聚合都是交替进行的，得到的聚合物的分子量可大于 1.3 kg/mol。

Takasu 教授于 2005 年报道了戊二酸酐（GA）与糖基环氧化物进行交替共聚，这一研究描述了碳水化合物作为手性辅助物的非手性氧化剂对乙烯基糖的不对称环氧化反应。不对称环氧化反应使得在大量路易斯酸催化下通过区域选择性交替共聚来合成具有垂链糖的等规脂肪族聚酯成为可能。这些基础研究结果为先进的分子和材料设计带来了希望，将碳水化合物变成一种可持续的能源来代替石油，发展了绿色高分子化学。Thomas 教授报道了利用戊二酸作为起始，戊二酸酐（GA）作为单体串联反应制备聚酯的途径。Duchateau 教授之后报道了柠康酸酐（CA）与氧化苯乙烯（SO）进行共聚得到不饱和聚酯，但是得到的聚酯分子量较低（1.7～3.2 kg/mol），且分子量分布很宽。

我们可以根据环状酸酐含有的环状结构的数量，将环状酸酐分为一元、二元和三元三类环状酸酐。马来酸酐（MA）与丁二酸酐（SA）等就属于一元环状酸酐；邻苯二甲酸酐（PA）与六氢苯酐（CHA）等就属于二元环状酸酐；降冰片烯二酸酐（NA）和环己烯－马来酸酐（CHMA）则属于三元环状酸酐。因为三元环状酸酐的结构特性，其与环氧化物进行交替共聚反应时，存在着立体选择性的问题。

2015 年，刘元宾发表了一篇关于环氧环己烷（CHO）与降冰片烯酸酐（NA）有机催化交替共聚合成立体规则聚酯的报道，证明了在有机催化剂存在的条件下，顺式或反式的重复单元以高度交替的方式在环氧环己烷（CHO）/降冰片烯二酸酐（NA）立体异构工具中简单合成高立体规则聚酯。聚酯的几何结构可以通过降冰片烯二酸酐（NA）的类型、进料比和反应温度进行调节。这为设计出各种功能化聚合物提供了一个通用的修饰平台。之后李悦生教授等利用有机路易斯酸碱对体系来催化降冰片烯（NA）、外型－呋喃－马来酸酐加成物（exo-FMA）、外型－环己烯－马来酸酐加成物（exo-CHMA）和各种各样的常用环氧化物进行开环交替共聚，制备的聚酯具有高区域选择性、高立构规整性等特点。上述工作都是有机小分子催化剂催化合成聚酯的代表性工作。

（二）催化剂在交替共聚中的应用

1. 金属催化剂

金属催化剂一直是环氧化物和环状酸酐开环交替共聚的主要催化剂，多样化的金属配合物催化剂已经被用于催化交替共聚，这其中包括锌（Zn）、镁（Mg）、铬（Cr）、钴（Co）、锰（Mn）、铁（Fe）、铝（Al）和镍（Ni）等，对这些催化剂的研究，发现了其中许多金属催化剂在加入了亲核助催化剂之后表现出显著的更高的活性。助催化剂包括双（三苯基膦）亚胺盐、4-二甲胺基吡啶（DMAP）和各种铵盐等。各种报道称双（三苯基膦）亚胺盐和 4-二甲胺基吡啶（DMAP）的效果最好。有趣的是，在足够高的温度下，双（三苯基膦）氯化铵（PPNCl）和 4-二甲胺基吡啶（DMAP）可以在没有主催化剂的条件下催化这些共聚反应。

最早的环氧化物和环状酸酐的交替共聚是由胺和金属醇盐引发的，生成了低分子量的聚合物且分子量分布很宽，在许多情况下环氧化物的均聚还造成了实际分子量与理论分子量不符，有明显的聚醚污染。双金属氰化物、金属醇盐和戊二酸锌等对于催化环氧化物和环状酸酐的交替共聚具有十分优异的可控性能。早在 1985 年，Aida 和 Inoue 就报道了首例使用铝－卟啉和四烷

基卤化铵催化邻苯二甲酸酐（PA）和环氧丙烷（PO）的可控开环交替共聚。在 2007 年，Coates 和他的同事们发现了一种 β-二亚胺乙酸锌催化剂同样可以用于催化环氧化物和环状酸酐的开环交替共聚，β-二亚胺乙酸锌之前多用于环氧化物与二氧化碳的共聚。在这之后，2011 又有两篇文章报道发现催化环氧化物和二氧化碳共聚的催化剂 N,N′-双（水杨酸）环己二胺氯化铬同样也可以催化环氧化物和环状酸酐的交替共聚。水杨醛亚胺类配体的金属化合物已经广泛地应用于各种环氧化物和环状酸酐的交替共聚，这包括金属铬（Cr）、钴（Co）、铝（Al）、锰（Mn）和铁（Fe）。这些催化剂每种都具有其独特的优势和挑战，这种巨大的多样性可以让我们合成具有多种性能的聚酯。

虽然金属催化剂发展起步很早且应用广泛，但是金属催化剂有着不可忽视的缺点。金属催化剂存在着有毒的金属残留，极大地限制了其应用领域，如医学领域和微电子领域等。同时，金属残留的金属光泽导致得到的聚酯往往是有色的，需要无色或白色材料的情况受到了限制，工业上往往会将聚合得到的聚酯进行金属去除，这导致了许多不必要的浪费。因此继续研究现有的有机催化剂催化环氧化物和环状酸酐的开环交替共聚，开发出新的有机催化剂变得十分重要。

2. 有机催化剂

有机催化剂，就是指一类不含金属元素，完全由非金属元素氢、碳、氮、磷、硫等组成的一类化合物。有机催化剂与金属催化剂相比较，金属催化剂虽然高多样性、高活性、高选择性，但是其缺点也很明显，其合成成本高，合成相对复杂，具有金属残留、稳定性差、反应条件严苛等问题。而有机催化剂的合成成本较低，无金属残留问题，稳定性高，合成相对简单且反应条件温和。除此之外，金属催化剂的金属残留问题和金属光泽问题也限制了其很多应用领域，其金属残留问题导致金属催化剂无法在生物医学和微电子等领域应用，而其金属光泽问题导致金属催化剂无法在一些无色或白色制品中使用。而有机催化剂则克服了这两个缺陷，聚合物中没有金属残留，可以将其广泛地应用于医学领域。

（1）无金属 Lewis 催化剂

无金属 Lewis 催化剂的设计为合成各种用途广泛的聚酯提供了广阔的前

景。Gnanou 和他的同事们率先用三乙基硼烷作为路易斯酸和（三苯基膦）氯化亚胺（PPNCl）作为路易斯碱催化环氧化物和 CO_2 交替共聚反应，首次成功合成了聚碳酸酯。利用 Lewis 酸活化环氧化合物和适当阳离子活化 CO_2 的方法，得到了由 CO_2 和环氧丙烷组成的界限分明的交替共聚物。Gnanou 和他的同事们的工作给予了其他研究者新的思路，随后聚合物化学领域的其他研究人员对这种催化体系给予了很大的关注。

之后浙江大学的张兴宏和他的团队通过多种有机路易斯酸–碱对，包括有机硼烷和季铵盐等合成了完全交替的聚酯。张兴宏和他的团队还研究了 Lewis 对的酸碱性、类型和尺寸大小对聚合反应的催化活性和选择性的影响。实验结果表明，即使环状酸酐单体全部反应完，也能很好地限制不良的酯交换反应和醚化反应等副反应，并且在 80 ℃的条件下，环氧丙烷（PO）和邻苯二甲酸酐（PA）或马来酸酐（MA）共聚时，反应体系的 Lewis 酸碱对具有非常高的活性。通过用连续加料法成功合成了分散度仅为 1.05 的嵌段聚酯。张兴宏和他的团队的工作为环氧化物和环状酸酐的选择性交替共聚提供了有效的有机催化剂体系。

李悦生团队通过多用途、低毒性的二甲酸锌/胺路易斯对来进行环氧化物和环状酸酐的交替共聚。在 100 ℃的条件下，用于催化的 Lewis 对的 TOF 高达 210 h^{-1}，与许多的金属配体催化剂的聚合速率相当。并且通过对共聚条件的优化，非极性溶剂和 Lewis 对抑制了一系列的副反应。使用此 Lewis 对可以使一系列单体包括半芳香族和脂肪族以一种可控的方式有效地合成聚酯，且单体转化率高，选择性高。李悦生团队为以后的交替共聚研究提供了一种更简单、环境友好的方式。

（2）叔胺、季铵盐和鎓盐

叔胺可以成为“第三胺”，属于胺类的一种，是指在分子中有三个炔基连接的三价胺。叔胺显碱性，也是与酸反应形成盐，同样也是合成季铵盐的重要原料。叔胺种类十分多，且用途广泛，可以作为催化剂和表面活性剂。其最早由 Fischer 发现并用来进行催化环氧和酸酐的交替共聚。

1960 年，Fischer 的研究发现，胺类小分子作为催化剂催化聚合反应时，副反应可以得到明显的抑制，从而减少聚醚的生成。由此可以得出结论，在

叔胺存在的条件下，环状酸酐和环氧化物之间可以形成严格的交替共聚，因此它们之间的相互作用将生成线性的聚酯。Fischer 的研究表明，这种反应不同的环氧化物具有相同的作用。这为后来的研究提供了大的方向，为抑制聚醚的生成提供了解决方法。

2002 年，Nishikubo 团队利用鎓盐类催化剂催化芳香族酸酐和氧杂环丁烷的开环交替共聚，上述几种鎓盐催化剂都催化得到了交替共聚物，实验中也证实随着单体量的增加，可以持续进行交替共聚，但是由于人们早期对有机催化体系研究得不够深入，因此活性相对来说十分低，在 130 ℃的温度下反应 24 h，单体均未反应完全，但为以后有机体系催化环氧化物和环状酸酐进行完全的全体共聚提供了方法。

2015 年，Theato 和同事们通过用叔胺或季铵盐催化剂催化环氧环己烷（CHO）和降冰片烯二酸酐（NA）共聚制备几何结构可调的聚酯，他们测试了多种叔胺和季铵盐，如 PPNCl、TBACl、PPh_3、DBU 等，发现 N-MeIm、TBACl 和 PPNCl 可以引发环氧环己烷（CHO）和降冰片烯二酸酐（NA）交替共聚，这其中 PPNCl 催化的聚合 CHO 转化率最高。Theato 和同事们的研究证明了 PPNCl 可以以高度交替的方式在环氧环己烷（CHO）和降冰片烯二酸酐（NA）立体异构共聚中简单合成高立体规则的聚酯。这为更加容易地设计出各种功能聚合物提供了一个通用的修饰平台。

2017 年，Merna 等使用 DMAP、PPNCl、Bu_4NCl、Bu_4NBr、PPh_3、TBD 和 DABCO 催化邻苯二甲酸酐（PA）和环氧环己烷（CHO）进行开环交替共聚，发现得到的聚酯是几乎完全的交替共聚且分子量几乎可以与金属基催化剂体系相媲美。在 Merna 的工作中，发现单体的纯度对共聚物的整体转化率和可达到的摩尔质量起着重要的作用。根据在甲苯和二甲苯中的聚合数据来看，PPNCl 的聚合效果最好，单体的转化率最高，得到的摩尔质量最高。

（3）磷腈催化剂

磷腈催化剂是一类极强的、非亲核性的、不带电的碱性催化剂，在环型单体开环聚合中作为有机催化剂表现出巨大的潜力。通过弱酸的脱质子或与锂离子结合，磷腈碱显著提高了引发剂/链段亲核性，从而允许快速且可控的阴离子聚合。通常，磷腈碱具有良好的热稳定性和对水氧具有高稳定性，即使在碱性非常大的溶液中，磷腈碱同样具有很高的耐水解性。根据文献报道，常用的 t-BuP_4在 160 ℃的水中依然可以保持 20 h 的稳定。然而，这些磷腈碱具有十分强的亲水性，在室温条件下，无论是潮湿的空气中还是己烷蒸气中，都有不同程度的潮解。磷腈碱类催化剂另一个重要的优点是在常见的有机溶剂中具有极强的溶解性，如己烷、甲苯、四氢呋喃和乙腈等，使其易于处理，可以方便地溶解在溶液中来进行使用。但是它们的高碱性可能会导致与溶剂发生反应。例如，t-BuP_4在室温条件下溶于二氯甲烷溶液中就会迅速得到棕色溶液，因此，磷腈需在氮气氛围下，溶剂则可以使用极性或中度极性溶剂（己烷、甲苯或四氢呋喃）。

目前第一个已知的人工合成的磷腈碱是在 20 世纪 70 年代初合成的，它由一个磷原子、一个亚胺和三个胺基结合的。然而，在之后的 20 年的时间里，关于它的碱性和应用的报道非常少，直到在 20 世纪 80 年代末，Schwesinger 及其同事报道了里程碑式的工作。在他们的报道中，开发了一种新的通用的磷腈碱合成方法，并合成了一系列不同磷原子数和拓扑结构的磷腈碱。磷腈碱可以很容易地将质子化合物转化为亲核启动物去质子化或激活弱的亲核试剂，这可能会进一步使聚合快速启动并且可以对聚合过程进行控制。其中醇类、硫醇、酰胺类都已经被证明在磷腈碱存在的时候是有效的引发剂，而醇类因为其种类繁多且获得简单是最常用的引发剂。

在 Schwesinger 及其同事的里程碑式工作之后，大量对磷腈碱的研究工作开始展开，很多研究人员的研究证实，磷腈碱作为催化剂，醇类作为引发剂所形成的催化体系是一种对开环聚合十分有利的体系。在磷腈碱与醇类的体系中，开环聚合是常见的活化醇类的机理。首先磷腈催化剂通过去质子化的方式来活化醇类引发剂，增加醇类的亲核性，之后被活化的醇类引发剂去进攻单体从而发生聚合反应。研究证明，极少数的磷腈催化剂可以在没有醇类作为引发剂的情况下，直接活化单体来实现单体的聚合反应。

在过去的 15 年里，基于 Schwesinger 及其同事的研究，人们在不断发现新的有机催化剂，了解其催化机理，实现良好的控制，以及构建量身定制的大分子结构方便做了大量的努力。在 2017 年，李志波团队研发了一种新型的

环状结构的磷腈催化剂并将其命名为环状三聚磷腈基（CTPB），该分子是球形结构，核心为非平面六元环。这为开发新的磷腈碱提供了新的思路。

2007 年，Wade 研究了在四氢呋喃溶剂中，BEMP 作为催化剂来催化 LA 的开环聚合，当 BEMP 与 LA 投料比为 1∶100 时，LA 的转化率在 23 h 内就可以达到 76%，得到的聚合物的分子量分布十分窄（PDI＜1.08）。并且聚合物的摩尔质量与单体转化率呈线性相关关系，表明此聚合是活性聚合。研究还证明 t-BuP_1 也可以催化 LA 进行开环聚合，但活性不如 BEMP，原因可能是 t-BuP_1 的碱性较弱。同年，Wade 团队深入研究了 t-BuP_2 对 LA 的催化作用，实验证明，尽管聚合物的分子量分布相对较宽（PDI＝1.23），但在室温条件下，单体浓度为 0.32 mol/L，单体可以在 10 s 内完全转化。当减低单体的浓度时，聚合速率会降低，但分子量分布可以变得很窄（PDI＝1.08）。这项工作中，令人惊讶的是，当使用的单体是 rac-LA 时，在室温下可以产生立构规整度达到 72%的聚合物，降低温度可以进一步地提高其立体选择性，在－75 ℃的条件下获得的聚合物立构规整度可以达到 95%。

交替共聚相比于缩合聚合不需要高温高压的条件，与开环聚合相比，单体种类多。环氧和酸酐种类十分繁多，可以得到各种各样含极性基团的聚酯，扩大了可合成聚酯的种类，环氧和酸酐的来源广泛、可再生、价格便宜。考虑到制备聚酯的多样性、经济性，近年来，人们研究的热点越来越集中到环氧和酸酐的交替共聚中来。

赵俊鹏团队在 2017 年报道以 t-BuP_4 等强碱为催化剂，苄醇为引发剂，在温度为 60 ℃的四氢呋喃溶液中加热 48 h，来催化邻苯二甲酸酐（PA）和环氧乙烷（EO）进行开环交替共聚，聚合速率很快，邻苯二甲酸酐完全转化，且通过核磁氢谱图看是邻苯二甲酸酐和环氧乙烷的交替共聚物，不含聚醚。但得到的聚合物实际分子质量远远小于理论分子质量。之后赵俊鹏团队通过质谱（MALDI-TOF）确定了此聚合过程发生了广泛的酯交换反应。然后在相同的条件下，在 60 ℃的四氢呋喃中加热 48 h，碱性较低的磷腈基 t-BuP_1 催化剂催化邻苯二甲酸酐（PA）和环氧乙烷（EO）进行开环交替共聚，得到的聚酯表现出完美的交替序列分布，聚合物的实际摩尔质量与理论摩尔质量高度一致，说明摩尔质量基本可控，且分子量分布很窄（基本＜1.1），通过核磁氢谱图分析，没有其余结构的副产物，尤其是聚醚和酯交换得到了完全的抑制。

还可以通过使用不同的引发剂，如苯甲醇（BA）、对苯二甲醇（BDM）和季戊四醇（PT），来制备单边增长、双边增长和四臂星状的聚合物。在不添加引发剂的情况下进行同样条件的邻苯二甲酸酐（PA）和环氧乙烷（EO）的交替共聚，不同反应时间下的分子量分布都很窄，且都为单峰。核磁氢谱图与质谱图表明，邻苯二甲酸酐不完全转化情况下得到的聚合物为线性的 P（PA-alt-EO），以邻苯二甲酸酐单元为中心，两端均以邻苯二甲酸酐为封端，没有环氧乙烷作为封端，这说明羟基与邻苯二甲酸酐的反应比羧酸与环氧乙烷的反应快得多，因此大多数生长链的末端都是羧基。实际上，邻苯二甲酸酐引发剂对交替共聚聚酯的大规模生产是有利的，不需要外源性引发剂，并且可以通过酸在酸酐中的比例来控制产品的摩尔质量。

2017 年，华南理工张广照发表的一篇文章发现，出人意料的是磷腈 t-BuP$_2$ 和 t-BuP$_1$ 催化 3,4-二氢香豆素（DHC）和环氧乙烷（EO）进行开环交替共聚的速率比碱性更强的 t-BuP$_4$ 还要快，且单体转化率和共聚物的摩尔质量方面都要优于强碱 t-BuP$_4$，得到了摩尔质量很大的聚合物，比 t-BuP$_4$ 催化发生更少的酯交换反应，可以随着时间的延长得到高分子量的交替共聚物。张广照团队还通过顺序加料的方法，得到 PVL-b-P(DHC-alt-EO)-b-PVL 三前端三元共聚物。文章的实验表明，磷氮离子和醇盐之间存在着质子交换，从而降低了链端的亲核性，最终导致成环等副反应的抑制。文章显示，由于 t-BuP$_1$ 的碱性太低，因此无法使 EO 发生均聚，进而导致了交替共聚物的生成，这些实验现象说明阴离子的生成是环氧产生开环的必要条件。最终的研究结果显示，温和的非亲核性的有机碱可能是更加适合环氧基无金属交替共聚物形成的催化剂。

张广照团队 2018 年在之前工作的基础上报道了关于用弱磷腈碱 t-BuP$_1$ 催化剂，醇作为引发剂，对邻苯二甲酸酐（PA）和不同的环氧单体（单、二、三取代）进行开环交替共聚（ROAP）。实验结果表明，所有聚合物均表现出良好的顺序交替分布，摩尔质量可控（最高可达 124 kg/mol），分子量分布窄（大多数＜1.15），聚合物的玻璃化转变温度从 – 14 ℃到 135 ℃不等。并且开

环交替共聚的活性聚合性质允许可以通过连续添加两种不同的环氧化物来一锅法制备嵌段共聚物。张广照团队的实验表明，通过简单的有机磷腈碱催化剂就可以合成出芳香族的交替共聚聚酯，为聚酯的多样性提供了更多的可能性。

2018 年，李悦生团队报道了使用简单的磷腈 t-BuP$_1$ 催化剂，在没有其他外界刺激的条件下，利用对苯二甲醇（BDM）作为引发剂，对环氧化物、环状酸酐和丙交酯（LA）的单体混合物进行一步法制备嵌段共聚物。这种方法主要优势是，可以自动地进行环氧化物和环状酸酐的交替共聚合丙交酯（LA）开环聚合的切换，不需要外界刺激。在含有环状酸酐的条件下首先进行环氧化物和环状酸酐的交替共聚，当环状酸酐消耗完全后，则自动转化进行丙交酯（LA）的开环聚合。

文献还报道，通过改变引发剂的种类可以实现多种拓扑嵌段共聚物。几乎同时，赵俊鹏团队也实现了由邻苯二甲酸酐（PA）、环氧化物和乳酸（LA）的混合物顺序选择性三元聚合。报道说明，醇引发的邻苯二甲酸酐（PA）与环氧化物的交替共聚是首先发生的，因为邻苯二甲酸酐（PA）实质上比乳酸（LA）与活化后的羟基反应更活跃。当邻苯二甲酸酐（PA）被充分消耗尽以后，乳酸（LA）从末端开始聚合，而过量的环氧化物则完全不参与反应。因此 t-BuP$_1$ 催化剂的碱性温和。这两种聚合都以化学选择的方式同时发生，因此在这一步合成中就会生成嵌段共聚酯。不同的环氧化物和不同羟基数量的引发剂的使用证明了这种一步法制备嵌段共聚物的可行性和通用性。

（三）开环交替共聚的反应机理

开环交替共聚制备聚酯，相比于缩合聚合和开环聚合，具有原子经济性、单体种类多、反应条件温和和反应简单等优势，是目前制备聚酯的一种重点研究的方法。在开环交替共聚中，催化剂和单体的选择直接影响着聚合物的结构与性能。催化剂的种类同样决定着开环交替共聚的机理问题，从而进一步也影响着聚合物的结构与性能，因此将催化剂催化环氧化物和环状酸酐开环交替共聚的反应机理研究清楚。正确且深入地认识催化过程的反应机理可以促使人们设计和制备更加高效、高选择性和高经济性的催化剂。有机小分子催化剂催化开环交替共聚的机理主要可以分为三种：阴离子聚合机理、配位活化机理和阳离子聚合机理。下面分别介绍这三种开环交替共聚机理。

1. 阴离子聚合机理

根据文献报道，常用于环氧化物与环状酸酐进行交替共聚的催化剂种类有：无机盐类、有机盐类和有机碱类等，其中最早且较为常用的有机碱催化剂是叔胺。早在1960年，Fischer教授提出了阴离子聚合机理。开始，环状酸酐最先被胺类化剂活化然后进行开环，形成了一端是季铵阳离子，另一端是羧酸根阴离子的良性离子，这个活化过程是一种可逆的过程。在活化的过程中，环状酸酐作为单体，单体的用量相比于叔胺的用量来说巨大，因此这个可逆的过程则向右移动进行。重要的是，这个过程中环状酸酐被叔胺催化剂活化，相反地，叔胺催化剂则被钝化了，这现象正好可以解释活化后的环状酸酐和催化剂叔胺的结合物可以明显抑制环氧化物均聚形成聚醚。这个过程正好可以阻止环氧化物聚合形成聚醚，促进了环氧化物和环状酸酐交替共聚形成完全交替的聚酯。最后，羧酸根阴离子进攻环氧化物，进攻后生成了烷氧基阴离子活性中心。聚合过程中继续重复以上的步骤，从而实现链的增长，进行制备得到完全交替的聚酯。同样地，当链一端的铵根离子被烷氧基阴离子所取代的时候，也可以生成聚酯。

之后赵俊鹏教授在2017年，报道了t-BuP$_1$催化剂可以十分有效的催化环氧乙烷（EO）和邻苯二甲酸酐（PA）进行交替共聚，同时赵俊鹏教授提出了一种新的链末端活化/钝化的阴离子活化机理。根据聚合过程中所用的各种有机小分子催化剂的pK_a数值，文章中推测了该聚合过程的聚合反应机理。在开环交替共聚的过程中，磷腈碱t-BuP$_1$催化剂可以进攻羧酸链末端，夺取了羧酸链尾端的质子，最终达到活化链末端的结果，而小分子有机碱t-BuP$_1$催化剂生成的H^+上的质子又容易被烷氧基链尾端所夺取，从而钝化了烷氧基链尾端。换一种说法就是，磷腈碱t-BuP$_1$催化剂可以交替重复地作为邻苯二甲酸酐（PA）链尾端的活化剂，以及环氧乙烷（EO）链末端的钝化剂，这样就造成了羧酸根阴离子的活性中心具有十分高的活性来和环氧乙烷（EO）单体进

行反应，反而是烷氧基活化后的活性中心的活性相对于羧酸根阴离子的活性中心来说较低，从而减少了聚醚等副反应的发生。这类可以使质子在催化剂与链增长反应之间进行随意穿梭的缓冲机制，是开环交替共聚可以达到高选择性和高可控性的原因。

2. 配位活化机理

另一种催化机理配位活化机理常常见于金属催化剂催化交替共聚的习题中，尽管聚合过程中存在着配位的作用，但是由于单体插入的过程还是形成阴离子物种的过程，人们认为实际上这个聚合过程机理还是属于阴离子增长机理。大量文献报道具有配位活化能力的金属催化剂在催化环状酸酐和环氧化物进行交替共聚的过程中，常常表现出比较高的活性和选择性。在 2015 年 Coates 教授的报道中，当氟代（salph）AlCl 催化剂催化降冰片烯二酸酐（NA）和大过量的环氧丙烷（PO）共聚时，当降冰片烯二酸酐（NA）全部反应完之后，环氧丙烷（PO）自己开环生成聚醚的副反应也被抑制。和铝（Al）元素同族的元素硼（B）也具有较强的路易斯酸性，可以和氧（O）、氮（N）等杂原子进行配位反应，因此可以生成典型的有机配位键。所以说，这个配位过程可以从质子型的引发剂中抢夺 H，进而生成阴离子活化中心。

Coates 小组还首次利用三乙基硼烷（TEB）和鎓盐等作为路易斯酸碱对催化体系，并且成功地将其应用于催化开环交替共聚。结果是得到了结构明确的聚酯，反应过程中几乎不含有酯交换副反应和生成聚酯的副反应，这说明这些副反应得到了有效的抑制。在没有引发剂的加入时，和三乙基硼烷（TEB）配位的鎓盐离子则参与了引发过程，环氧乙烷（PO）和马来酸酐（MA）开环交替共聚实现链增长的过程；在加入了引发剂对苯二甲醇（BDM）等的催化体系中，三乙基硼烷（TEB）和苄醇的氧原子进行配位，从而使质子脱去，形成了和三乙基硼烷（TEB）配位的阴离子，最终引发聚合反应，之后随着环氧丙烷（PO）和马来酸酐（MA）交替着插入来实现链增长的过程。随着链增长过程的进行，烷氧基链尾端被 TEB 稳定，从而导致环氧丙烷（PO）难以插入，最终该过程减少了生成聚醚的副反应的发生。即使环状酸酐单体反应完全，只剩下环氧丙烷（PO）一种单体，环氧丙烷也很难继续插入从而发生链增长。链尾端的三乙基硼烷（TEB）的位阻效应也会让环氧化物单体的区域选择性有一定的提高。

相比于阴离子共聚反应的机理，金属类催化剂的配位过程增长链末端阴离子可以认为被金属离子或路易斯酸的中心所活化，从而使阴离子有一定的电子效应。因此我们可以通过改变有机催化剂的骨架来精确的调控聚合过程，这些就是金属催化剂催化体系可以对共聚过程高度可控的重要结构原因。对于有机路易斯酸碱对的催化体系来说，依循同样的规律也可以实现聚合的可控性。有机路易斯酸的结构调控也是有机催化剂的一个发展方向。

3. 阳离子聚合机理

第三种聚合机理阳离子聚合机理则常常见于四氢呋喃（THF）等四元环、五元环与环状酸酐单体的共聚中。四氢呋喃（THF）和丁氧烷等由于其环张力特别小，阴离子亲核力明显不足，从而无法进攻极性比较弱的碳原子，但是阳离子可以进攻电负性比较强的氧原子。最典型的例子就是有机催化剂非氟丁烷磺酰亚胺（Nf_2NH）催化四氢呋喃（THF）和环状酸酐的交替共聚。刚开始，质子从非氟丁烷磺酰亚胺（Nf_2NH）上脱离后，先和环状酸酐反应生成氧鎓阳离子。在已知的报道中也表明了在没有环状酸酐存在的条件下，四氢呋喃（THF）不会发生自聚反应，从而也不会生成聚醚。之后，四氢呋喃（THF）进攻环状酸酐单体的羰基，环状酸酐则发生开环反应，之后形成了新的氧鎓阳离子，接着单体环状酸酐的氧离子就会继续进攻鎓盐化的四氢呋喃（THF），从而实现了两种单体的交替插入（即交替共聚的过程），进而发生链增长。在链增长过程发生时，因为环状酸酐单体本身并不能发生自聚反应，环状酸酐所生成的氧鎓阳离子只能让四氢呋喃（THF）发生开环反应生成四氢呋喃（THF）上的氧鎓离子。因此，四氢呋喃（THF）不仅能和环状酸酐开环交替共聚生成聚酯，同样也能自聚生成聚醚。

（四）磷腈催化交替共聚的优势

磷腈催化剂是一类极强的、非亲核性的、不带电的碱性催化剂，在环型单体开环聚合中作为有机催化剂表现出巨大的潜力。通过弱酸的脱质子或与锂离子结合，磷腈碱显著提高了引发剂/链段亲核性，从而允许快速且可控的

阴离子聚合。通常，磷腈碱具有良好的热稳定性和对水氧具有高稳定性，即使在碱性非常大的溶液中，磷腈碱同样具有很高的耐水解性。磷腈碱催化剂是一类含有不同数量 P=N 双键结构的碱性小分子有机化合物，它兼顾无机物和有机物的优越性能。磷腈碱是催化合成有机聚合物的一种强力催化剂，其催化性能高度依赖其碱性和分子结构（尺寸和形状）。通过对磷腈结构的修饰，我们可以得到功能各异的磷腈衍生物。因此，设计具有可调节的碱性和分子结构的磷腈碱催化剂对于改进催化性能是十分有前途的，特别是磷腈催化剂对催化过程具有高活性和高可控性等特点，已经引起了国内外研究者的极大兴趣。

1. 种类多样性、碱性可调性

有机催化剂的种类和结构都特别丰富，我们可以根据所聚合的单体不同、聚合制备得到的聚酯的不同来选择不同的有机催化剂。这其中的磷腈碱就是一类结构多样的小分子有机碱，可作为多种聚合的催化剂。磷腈碱的种类十分丰富，结构多样，已经发展成为功能强大的一类催化剂，其催化性能高度依赖碱性和分子结构（大小和形状）。磷腈碱催化剂的碱性随着 P=N 键数量的增多而增大，我们可以设计 P=N 结构单元的个数来合成不同结构的磷腈催化剂，并且可以根据 P=N 结构单元的数量来推测催化剂的碱性。因此我们可以通过自主设计磷腈碱的结构来获得不同碱性的磷腈碱催化剂。

2. 高活性且高控制性

磷腈碱催化剂是一类含有 P=N 键的强碱性和弱亲核性的化合物，与三氮杂二环 TBD 和二氮杂二环 DBU 相比，磷腈碱有更强的碱性和更弱的亲核性。赵俊鹏团队的报道称，t-BuP$_4$ 等强碱催化剂，苄醇作为引发剂，温度为 60 ℃ 的四氢呋喃溶液中加热 48 h，来催化邻苯二甲酸酐（PA）和环氧乙烷（EO）进行开环交替共聚，聚合速率很快，邻苯二甲酸酐完全转化，且通过核磁氢谱图看是邻苯二甲酸酐和环氧乙烷的交替共聚物，不含聚醚。华南理工张广照的报道称，磷腈 t-BuP$_2$ 可以以很快的速率催化 3,4-二氢香豆素（DHC）和环氧乙烷（EO）进行开环交替共聚。大量的文献报道证明，磷腈碱对于催化环氧化物和环状酸酐开环交替共聚具有高活性和高可控性。

3. 优异的溶解性和稳定性

有机金属配合物催化剂通常在有机溶剂中的溶解性一般比较差，并且对水和空气都比较敏感。不容易储存。而磷腈碱催化剂因为其具有不同的碱性和弱亲核性，并且可以在很多有机溶剂中如二氯甲烷、甲苯和四氢呋喃等很好溶解，被广泛地应用于环氧化物和环状酸酐的交替共聚中。其在许多常见的有机溶剂中溶解性都特别好，比如甲苯、四氢呋喃、二氯甲烷和丙酮等。最重要的是，磷腈催化剂的结构大部分都十分稳定，可以在水和氧气中稳定储存，具有十分优异的热稳定性。

在人类的社会生活中，材料是必不可少的，人们的衣食住行都离不离开材料。其中，聚酯材料是一种应用场景特别广泛的高分子材料，可将其用作纤维、薄膜和塑料制品。传统上合成聚酯的方法是二酸与二醇的缩聚，这得益于丰富多样的单体，从而可以方便地调整聚合物的结构和性能。这种聚合方式通常是高能耗和高成本的过程，这是因为为了获得高分子量的聚合物，需要较高的反应温度和真空来去除副产品。另外，环酯的开环聚合（ROP）已被用于制备结构明确的聚酯，如聚乳酸（PLA）和聚己内酯（PCL）。然而，开环聚合（ROP）反应中使用的单体种类有限且价格昂贵。而环酸酐与环氧化物开环交替共聚（ROAC）由于其原子经济、可控、单体资源丰富、反应条件温和等特点，是合成聚酯的一种通用方法。因此，通过这种有前景的方法制备出了大量的功能聚酯，特别是来自可持续资源的功能聚酯，由于人们对环境和能源的日益关注，这进一步加速了其发展。

我们可以将聚酯类材料大致地分为芳香族聚酯和脂肪族聚酯。芳香族聚酯，如聚对苯二甲酸乙二醇酯（PET），因为其良好的机械性能、电绝缘性能和耐摩擦性等，被广泛地应用于包装、电子和汽车等相关领域，每年的生产规模十分巨大。脂肪族聚酯，由于其容易水解，可以降解且原料大部分来自丰富的可再生资源，因此成为了石油基聚合物的潜在的可持续的替代品，基于以上的多种优势，脂肪族聚酯受到了广泛的关注。聚酯材料在生物医学领域有着十分巨大的应用前景，但是目前绝大多数的聚酯材料都是通过有机金属催化剂催化聚合来得到的，有机金属催化剂会残留于聚酯材料中，难以去除，且去除成本巨大，残留的有机金属催化剂会对生物体造成严重危害，因

此限制了大部分聚酯材料在生物医学领域的应用。而无金属有机催化剂就可以解决金属残留的问题，由无金属有机催化剂催化制备的聚酯材料就可以大规模应用于生物医学领域。

无金属有机催化剂中的磷腈催化剂就是一种理想的催化剂选择，因为磷腈催化剂不含金属、高活性、合成简便且在溶剂中溶解性好，最重要的是在聚合过程中表现出高活性和高可控性。但是磷腈催化剂相比于金属催化剂来说，起步较晚，催化剂的种类也较少，并且价格较为昂贵。因此开发新的更加容易合成、价格便宜、结构简单的新型磷腈催化剂就十分重要。开发新的磷腈催化剂，可以丰富磷腈催化剂的种类，并且更加深入地研究磷腈催化剂在催化环氧化物和环状酸酐中开环交替共聚制备聚酯的价值。

二、新型环状磷腈催化剂在酯类单体开环聚合中的应用

可生物降解聚酯材料，比如聚丁内酯（PBL）、聚丙交酯（PLA）、聚己内酯（PCL）等，在组织工程、药物缓释等生物医学领域具有广泛的应用前景。其中，聚己内酯是其中非常重要的一类聚酯材料，广泛地应用于生物体组织支架、药物缓释包覆材料、医疗器械、食品包装材料等领域。聚己内酯是一种半结晶聚合物，具有优异的力学性能、生物相容性、低毒性、高弹性、可生物降解性以及相对较长的降解时间（根据分子量的不同，完全降解需要 3～4 年），因此在保证了基本的力学性能要求的同时，聚己内酯还能够在自然界中完全降解成无害的小分子化合物（CO_2 和 H_2O），是一种绿色无污染的高性能材料。

传统的聚己内酯大多是通过有机金属催化体系催化 ε-CL 开环聚合制备的，常用的金属催化体系有铝、锡、稀土金属和锌等。这种聚合方法可以得到较高分子量的聚己内酯，满足基本的力学性能要求，但是聚合物中的金属残留一般较难去除，而这些金属的存在会对生物组织产生危害。要想应用于生物医学等高端领域，往往需要除掉聚合物中的金属残留，而这个过程既耗时间又增加了成本。为了解决有机金属催化剂带来的这些问题，研究人员开始把目光转向不含金属离子的有机小分子催化剂，接着一大批无金属有机催化剂被开发出来。这类催化剂具有低毒性以及对 ε-己内酯和其他环酯单体较

高的催化活性，同时又能完美解决聚合物中的金属残留问题，因此成为金属催化剂的理想替代品。

在众多的有机催化剂中，磷腈催化剂因为独特的优势成为最大的研究热门。磷腈是一类强碱性弱亲和性的有机碱，对大多数的环状单体的开环聚合都具有催化活性，包括环氧化合物、环硅氧烷、环酯、环碳酸酯等。磷腈碱可以很容易地通过去质子化或者亲核作用活化质子基团产生活性阴离子中心，从而引发聚合。通过将适当的引发剂与磷腈催化剂混合，能够显著提高引发剂的亲核性，继而产生快速且可控的阴离子开环聚合。通过这种方式可以得到分子量可控、端基明确的聚己内酯。但是，目前通过有机催化剂获得具有更高力学性能的高分子量聚己内酯（M_n＞50 kDa）的报道却很少。因此通过无金属有机催化 ε-CL 开环聚合得到高分子量且结构可控的聚己内酯具有重要意义。

第三节　聚磷腈基复合材料的阻燃应用

热固性树脂因其优异的耐热性、抗腐蚀性和高强度广泛应用于电子电器、化工、轨道交通等领域。目前，三大通用树脂包括：环氧树脂、酚醛树脂、不饱和聚酯树脂。其中，环氧树脂因其优异的机械性能、电绝缘性、良好的环境适应性，应用于电子封装和机械领域；又因其价格低廉、易于加工成型，应用于建筑材料领域。根据调查研究，我国环氧树脂的应用领域中，38%为建筑、涂料行业；22%为电子、机械行业。并且随着制造业的不断发展，市场需求量逐年上升。环氧树脂属于易燃材料，燃烧离火后火焰不自熄。易燃性限制了其在许多领域的应用，因此，开发一种满足人们环保要求的、低毒性、高效的环氧树脂阻燃剂，成为了研究重点。

一、环氧树脂

（一）环氧树脂概述

1891 年，Lindmann 用对苯二酚和环氧氯丙烷缩聚成树脂，随后用酸酐进

行固化，但这种树脂并没有实际应用。直到1930年，瑞士的Pierre Castan和美国的S.O.Greenlee用多元胺对树脂进行固化，使其黏度增大，这才有了使用价值。我国对环氧树脂的研究较晚，直到1958年，才在上海、无锡两地开启了工业化生产，但是发展缓慢。直到70年代末期的改革开放，从国外引进了新的生产装置之后，生产才得到了飞速发展。目前，我国已经形成了一套从学术研究到实际生产的完整工业体系。

如今，我国对高质量和高性能环氧树脂的日益扩大，而环氧树脂的研究也不再单一化。MENGFEIH等设计合成的具有核壳结构的环氧树脂微粒，可以实现室温冷喷涂。CHENGJIANGL等用丁香酚和环氧氯丙烷合成了一种生物基的光致变色环氧树脂，可用作青铜器修复用粘合剂。ZHAOFUW用膨胀石墨（EG）填充环氧树脂，可以提高材料的导热性，当EG添加量为4.5份时，环氧树脂的导热系数提高了5倍达到了1.0 W/（m•K），并且热稳定性能也有所改善，初始分解温度从218 ℃提高到了348 ℃。TIANWEND等合成的含叔酯四官能团环氧树脂(FETE),由于叔酯基的热降解性,使得FETE在可再生电子封装材料和可降解材料领域具有良好的应用前景。ZHAOQUNP等合成了一系列环氧改性甲基苯基硅树脂，成为了LDE封装的理想材料。

（二）环氧树脂的结构与性质

环氧树脂定义为在分子结构中含有两个及以上环氧基的化学物质，是由环氧氯丙烷和双酚A或多元醇的缩聚产物，其主要由氧和碳元素组成，具有较高的化学活性，并且改变链段的种类可以获得性能（拉伸强度、断裂伸长率、热性能等）优异的树脂材料。ZHIGANGP等用2-丙烯酰胺－2-甲基丙烷磺酸和丙烯酰胺为单体合成的水性环氧树脂（WBE）可以用于改性水泥石。章泽等合成了一种烯丙基封端的超支化环氧树脂（AHEP），并且和马来酰亚胺单体共混，当投料物质的量比为1∶2时，材料的力学性能和耐热性可以达到最佳。由于环氧树脂种类众多，因此有较多的分类方式，按照化学结构划分，可以分为缩水甘油醚/胺类环氧树脂、线型脂肪族类环氧树脂等；按照固化条件，可以分为低温/常温/其他固化型环氧树脂；按照专业用途，可分为通用胶、特种胶、导电胶等。但是，根据化学结构分类是最常见的分类方式。

双酚 A 型环氧树脂（DGEBA）是由双酚 A 和环氧氯丙烷在碱性环境（通常是 NaOH 溶液）下缩聚而成，具体结构式如图 3-2 所示。因其良好的电绝缘性和力学性能，成为了世界上使用最广泛的环氧树脂品种，占了国内树脂产量的 80%。其热稳定性能好，在储存过程中可以避免均聚和自交联。目前，其主要有两种合成方法：一步法和两步法。一步法即一锅法，将原料环氧氯丙烷、双酚 A、NaOH 溶液加入到容器内，使开环和闭环反应同时进行。此方法容易控制反应温度，便于操作，并且产率高、杂质少，国内产量最大的环氧树脂 E-44 就是通过此类方法合成的。两步法则需要使用催化剂（如三苯基膦、季铵盐），先将环氧氯丙烷和双酚 A 反应制备中间体二酚基丙烷氯醇醚，再加入 NaOH 溶液完成闭环。这种反应方法使开环和闭环反应分开，需要的时间较短、副产物较少并且温度适中。

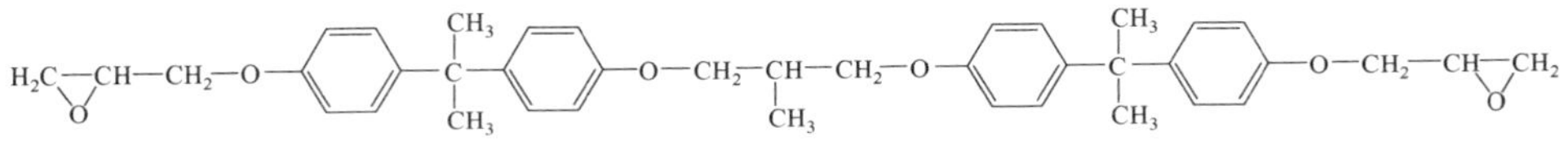

图 3-2　DGEBA 的结构式

双酚 F 型环氧树脂（BPFER）是由双酚 F（即二羟基二苯基甲烷，由苯酚和甲醛缩合而成）和环氧氯丙烷在碱性环境（通常是 NaOH 溶液）下缩聚而成，具体结构式如图 3-3 所示。由于双酚 A 型环氧树脂黏度较高，在实际加工使用中，常需要使用添加剂降低黏度，因此，双酚 F 型环氧树脂被开发出来，其黏度是双酚 A 型的 1/4～1/7，并且在实际使用过程中发现该树脂的力学性能也远远超过双酚 A 型，使其能够应用于军工、风电行业。但是到目前为止，双酚 F 在国内仅仅处于实验室研发阶段。

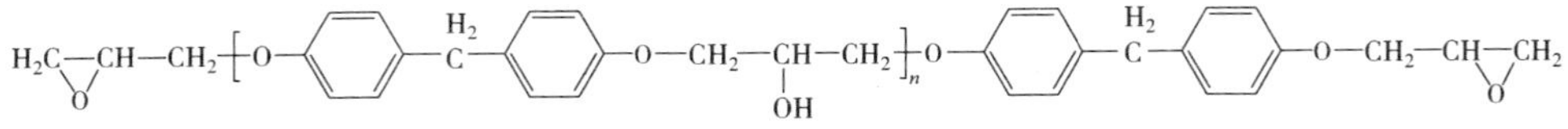

图 3-3　BPFER 的结构式

双酚 S 型环氧树脂（BPSER）是由双酚 S（即二羟基二苯基砜）和环氧氯丙烷在碱性环境（通常是 NaOH 溶液）下缩聚而成，具体结构式如图 3-4 所示。因为引入的砜基是一种极性基团，使得双酚 S 型环氧树脂在高温热稳

定性、黏结强度等方面上，均优于双酚 A 型环氧树脂，可作为高温结构胶黏剂、粉末涂料进行应用。

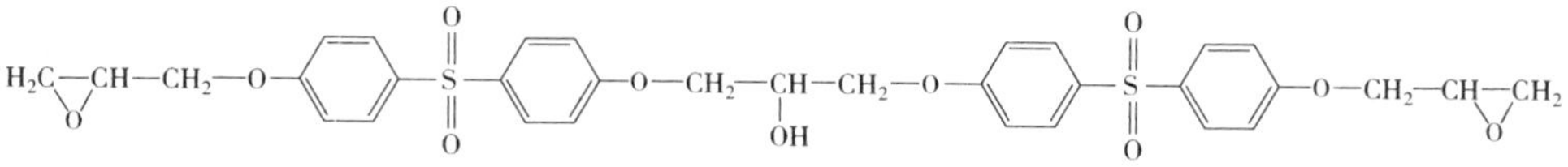

图 3-4　BPSER 的结构式

近年来，随着重工业的发展，造成了石油资源的日益消耗，并且由此引发了一系列环境污染问题。因此，可再生资源代替部分石油化工产品成了近几年的研究热点。JIAHUIL 等用愈创木酚衍生物芳香胺（5-氨基愈创木酚）和香草醛合成了生物基树脂，并引入了希夫碱基。这种树脂固化后的机械性能和阻燃性能显著优于石油基双酚 A 环氧树脂。GARGOLM 等用不同添加量的大麻纤维和环氧树脂共混，合成了一种更环保、耐热的环氧树脂聚合物材料。QIY 等用厚朴酚二缩水甘油醚（DGEM）和间氯过氧苯甲酸（m-CPBA）合成了四功能环氧树脂（MTEP），相较于双酚 A 型环氧树脂，MTEP 具有低黏度和合适的加工温度范围，并且在没有添加任何阻燃剂的情况下垂直燃烧达到了 V-0 级，这些性能使其在航空航天领域有了发展的可能性。CHANGLINM 等用一锅法将酚化木质素（PL）、甲醛、环氧氯丙烷反应得到酚醛木质素（PLINP），与普通法合成的 PLBEN 相比，PLIEN 具有更好的阻燃性能和热机械性能，并且木质素的掺入没有破坏材料的力学性能。这些生物基环氧树脂的合成与研究为以后树脂材料的实际使用奠定了基础。

（三）环氧树脂的固化

在实际生产应用过程中，环氧树脂往往和固化剂、稀释剂、增塑剂等一起形成配方进行使用，其中最重要的就是固化剂。由于环氧树脂是线型结构，只有加入某类助剂生成三维网状结构才能使用，这种助剂就被称为固化剂。固化是环氧树脂成型的重要过程，也会影响树脂的力学性能、导热性能等。固化剂种类多样，按化学结构划分可分为胺类、酸酐类、咪唑类等；按功能划分，可分为增韧型、阻燃型、环保型等。反应型固化剂和环氧树脂的环氧基发生反应，催化型固化剂催化环氧树脂自身进行开环加成，二者最后都会使得树脂形成网状结构，因此树脂表现出很高的力学性能，并且优于其他热固性树脂。胺类固化剂是最早开始使用的一类固化剂，也是最常见的一类固化剂。反应原理是与氮相连的活泼氢与环氧基进行开环加成，生成聚合物网络。典型的多元胺固化反应如下：第一步如图 3-5 所示，环氧基在伯胺作用下的开环反应；第二步如图 3-6 所示，环氧基与开环产物反应，继续开环；第三步，剩余的羟基、环氧基继续与氨基反应，生成大分子网络。

$$H_2C(-O-)CH-R + R-NH_2 \longrightarrow R-NH-CH_2-CH(OH)-R_1$$

图 3-5　环氧树脂固化反应第一步

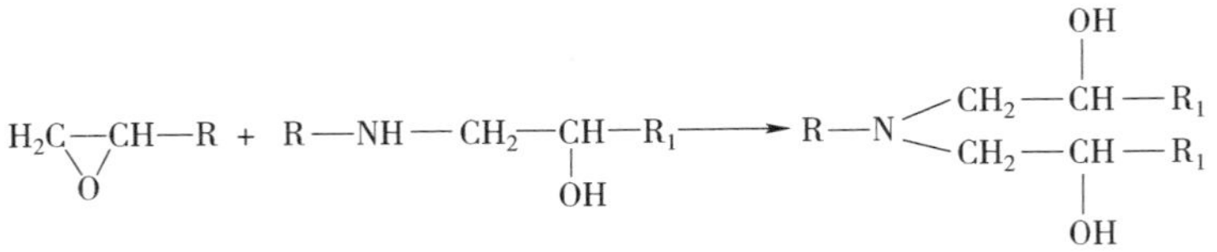

$$H_2C(-O-)CH-R + R-NH-CH_2-CH(OH)-R_1 \longrightarrow R-N(CH_2-CH(OH)-R_1)_2$$

图 3-6　环氧树脂固化反应第二步

胺类固化剂大致可以分为以下六类。

第一，聚酰胺：具有脂肪酸长链和氨基，毒性小、无挥发，但是耐热性较差，通常在 15 ℃以上的环境使用，并且大多数情况下需要与固化促进剂一起使用；固化后的环氧树脂具有高弹性、高黏结力和耐水性等优点，但是机械性能和物理性能会下降。

第二，脂肪族胺：使用量仅次于聚酰胺，大部分是液体（如本研究使用的固化剂三乙烯四胺），PODKOSCIELNAB 等用三乙烯四胺功能化的环氧树脂还可以作为去除偶氮染料的吸附剂。因此与环氧树脂有良好的相容性，通常在室温条件下使用，为工业生产带来了便利，反应时会放热可以促进固化过程，但因此环氧树脂的使用量不宜过多，常用于不能加热的零部件加工过程。

第三，芳香胺：分子结构中含有苯环，大多数碱性弱于脂肪族胺，而且由于苯环的位阻效应使得反应活性小于脂肪族，但也是因为苯环，使得固化后的环氧树脂获得了一定的阻燃性能。常见的芳香胺有二氨基二苯基甲烷（DDM）、二氨基二苯砜（DDS）、双聚氰胺（DICY），但都是固体，需要加热

熔融后才能使用，固化速度慢，必须加热固化，且分为从低温到高温三段进行固化。

第四，聚醚胺：主链含有环氧乙烷、环氧丙烷等（如 D-230、D2000），具有柔性链段，能够赋予环氧树脂柔韧性并且降低拉伸强度；能增强固化后环氧树脂的弹性、韧性、抗冲击性、可挠性。大多数聚醚胺黏度、色泽较低并且加工时间长，便于环氧饰品胶的生产与制作。

第五，脂环族：分子中含有饱和六元环，在结构上同时具有聚醚胺和芳香胺的特点，即柔顺性和环状刚性结构。市面上常见的为低黏度液体，有望成为制备兼具强度和韧度的环氧树脂固化剂，但目前研究较少。适用期长于脂肪族胺类，固化温度适宜，固化后树脂的透明性、耐候性和机械强度都有明显的提高，并且光泽、色度优于脂肪胺和聚酰胺固化的环氧树脂材料。

第六，咪唑类：分子内含有咪唑结构，可以单独使用，一般使用量较少，但需要在高温（80～120 ℃）下进行；也可以作为固化促进剂协同作用于环氧树脂（通常与酸酐类、酚醛树脂类一起）。常作为潜伏性固化剂（即常温常压时呈现反应惰性，在加热、光照、压力等外界条件作用下，能引发交联反应，可以与环氧树脂按比例混合成为单组分环氧树脂体系，具有操作简便，适用期长、节约成本等优点）；缺点是固化剂具有挥发性和吸湿性，并且大部分咪唑类固化剂为高熔点结晶物，实际使用时与环氧树脂混合困难。但是，现在有许多学者在开发新型咪唑类固化剂，PARKJH 等合成了沸石咪唑骨架－8（ZIF-8）用于固化环氧树脂。HEFENGL 等用 2-乙氧基－4-甲氧基咪唑（2E4MI）分别和二异氰酸酯（HDI）、三甲基二异氰酸酯（TMHDI）、4,4′-二苯基甲烷二异氰酸酯（MDI）合成了一系列咪唑类固化剂：HDI-2E4MI、TMHDI-2E4MI、MDI-2E4MI，实验结果表明，这些固化剂具有较低的固化活性，保质期长，并且固化后环氧树脂的力学性能、热稳定性也会有所改善。

酸酐类固化剂的固化原理是与环氧树脂中的羟基反应生成一个羧基单酯，再引发固化反应。优点是毒性小、相容性好、使用周期长；并且能提高固化后树脂的力学性能、耐热性、介电性。但是固化温度较高且固化速度慢，使用时需要加入叔胺等固化促进剂。硫醇类固化剂，分子中含有巯基，能与环氧树脂发生亲核或自由基加成，具有固化温度低、固化速度快等优点，能满足冬天户外作业的要求，但使用时需要加入少量叔胺等固化促进剂。随着研究的进一步发展，人们开始探究具有自固化性能的环氧树脂。SLOBODINYUKA 等用 4,4′-二氨基二苯基甲烷和环氧氯丙烷合成了一种自固化的新型环氧树脂，并且该树脂具有较低的活化能和较高的玻璃化转变温度。XIAOWEIA 等合成了一种高玻璃化转变温度、耐化学型的可修复二硒化玻璃材料（Se-EP-F），为制备自愈材料提供了一种方法。

（四）环氧树脂阻燃剂方向

阻燃，英文名称“flame retardant”，意为火焰延缓剂，即使易燃材料变得难以燃烧。火灾发生时，燃烧的火焰会损害财物；而产生的烟雾会使人们窒息死亡。阻燃剂在材料燃烧时能延缓火焰蔓延时间，为人们逃生增加了时间。阻燃剂可以在气相和凝聚相中分别起到阻燃的作用。气相阻燃中包含了物理变化和化学反应：燃烧时，阻燃剂吸收火焰的热量生成 CO_2、N_2、NH_3 等不可燃气体，从而稀释了材料表面可燃气体的浓度。凝聚相阻燃通常靠成炭作用，阻燃剂燃烧时在材料表面生成炭层，阻碍了火焰向材料内部的蔓延，减缓了热量和氧气的传递。按阻燃剂中的阻燃元素可将其分为卤系阻燃剂、氮系阻燃剂、磷系阻燃剂、硅系阻燃剂、金属氢氧化物阻燃剂。

1. 卤系阻燃剂研究现状

卤系阻燃剂（主要为氯系和溴系阻燃剂），阻燃机理是燃烧分解时产生卤化氢（HX）能捕捉环境中的活性自由基，从而阻止或减缓燃烧的链反应。大多数卤系阻燃剂价格低、与基体材料相容性好、阻燃效率高；但缺点是使用量较大，并且其燃烧释放的二噁英等有毒物质具有极强的致癌能力，不仅对人体健康造成了较大威胁，而且造成了严重的环境污染。目前，溴系阻燃剂六溴环十二烷（HBCDD）已被《斯德哥尔摩公约》禁止使用。今后，无卤阻燃剂将成为研究的重点。

2. 氮系阻燃剂研究现状

氮系阻燃剂可大致分为三类：三聚氰胺（结构式如图 3-7 所示）、双氰胺（DICY）、胍盐及其衍生物。阻燃机理是燃烧时会生成 N_2、NH_3 等不可燃气体，

稀释了空气中可燃气体浓度，降低材料表面温度，并且气体的生成也会消耗一部分的热量，从而达到气相阻燃的作用。张良良等用三聚氰胺和甲苯二异氰酸酯反应得到接枝三聚氰胺改性聚氨酯胶膜，当添加量为7 份时，胶膜的耐热性提高了 15.5 ℃。王志等用三聚氰胺氰尿酸盐（MCA）阻燃环氧树脂，随着 MCA 的加入，极限氧指数逐渐增大，当添加量为 5 份时，极限氧指数比未改性环氧树脂高了 1.3%达到 20.8%，但是继续添加却导致极限氧指数的降低。

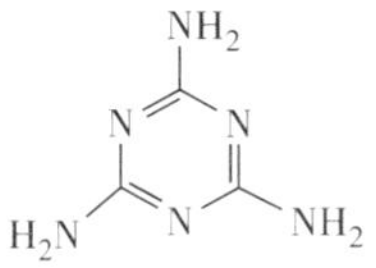

图 3-7　三聚氰胺结构式

3. 磷系阻燃剂研究现状

磷系阻燃剂可分为有机磷（磷酸酯、有机磷盐）和无机磷（红磷）两大类，大多数在燃烧时产生的烟雾较少，并且不会生成有毒物质，是一种比较环保的阻燃剂，因此具有广阔的发展前景。一方面，阻燃剂受热分解时产生的自由基捕获剂 PO•，可以捕捉燃烧时产生的 H•、HO• 自由基，降低燃烧速率；另一方面，生成的聚偏磷酸具有强脱水性，可以促进材料表面炭层的生成，该炭层起到了隔绝氧气和热量、阻碍火焰蔓延的作用，进而阻止了材料的进一步分解。通常，磷系阻燃剂会和氮系阻燃剂一起使用，在气相和凝聚相同时作用，达到一个协同阻燃的效果。CHENCHENG 等用三聚氰胺磷酸盐（MP）和 2,4,6-三氯－1,3,5-三嗪（TCT）合成了一种用于环氧树脂的磷酸酯阻燃剂 PCOF，当 PCOF 添加量为 12 份时，环氧树脂的极限氧指数可达 28.6%，垂直燃烧达到了 V-0 级。YIZ 用三步法合成了阻燃剂 PEDSCD：首先用季戊四醇和三氯氧磷合成了中间体 PEPA；再用三聚氰胺和 PEPA 反应生成 PECD；最后用二氨基二苯砜和 PECD 反应生成 PEDSCD，并与多磷酸铵（APP）协同改善环氧树脂的阻燃性能。

常见的有机磷阻燃剂是 DOPO 及其衍生物，DOPO 结构式如图 3-8 所示。徐伟华用自制的 DOPO 衍生物：DOPO 基二苯酚（D-bp）改性双酚 A 型环氧树脂，结果发现，当添加量为 18.9 份时，材料的垂直燃烧达到 V-0 级，700 ℃残炭率由 16.7%提高到 21.9%。

王志国等用对苯二胺、DOPO、四氯化碳制备了一种含有磷氮的新型阻燃剂 PDAB-DOPO，用于改性环氧树脂，结果表明，当 PDAB-DOPO 的添加量为 20 份即磷含量为 1.65%时，材料的极限氧指数可达到 27.3%，垂直燃烧达到了 V-0 级。YUNXIANY 等用 DOPO 和植酸合成了一种生物基的阻燃剂 PAD 用于环氧树脂阻燃，当添加量为 5 份时，环氧树脂的极限氧指数可达 29%，垂直燃烧达到 V-0 级。

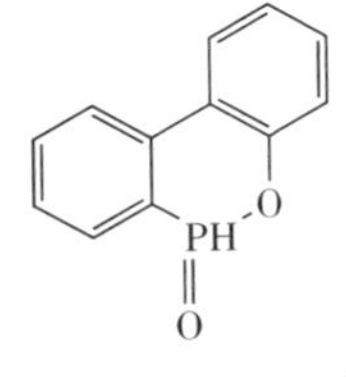

图 3-8　DOPO 结构式

4. 硅系阻燃剂研究现状

硅系阻燃剂是一种高效、绿色环保的新型阻燃剂，含硅基团具有良好的热稳定性、氧化稳定性，在基体材料中主要是通过凝聚相进行阻燃。在燃烧时会在材料表面生成均匀致密的炭层。在提高材料阻燃性能的同时，对材料的加工性能、机械性能等也有所改善。苏倩倩等用聚甲基三乙氧基硅烷通过物理和化学方法改性环氧树脂，结果发现，当添加量为 10 份时，50%质量热损失温度提高了 39 ℃。YONGQIANGW 等用有机硅改性环氧树脂，在改善阻燃性能的同时还提高了材料的耐老化性和电绝缘性。JIANGBOW 等用甲基三甲氧基硅烷、苯基三甲氧基硅烷、（3-氨基丙基）三甲氧基硅烷和二甲氧基硅烷合成了聚硅阻燃剂 PMDA，并将其接枝到氧化石墨烯（GO）表面。当添加量仅为 2 份时，热释放速率峰值和总释放热分别降低了 30.5%和 10.0%。XINMINGY 等合成了一系列甲基大环倍半硅氧烷低聚钠盐（Na-MOSS），当添加量为 2 份时，环氧树脂的阻燃性能就有了明显的提高：产烟率峰值和总产烟率比纯环氧树脂分别降低了 50%和 36%，并且介电性能和力学性能也有所改善，比较适合实际生产应用。

5. 金属氢氧化物阻燃剂研究现状

金属氢氧化物的阻燃机理是在燃烧时会吸收大量热量，降低基体材料表面温度；会产生水蒸气，能稀释氧气浓度；某些会在材料表面生成金属氧化物层，进一步起到隔绝热火焰、热量、氧气的作用。大多数具有无卤、稳定性好、制备简单等优点，主要包括氢氧化镁、氢氧化铝、双金属氢氧化物。YUWEIW 等设计了一种含泡沫铝和环氧树脂互穿网络（AFE）的复合材料，该复合材料具有优异的抗弯性和耐腐蚀性。下文以氢氧化镁为例详细介绍这

类阻燃剂的研究现状。

氢氧化镁具有分解温度高、热稳定性好等特点，在生产、使用、废弃的过程中无有害物质排放，并且能中和材料燃烧时产生的酸性和腐蚀性气体，是一种环境友好型阻燃剂。与有机阻燃剂相比，氢氧化镁具有价格低廉、不产生有毒气体的优点。常温制备的氢氧化镁表面带有电荷，具有很高的极性，容易发生团聚，使之表现出“亲水疏油”的特性。在与基体材料共混时，会出现分散性差、难以相容的问题，而且还会对材料的力学性能造成影响。因此，对氢氧化镁表面改性，成了环保型阻燃剂的一个研究方向。氢氧化镁改性大体上可分为超细化改性和表面改性。超细化改性是采用合适的方式将普通氢氧化镁颗粒粉碎，增大其比表面积，从而扩大与基体材料的表面接触面积，改善相容性。MARTAM 等用纳米氢氧化镁加入环氧树脂中，结果表明，当氢氧化镁添加量为 10 份时，材料的热释放速率峰值相较于未改性的环氧树脂下降了 33%，但是扫描电镜结果显示氢氧化镁在环氧树脂中仍有团聚情况产生。

表面改性是氢氧化镁最传统、常见、简单的改性方法，大体上可以分为三类：化学改性法、表面接枝法、胶囊化法。化学改性法是其中最主要的方法，可以分为干法和湿法两类，干法简单，但是效果不如湿法改性；湿法效果好，但是对设备要求高，而且改性剂会随水流失。改性剂的种类大体上可分为偶联剂、表面活性剂和复合改性剂。

偶联剂包括硅烷偶联剂、钛酸酯硅烷偶联剂、铝酸酯硅烷偶联剂，周城等分别用氨基硅烷偶联剂、烷基硅烷偶联剂改性氢氧化镁，得到了两种改性氢氧化镁：H5IV、H5MV，并且用于阻燃低密度聚乙烯，结果表明，使用 H5MV 对 LDPE 的力学性能影响更小，因为烷基链会通过扩散到 LDPE 界面并与其分子链发生缠绕，进而改善了二者之间的相容性。采用 H5IV 改性的 LDPE 具有更好的阻燃效果，因为 H5IV 分子中含有氮元素，起到了协同阻燃的作用，当添加量为 90 份时，相较于未改性聚乙烯，改性后环氧树脂的热释放速率、高温残炭率分别从 879.1 kW/m^2 降低到 220.8 kW/m^2、从 0.4%上升到 32.4%。刘帅东等用铝酸酯偶联剂（CS-311）改性氢氧化镁，扫描电镜结果显示，改性前后氢氧化镁的平均粒径、分散指数分别为 2 742 mm/1 165 mm、

0.347/0.171，证明 CS-311 对氢氧化镁的改性效果良好，并且在乙烯－醋酸乙烯酯中添加量为 150 份时，极限氧指数从 30.8%提升到 35.2%。

表面活性剂包括脂肪酸及其盐类（如硬脂酸、硬脂酸盐、油酸钠）。邢丹等用硬脂酸改性氢氧化镁，研究了同等条件下，改性剂用量、改性时间、改性温度对改性效果的影响，结果表明，当改性剂用量为 4%、反应温度为 80 ℃、改性时间为 90 min 左右时改性效果最佳，此时活化指数达到最高为 93.05%，吸油值、透光率达到最低值分别为 50.02%、60.3%。将改性后的氢氧化镁用于聚丙烯阻燃，实验结果表明，材料的分解温度提高了 90 ℃，残炭率增加到 18%。复合改性剂是将偶联剂和表面活性剂一起使用，达到一种协同改性的效果。李三喜等用硅烷偶联剂 A 和硬脂酸镁复配对氢氧化镁进行改性，当改性剂用量分别为 0.5%/2.5%、改性温度为 80 ℃、改性时间为 2 h 时，改性效果最好，此时活化指数可达 99%以上；后续将该氢氧化镁用于阻燃改性聚乙烯，当氢氧化镁添加量为 35 份时，聚乙烯的极限氧指数从 18.6%提升到 26%。

表面接枝法是将改性剂接枝到氢氧化镁表面形成大分子改性剂，闫闯等利用铝酸酯偶联剂对氢氧化镁做一个初步处理，再分别采用苯乙烯、甲基丙烯酸甲酯进行接枝改性。将改性后的氢氧化镁应用于制备天然胶复合材料，结果发现二者在天然胶中能均匀分散，与天然胶有良好的相容性，并且赋予了其良好的硫化性能。

胶囊化法是将改性剂包覆在氢氧化镁表面，改善表面性质，提高其在基体材料中的相容性。张靖等用纳米聚丙烯酸酯乳液改性纳米氢氧化镁，当改性剂和氢氧化镁质量比为 0.6 时，活化指数达到最大；接触角测试表明，改性后的氢氧化镁表面由“亲水疏油”转变为“亲油疏水”；热重分析显示改性后氢氧化镁的热稳定性与改性之前相比没有明显变化，初始分解温度甚至有所提高。刘犇等采用原位聚合的方法，将三聚氰胺甲醛树脂（MF）包裹在氢氧化镁表面获得改性氢氧化镁（MMH），最后通过熔融共混将其添加到聚乙烯中，探究了 MF 包覆量和 MMH 添加量对聚乙烯阻燃性能的影响。结果发现，添加 MMH 后在极大地改善了材料阻燃性能的同时能够保持材料原有的力学性能。当 MMH 添加量都为 30 份、MF 添加量分别为 15 份、20 份时，聚乙

烯的极限氧指数分别达到了 21.2%、19.4%，可见 MF 的添加量不是越大越好。当 MMH 添加 40 份、MF 添加 15 份时，聚乙烯的极限氧指数达到最大，为 24.7%。

二、磷腈阻燃剂

（一）磷腈化合物的发展

磷腈化合物发展至今，已有 180 多年的历史，如今已被越来越多的人认识。随着生活质量的不断提高，人们对材料的安全性愈加重视，许多问题渐渐浮出水面。我国 20 世纪 80 年代末才开始对磷腈进行研究，90 年代才开始进行深入研究。磷腈包含—P＝N—结构，分为环磷腈和聚磷腈，广泛应用于弹性体、生物医学材料、药物缓释等方面。磷腈含有丰富的氮、磷元素，具有良好的协同阻燃效果，常用于高分子材料阻燃方面。许多线型磷腈聚合物具有优秀的阻燃作用，常用于聚氨酯、环氧树脂等热固性塑料以及亚麻、纯棉等纺织材料。但是，高要求的合成条件和昂贵的成本限制了它的应用与发展，所以目前仍以环三磷腈作为主要阻燃材料。磷腈化合物的阻燃机理为：首先，磷腈分解时会吸收大量的热量，使得基材表面温度降低；其次，受热时放出不可燃气体（如水蒸气、CO_2 等），能稀释氧气和其他可燃气体；再次，磷腈分解后会产生磷酸类物质（如偏磷酸），使聚合物脱水碳化，在基材表面形成碳层，阻止材料进一步燃烧；最后，燃烧生成的 PO•，能捕获火焰中的 H• 和 HO•，从而抑制火焰继续蔓延。

（二）环磷腈的合成与性质

环磷腈分为六氯环和八氯环，结构式如图 3-9 所示，但以六氯环为主。六氯环三磷腈于 1894 年由 J.Liebig 和 F.Whler 首次合成，是一种白色无机化合物晶体，熔点为 112～115 ℃，密度为 1.98 g/cm^3，能溶于多数有机溶剂（比如石油醚类），玻璃化转变温度较低，常温下稳定且主链具有良好的热稳定性。由于磷氮单双键交替的特殊结构，使得环磷腈具有良好的阻燃性能。但是，对材料阻燃效果起到决定性作用的是磷原子取代基的种类和数量，二者赋予了环磷腈结构和功能的多样性。

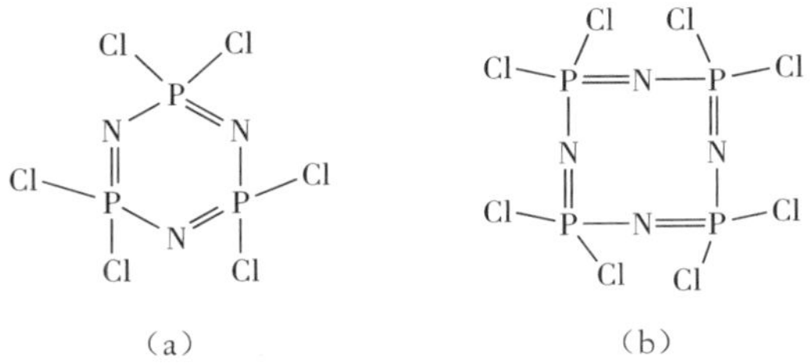

（a）　　　　（b）

图 3-9　环磷腈结构式

（a）六氯环三磷腈；（b）八氯环四磷腈

我国合成六氯环三磷腈的传统方式是用定量的五氯化磷和氯化铵反应，以四氯乙烷为溶剂，在一定温度下加热反应生成，六氯环三磷腈上有六个化学性质活泼的氯原子，在特定条件下容易被亲核试剂取代，形成一系列具有不同侧基的衍生物。图 3-10 为环磷腈的基本取代反应示意图。如果进行混合取代生成环磷腈衍生物，则需要控制反应活性位点，即采用 4+2 反应模式：先与四个基团反应使其失活进行封端，再用亲核试剂与剩余的两个活性位点反应。如果磷腈环上活性位点数大于等于 3，则会形成支化或环簇型磷腈，最终

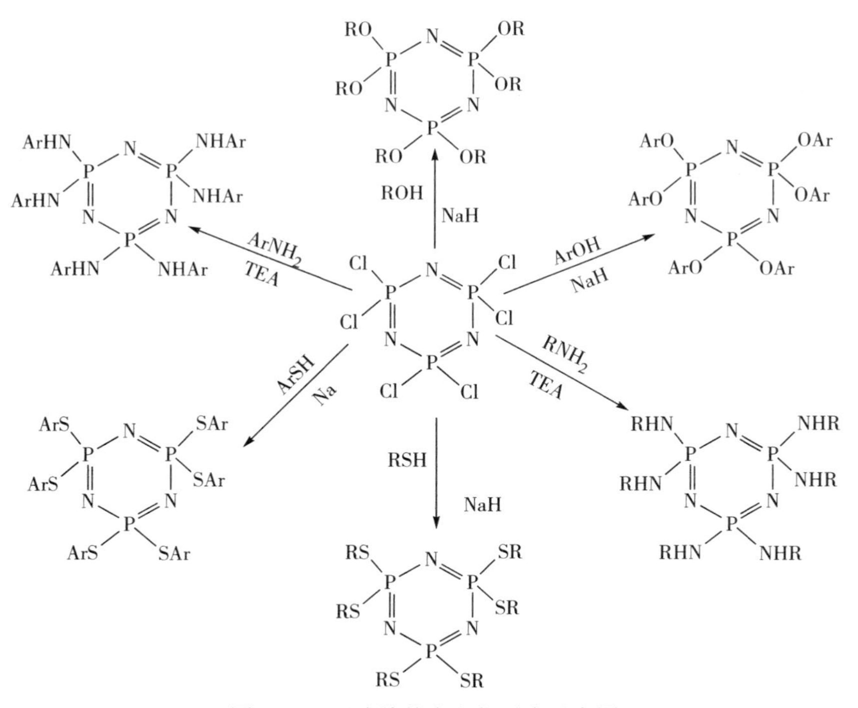

图 3-10　环磷腈基本取代反应示意图

形成含有环磷腈的体型交联聚合物，并且交联密度随活性位点数的增加而增加。

1. 含苯氧基、苯胺基衍生物

苯环结构有利于提高阻燃剂的热稳定性，具有极限氧指数高、排烟量低等特点，而且还能促进材料表面炭层的生成。六苯氧基环磷腈（HPCP，结构式如图 3-11 所示）的合成：当酚与环磷腈反应时，首先由苯酚和金属钠/氢化钠反应制备钠盐，再由苯酚钠作为亲核试剂与环磷腈进行亲核取代，得到目标产物 HPCP 和副产物无机盐。由于位阻的原因，通常会形成非结构型产物。王瑞等用 HPCP 对环氧树脂进行改性，结果发现 HPCP 燃烧时能在环氧树脂表面形成孔洞状的炭化层，起到隔绝热量和氧气的作用，进而达到阻燃的效果。当添加量为 10 份时，环氧树脂的极限氧指数从 20.5%提高到 27%，700 ℃残炭率从 10.93%提高到 15.71%。六苯胺基环磷腈（HACTP，结构式如图 3-12 所示）：环磷腈的取代反应过程中会生成副产物氯化氢，当胺与环磷腈发生反应时，常常会添加有机碱（如三乙胺）作为缚酸剂，与副产物氯化氢反应生成三乙胺盐酸盐，促使反应正向进行，控制胺的添加量可以获得部分取代产物。HACTP 可用于 ABS 等材料，能改善材料的阻燃性能和力学性能。

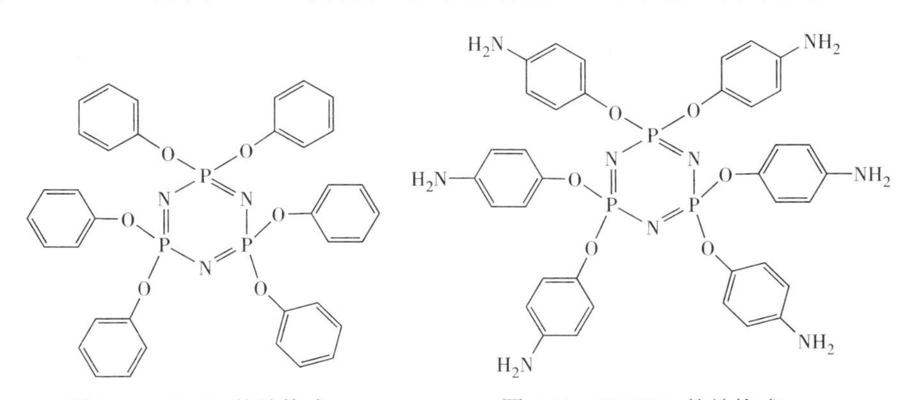

图 3-11　HPCP 的结构式　　图 3-12　HACTP 的结构式

2. 含活泼官能团

（1）不饱和双键

磷腈上的不饱和双键可以基体进行均聚或共聚，形成一种稳定、耐高温的本征型阻燃材料。如图 3-13 所示，在苯基环磷腈上引入丙烯基，合成了具有烯丙基和苯氧基的环磷腈：APPCP，常用于丙烯酸树脂阻燃，当 APPCP 添加量达到 20%时，丙烯酸树脂的极限氧指数达到 31.2%，垂直燃烧等级为 V-0。

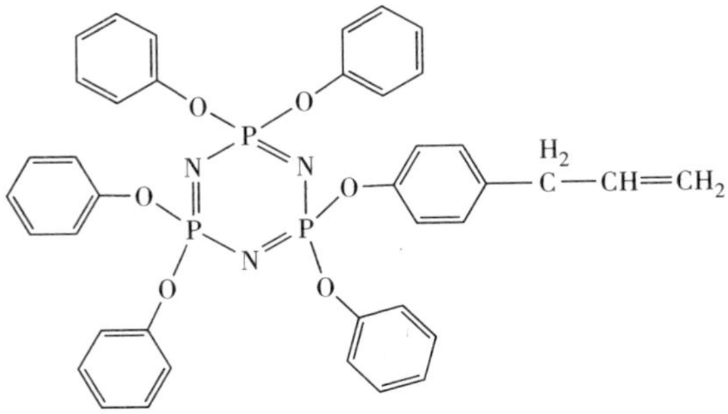

图 3-13　HACTP 的结构式

HACTP 直接在环磷腈上引入丙烯胺合成了丙烯氨基环磷腈（HACTP），结构式如图 3-14 所示，可作为阻燃涂层，能降低材料的燃烧速率和烟雾释放量。

（2）羟基

含羟基的环磷腈衍生物常常用于反应性阻燃剂或其他衍生物的反应中间体，羟基具有较高的化学活性，可提高基体和阻燃剂之间的相容性、材料的稳定性，图 3-15 为六（对羟基苯氧基）环磷腈（HHPCP）的结构式。此类磷腈衍生物在材料中不易迁移，常作为反应性阻燃剂用于环氧树脂。

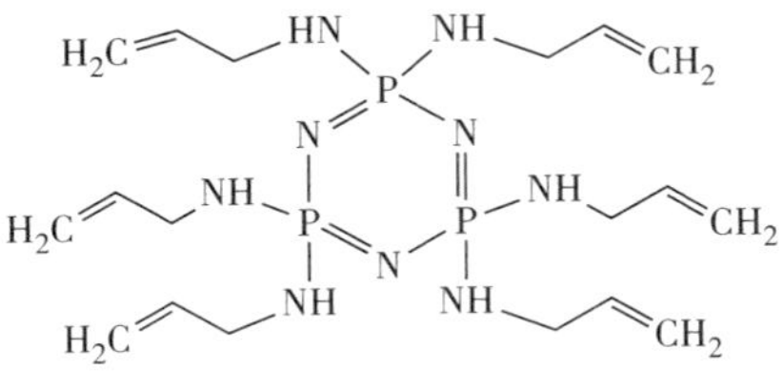

图 3-14　HACTP 的结构式

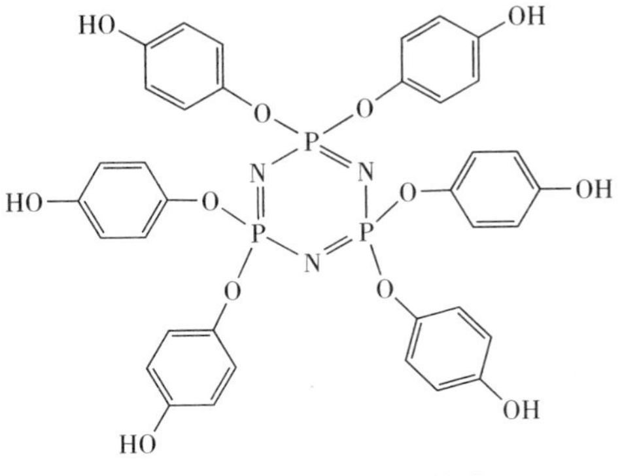

图 3-15　HACTP 的结构式

基磷腈衍生物 HAP-DOPO，结构式如图 3-16 所示，作为反应性阻燃剂，无烟、无毒、阻燃性能持久，具有良好的热稳定性并且能够提高材料的高温

残炭率，可用于多种高分子的阻燃处理。

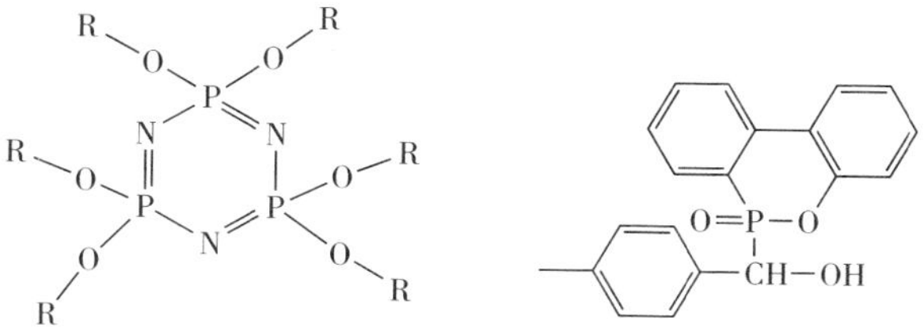

图 3-16　HACTP 的结构式

（3）环氧基

环氧基磷腈衍生物（结构式如图 3-17 所示）常用于环氧树脂的反应性阻燃剂，磷腈基上的磷、氮元素通过凝聚相和气相进行阻燃，环氧基不仅与环氧树脂具有良好的相容性并且能保持材料原有的力学性能。但是，合成这样的树脂需要多步反应，生产成本较高，很少用于工业生产。

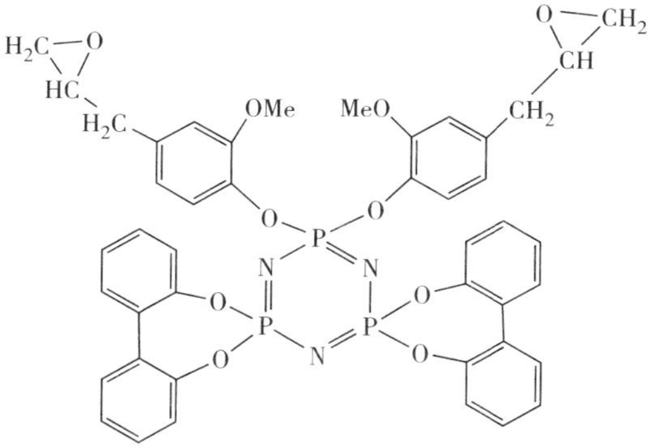

图 3-17　HACTP 的结构式

3. 其他结构

含硅环磷腈大多表现出良好的阻燃性能，其分解生成的 SiO_2 和磷酸类物质在材料表面形成致密的保护层，防止基体进一步氧化。分子中—Si—O—的结构使复合材料具备防水、耐热的特点，并且能够改善材料的加工性能和电气性能。但是由于空间位阻等因素的影响，硅原子可能不会完全取代氯原子，增加了取代反应的难度。且—Si—O—结构会降低阻燃剂和环氧树脂的相容性，并且大多数含硅树脂玻璃化转变温度较低。

（三）磷腈阻燃剂的应用

1. 芳氧基类

王锐等用苯酚钠和环磷腈合成了最简单的芳氧基类环磷腈衍生物 HPCP 用于环氧树脂阻燃，当添加量为 10 份时，材料的极限氧指数可达 27%，比纯环氧树脂提高了 6.5%。RANL 等用两步法合成了反应型阻燃剂六（4-羟基苯氧基）–环磷腈（PN—OH），结构式如图 3-18 所示，并与环氧树脂反应合成了一种新型的阻燃型环氧树脂（PN-EP），再分别用 DDM、DICY、线型酚醛清漆、PMDA 进行固化。实验结果表明，与纯环氧树脂相比，PN-EP 具有更高的玻璃化转变温度和初始分解温度，极限氧指数均大于 30%，用 DICY、线型酚醛清漆、PMDA 固化的树脂垂直燃烧均能达到 V-0 级，用 DDM 固化的树脂垂直燃烧达到 V-1 级。由于苯环结构能提高材料的残炭率，所以研究朝着研究苯环衍生物的方向进行。

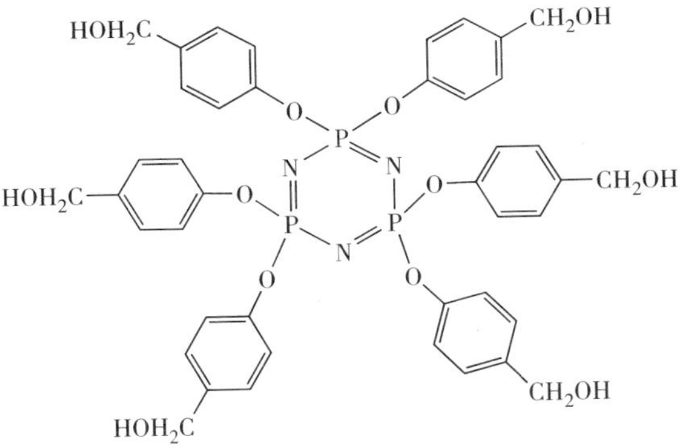

图 3-18　PN—OH 结构式

YONGWEIB 等用苯酚和双酚 A 合成了一种新型的磷腈阻燃剂，结构式如图 3-19 所示，并用于环氧树脂。DSC 分析表明复合材料的玻璃化转变温度超过 150 ℃，阻燃测试表明：极限氧指数大于 29%，垂直燃烧达到 V-0 级，环氧树脂表面覆盖的膨胀炭层能防止燃烧过程中的热传递和火焰扩散。并且与传统的环氧树脂相比，这些热固性塑料具有更高的拉伸强度和弯曲强度，可应用于微电子领域。由于其冲击韧性较低，在某些需要较高冲击韧性的领域应用受到限制。赵春霞等用环磷腈和 4,4′-(9-芴)二苯酚为原料合成了含有芴基

的聚磷腈（PZFP）微球，用于改善双酚 A 型苯并噁嗪树脂（PBa）的阻燃性能，实验结果表明，复合材料的热释放速率（HRR）显著降低，点燃时间（TTI）有所提高，且当 PZFP 添加量为 10 份时，其火灾性能指数比 PBa 高 179.3%。但是，PBa 的玻璃化转变温度和储能模量并没有降低，即复合材料的使用温度保持不变。

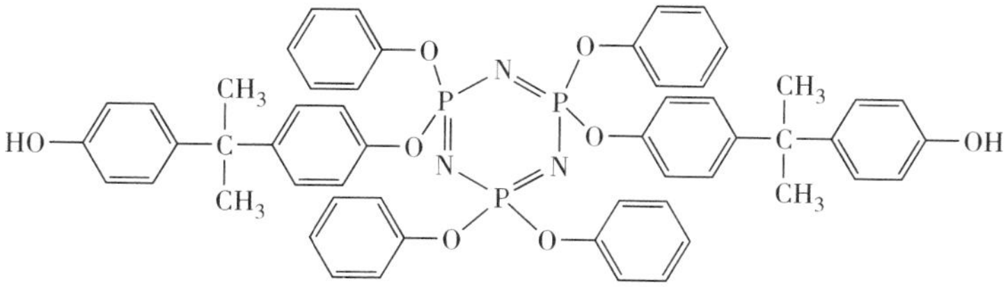

图 3-19　双酚 A 型环磷腈结构式

2. 羧基类

GUANGRUIX 等用环磷腈、对羟基苯甲醛、表氯醇合成了一种新型树脂：缩水甘油基环磷腈（CTP-EP），结构式如图 3-20 所示。材料的极限氧指数超过 30%、垂直燃烧达到 V-0 级，玻璃化转变温度从纯环氧树脂的 155 ℃升高到 167 ℃，并且燃烧后材料表面炭层也更为致密和均匀。根据实验结果可以推出：磷腈基团的引入促进了不可燃气体的释放和高热稳定性炭层的生成，并且 CTP-EP 分子中的芳族也成为了炭层的一部分，但是也存在环氧树脂初始分解温度降低的问题。

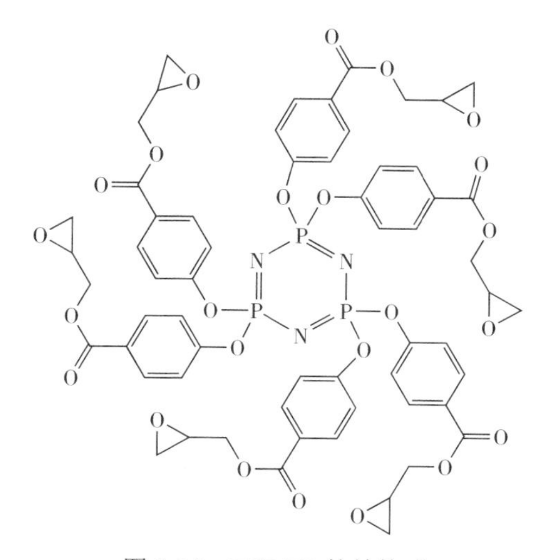

图 3-20　TCP-EP 的结构式

3. 氨基类

毕伟等用三聚氰胺和环磷腈先缩合，再氨化，合成了聚氨基环磷腈（MPHACTPA），结构式如图 3-21 所示，并对环氧树脂进行阻燃改性，最后用脂肪胺进行固化。实验发现，MPHACTPA 在燃烧过程中分解生成的磷酸、偏磷酸、聚磷酸等物质会促使环氧树脂脱水炭化，并在 NH_3、N_2、CO_2 等不可燃气体的作用下形成膨胀性炭层，起到凝聚相阻燃作用。BIOLUH 等则用环磷腈、咪唑、苯并咪唑合成了两种具有荧光性质的磷腈衍生物，该衍生物在电致发光期间领域具有潜在应用价值。

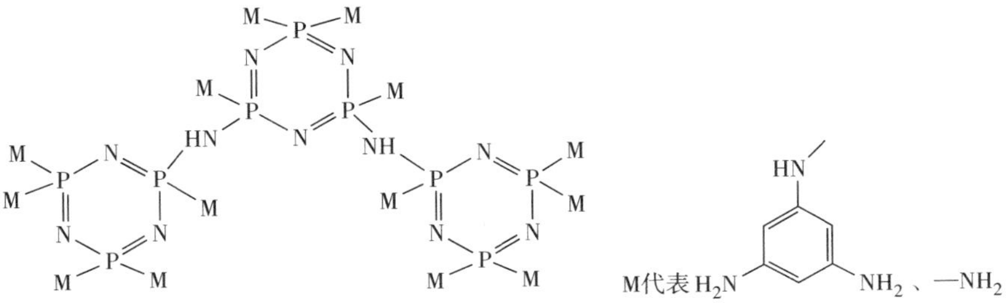

图 3-21　MPHACTPA 结构式

BINGBINGL 等用一步法合成了一种含氰基的环磷腈 CN-CP，结构式如图 3-22 所示，并用于低密度聚乙烯－聚醋酸乙烯酯阻燃改性。JIANS 等用环磷腈、乙二胺、苯酚等合成了一种含氮类螺旋形环磷腈阻燃剂，并且应用于环氧树脂改性时，改性后材料的极限氧指数最大可达 32.54%，垂直燃烧都达到了 V-0 级。

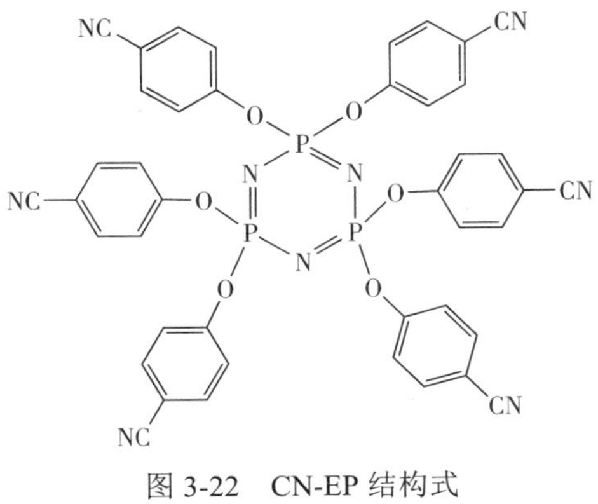

图 3-22　CN-EP 结构式

4. 特殊结构

BINZ 等用双酚 A、苯胺、环磷腈反应，合成了一种新型桥联型的环磷腈阻燃剂：双酚 A 基环磷腈（BPA-BPP），结构式如图 3-23 所示，并用于环氧树脂阻燃改性。实验结果表明，复合材料的极限氧指数为 28.7%、垂直燃烧达到 V-1 级，虽然初始分解温度有所下降，但是高温残炭率有了明显提高。

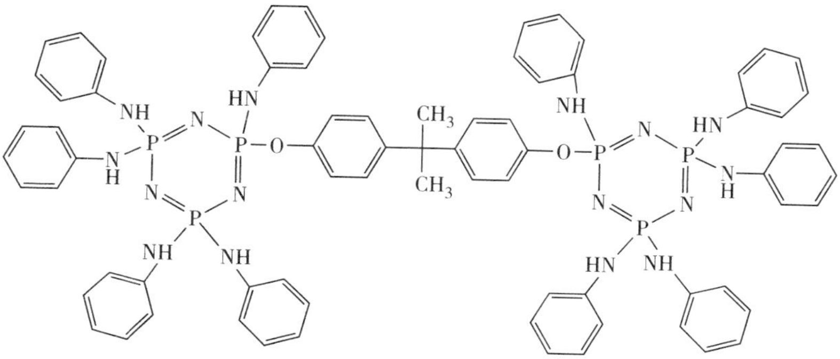

图 3-23　BPA-BPP 结构式

LIJIEQ 等用环磷腈和对硝基苯酚合成端硝基磷腈（HNPCP），再将其还原成端氨基磷腈（HANPCP），最后接枝到带有羧基末端的氧化石墨烯（GO）上，形成了一种新型磷腈阻燃剂 fGO。当 fGO 添加量为 1 份时，改性后环氧树脂的极限氧指数可达到 29.7%，但是垂直燃烧只有 V-1 级。HUANL 等设计合成除了一种基于磷腈的环氧树脂固化体系网络，先用环磷腈和乙二胺生成 1,1′,3,3′,5,5′-三螺环(乙烯－二氨基)-环磷腈（TEDCP），是一种环磷腈前驱体；最后以 2-MI 为交联促进剂，将环氧树脂与不同添加量的 TEDCP 反应，制备出一种磷腈环和环氧树脂构建的网状聚合物热固性体系。当 TEDCP 添加量为 35 份时，热固性树脂的极限氧指数可达 33.6%，垂直燃烧也达到了 V-0 级。

5. 生物废料增强

KRISHNAMOORTHYK 等先将稻壳灰功能化，制备成 3-氨基丙基三甲氧基硅烷功能化稻壳灰（FRHA），再将其与端氨基环磷腈（ATCP）共混，制备成一种新型阻燃剂应用于环氧树脂。结果发现，改性后环氧树脂的阻燃性能有了明显的改善，极限氧指数达到 62%，垂直燃烧达到 V-0 级，并且材料的介电性和疏水性也得到了改善。JIALIH 等用腰果酚和环磷腈合成了一种阻燃型生物基环氧树脂单体（HECarCP），并用 DDM 进行固化。结果发现与 DGEBA 相比，HECarCP 具有良好的阻燃性能：极限氧指数为 33%，垂直燃烧达到了 V-0 级。

6. 与无机物协同

无机纳米粒子强度高、比表面积大，可以利用自身的高强度刚性结构对集体材料进行增强。当刚性纳米粒子与集体材料混合时，相容性越好越容易形成稳定的网状结构，有助于应力传递和均化。SHUILAIQ 等用三聚氰胺和环磷腈合成了 PZMA，并包裹聚磷酸铵（APP），从而获得了一种基于 APP 的有机/无机复配阻燃剂：PZMA@APP。实验数据表明，环氧复合材料的初始降解温度和高温残炭率明显增加，由于交联的聚磷腈部件，阻燃环氧树脂材料显示出优异的阻燃性和抑烟性，当 PZMA@APP 添加量为 10 份时，环氧树脂的极限氧指数为 29%，垂直燃烧达到 V-0 级，玻璃化转变温度提高到了 184.5 ℃；热释放速率峰值（PHRR）、总释放热（THR）、烟生成速率（SPR）分别降低了 75.6%、65.9%、64.3%。材料显示出更高的防火性能且机械性能保持不变。

LIANGHUIA 等合成了一种含有硼元素的新型阻燃剂：CP-6B，结构式如图 3-24 所示，并研究了其在环氧树脂中的阻燃性。实验结果表明，当 CP-6B

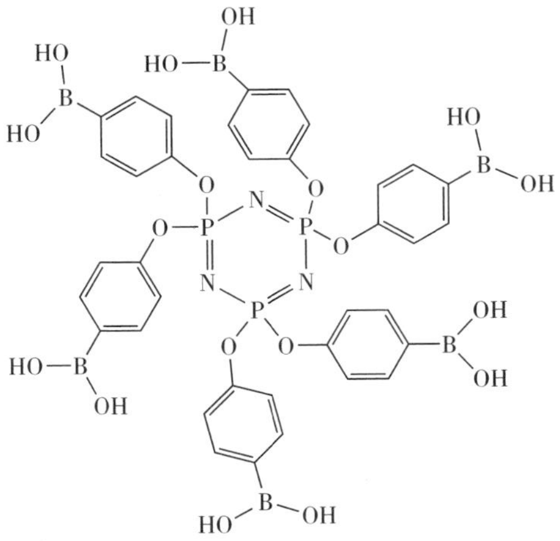

图 3-24　CP-6B 结构式

添加量为 7 份时，环氧树脂的极限氧指数为 32.2%，垂直燃烧达到 V-0 级；PHRR、THR 均有下降。CP-6B 可以诱导硼、氮、磷进行协同阻燃，且在气相和冷凝相中同时起到阻燃作用。随后，用 CP-6B 与氢氧化镁共混用于环氧树脂阻燃，当 CP-6B、氢氧化镁的添加量分别为 3 份、0.5 份时，环氧树脂的极限氧指数为 31.9%，垂直燃烧达到 V-0 级。在保证阻燃效果的同时，降低了 CP-6B 的添加量，并且复合材料的机械性能变化不大。

XIA Z 等用聚磷腈微球（PZS）为模板，通过水热法将纳米 MoS_2 固定在 PZS 微球表面上，称为 PZS@MoS_2。MoS_2 优异的物理屏障作用、PZS 的热稳定性有助于改善环氧树脂复合材料的阻燃性并促进炭层形成。添加量为 3 份时，PHRR 和 THR 分别下降了 41.3%和 30.3%，储能模量从 11.15 GPa 增加到 22.4 GPa，复合材料力学性能的提高主要归因于 PZS@MoS_2 的高刚度，抑制了分子链的运动。

YONGQIAN S 等将八氨基苯基多面体低聚倍半硅氧烷（OapPOSS）和聚磷腈同时用于环氧树脂阻燃改性。聚磷腈可以促进焦炭的形成并释放出不可燃气体（如 CO_2、N_2 等），稀释氧气浓度、冷却热解区；且在降解过程中产生了许多充当自由基清除剂的含磷物质。OapPOSS 可氧化成耐热的 SiO_2 层，防止环氧树脂的进一步降解。通过调节聚磷腈和 OapPOSS 的掺入量，可以降低环氧树脂放热峰值和改变垂直燃烧等级。

TAOGUANG Q 等先将六方氮化硼（BN）用硫酸和硝酸进行表面处理，以改善 BN 表面的浸润性；再用双酚 A 和环磷腈在 BN 表面进行原位缩聚反应合成 PCB-BN,并用于环氧树脂阻燃。实验表明，PCB-BN 的添加量为 20 份时，复合材料的热导率为 0.708 W/（m・k），是纯环氧树脂的 3.7 倍。PCB-BN 使复合材料燃烧时更倾向于形成致密且热稳定的炭，从而提高了阻燃性。并且材料具有优异的电绝缘性和热稳定性，为环氧树脂在微电子封装领域的应用提供了巨大的潜力。环氧树脂作为一类重要的高分子材料，广泛应用于电子电器、土木建筑、航空航天等方面。但是，由于其易燃的缺点极大地限制了其应用潜力。传统的溴系阻燃剂凭借出色的阻燃性能在有机阻燃剂中占据绝对优势，是目前国内使用最多的阻燃体系之一。但是，溴系阻燃剂在燃烧时会产生二噁英等有毒气体，对人体和环境造成极大的危害，在环保方面存在大量争议。因此，开发一种应用于环氧树脂中的无毒、低烟的阻燃剂具有十分重大的研究意义。

环磷腈（HCCP）中氮、磷的协同作用和独特的—P＝N—结构，使其成为良好的无卤阻燃材料；并且磷氯键活泼，容易被亲核试剂取代，使其成为一类重要的无卤阻燃中间体。在特定条件下，容易形成一系列衍生物，该衍生物常作为膨胀型阻燃剂（IFR）用于环氧树脂、聚氨酯等热固性塑料；燃烧时形成酸源、炭源、气体源，在气相和凝聚相中同时起到阻燃作用。

第四节　聚磷腈基复合材料的生物应用

组织工程和药物递送等领域的快速发展扩大了对新型生物材料的需求。可生物降解聚磷腈材料具有灵活多样的分子结构可设计性，生物相容性好，降解产物为无毒或者低毒的磷酸盐、铵盐和氨基酸酯，能被人体的正常代谢排出体外。近年来，可生物降解聚磷腈材料的发展极大地丰富了生物材料的种类。然而，聚磷腈生物材料的制备与应用还存在诸多问题和挑战。第一，基于线型聚磷腈的注射型水凝胶强度低、耐水溶性差，不利于其在组织工程和药物递送领域中的应用，而传统的增强方式是引入具有潜在生物安全隐患的增强剂，会导致生物安全性等新问题。第二，基于环基聚磷腈的生物材料由于引入了具有生物毒性的芳香性有机单体，在材料降解后会产生毒副作用，所以引入生物安全性更高的氨基酸酯来替代芳香性有机单体。第三，引入非芳香性有机单体制备环基聚磷腈纳米颗粒还存在一些未克服的挑战，所以至今没有相关报道。第四，关于环基聚磷腈纳米材料的水解研究还是一个空白领域，使这种生物材料在实际应用中缺乏理论基础。第五，环基聚磷腈高度交联的分子结构限制了其可塑性，使其形貌局限在比较单一的纳米颗粒范畴内，不利于其在复杂环境中的应用。

聚磷腈可以制成特种橡胶、高低温弹性体材料、原子核反应堆工程耐辐射材料、耐低温和耐高温涂料、染料、阻燃材料、液晶、离子交换剂、气体分离膜、离分子电解质、药品和农药、生物医学材料等。合成具有生物学惰性及水不溶性的磷腈聚合物，主要集中在聚氟代烷氧基磷腈和聚芳基磷腈，

可用来制造人工心脏瓣膜、人造血管、假牙、人工皮、新型组织工程支架材料和其他代用器官。将磺胺嘧啶、止痛剂（2-氨基－4-皮考林等）、利尿剂、抗菌剂、麻醉剂（普鲁卡因等）以及多巴胺等连接到聚磷腈上，有利于药物进入体内特定位置及控制药物释放。聚磷腈免疫佐剂是一类以聚磷腈骨架为基础的新型免疫佐剂，在免疫刺激、药物运输性能方面具有其他佐剂无法比拟的优点。用咪唑基、乙氨基、多肽、氨基酸酯等取代的聚磷腈高分子材料具有良好的生物相容性、生物降解性和无毒副作用等，成为人们关注的药物控释材料。将酶连接在聚磷腈上作为连续流动的酶反应器，在生物化学工程方面具有广阔的应用前景。

北京化工大学材料科学与工程学院蔡晴等将甘氨酸乙酯全取代的聚磷腈与聚酯的端羟基进行酯交换制备聚磷腈接枝聚酯共聚物。为得到期望的实验结果，要求聚酯材料具有较好的热稳定性、较低的融体黏度及氨基酸酯取代聚磷腈热稳定性较好。该法适宜制备聚磷腈接枝聚己内酯共聚物，要求聚己内酯的相对分子质量≤8 000。

浙江大学高分子科学与工程学系王洪霞合成了聚(二乙氧基)磷腈(PBEP)和聚（二甘氨酸乙酯）磷腈（PEGP）。利用 IR、NMR、UV、元素分析、差热扫描分析等对产物进行表征。采用体外肝癌细胞和人成纤维细胞培养方法，观察 PEGP 材料表面细胞的黏附、铺展、增殖等情况，证明该材料没有细胞毒性，且具有促进细胞生长能力。对 PEGP 膜表面进行碱解，可增加 PEGP 表面的羧基密度，羧基密度受溶液浓度、反应时间和反应温度的影响。碱解引起材料表面形貌变化，出现微孔，增大粗糙度。碱解后 PEGP 膜的亲水性得到改善。

邓林用三乙胺法和醇钠法制备聚二（2-甲氧基乙氧基）磷腈。由于消耗剩余 P-Cl 的甲胺（或苯胺）可和三乙胺发生胺交换的副反应，三乙胺法难以得到甲氧基乙氧基全取代的聚磷腈；醇钠法可制得全取代聚磷腈。研究醇钠法反应时间对聚合物黏度的影响。利用三甲基碘硅烷对聚磷腈侧基醚键的保护和脱保护反应，将羟基接入到聚磷腈的侧链上。通过特性黏数、H-NMR、IR 等对聚合物进行表征。利用羟基引发内酯单体开环聚合制备聚磷腈接枝聚己内酯共聚物，同样用 H-NMR、IR 及热分析等进行结构表征。朴秀玉将葡萄糖的羟基进行保护，与聚二氯磷腈反应，用强酸脱保护制得侧链含部分葡萄糖基的聚磷腈，通过测量聚合物与植物外源凝集素混合液的透光率变化来研究凝胶化过程，得到适合做胰岛素控制释放的水凝胶，并测试其性能。

上海交通大学医学院制备含1%、5%纳米聚磷腈的聚氨酯材料试件（PZS-1%、PZS-5%组）和硅橡胶软衬材料试件（对照组），进行白色假丝酵母菌和变形链球菌黏附实验。光学显微镜下观察试件表面细菌黏附情况，以菌落形成单位计数法测定各组黏附量。与 PZS-1%和对照组相比，PZS-5%材料表面黏附的白色假丝酵母菌和变形链球菌明显减少。杨永新合成了伯胺类和叔胺类两种阳离子聚磷腈衍生物，用咪唑丙烯酸和半乳糖对伯胺类聚磷腈进行修饰，可增加聚合物的溶酶体逃逸能力和主动靶向能力。表征了聚磷腈衍生物的结构，对聚合物与 DNA 自组装纳米粒的体外特性和转染进行研究，对 DNA 自组装纳米粒与半乳糖修饰聚磷腈在皮下移植瘤小鼠的体内转染进行初步研究。阳离子聚磷腈衍生物及其分子修饰纳米粒均能有效转染报告基因，细胞毒性明显低于对照组。阳离子聚磷腈衍生物在基因递送系统方面展现出广阔的应用前景。

刘建伟制备了聚苯氧基磷腈（PPP），用热失重－红外光谱、裂解－气相色谱－质谱等进行热分解行为和热性能分析。利用静电喷射法将聚苯氧基磷腈制成微球和纤维，阐述其在药物缓释领域的应用，考查相关工艺参数对微球和纤维形貌的影响，找到最佳工艺条件。

由于聚磷腈结构的多样性，使其具有有机高分子难以比拟的优良性能。随着现代科技的飞速发展，聚磷腈正扮演着具有特殊功能新型高分子材料的角色。聚磷腈高分子在生物医学材料领域的应用研究已成为聚磷腈的重要发展方向。目前的研究工作仍然存在如合成方法繁杂、产率低等亟待解决的问题。探讨产率较高、工艺较为简单的合成方法依然是该领域的主要研究方向。另外，在聚磷腈开发应用方面有大量的工作需要完成，不能简单地采用实验室条件下的技术参数，而是要发展一套较为实用的制造和加工工艺，实现聚磷腈功能材料的广泛应用还需要加强基础研究。随着研究的日益深入，聚磷腈功能材料的应用会更加广泛，前景更加广阔。

生物材料在组织工程、医学器件和递药系统中的作用越来越重要。最早

的生物材料可追溯回 2000 年前人类使用的金属牙，以及之后的玻璃眼珠、羊肠线等，但这些粗制的材料只起到了应急的作用。20 世纪中后期，随着合成高分子科学的蓬勃发展，大量高分子材料开始成为人的体外组织和器官的替代品，如甲基丙烯酸甲酯（PMMA）做的假牙基托，醋酸纤维素做的透析袋，涤纶（dacron）做的人工血管，聚氨酯做的人造耳朵，PMMA 和不锈钢复合材料做的全髋关节。也有少量天然高分子如胶原用于人成纤维细胞的体外培养。但是，这些未经过专门医用加工的早期生物材料在生物相容性和生物可降解性等方面还不尽如人意，比如外科手术中使用的手术缝合线无法在伤口愈合后自行降解，存在诸多安全隐患。于是，可生物降解材料应运而生。

1966 年，Kulkarni 等首次报道了聚乳酸（PLA）有良好的生物相容性，并能在动物体内缓慢降解。接着，聚乙交酯、聚乙交酯丙交酯（PLAGA）、聚己内酯（PCL）和聚氨基酸等可生物降解材料接连被开发，极大地弥补了生物材料不降解的缺陷。更为重要的是，这类可生物降解材料的出现催生了几个全新领域，如药物和蛋白质载体的发展，以及组织工程的兴起。与此同时，新领域的推进又对生物材料提出了更多更高的期待，以聚乳酸为主的单一聚酯类可生物降解材料难以满足递药系统和组织工程未来的需求，而且人们开始对聚乳酸水解产物的酸毒性提出了担忧，所以新型生物材料的研发越来越受到关注。

可生物降解聚磷腈的发展极大地丰富了生物材料的种类。其中，宾夕法尼亚大学的 Allcock 课题组在聚磷腈生物材料方面的研究尤为突出，他们证明了聚磷腈满足现代生物材料所必备的三个特点：第一，具备一定的生物功能性；第二，聚磷腈与生物组织有良好的生物相容性，将其引入体内不会引起剧烈的排异反应；第三，可生物降解聚磷腈材料在生理环境中表现出适当的降解速率，降解产物为无毒或者低毒的磷酸盐、铵盐和氨基酸酯，可以被人体的正常代谢排出体外。现如今，聚磷腈材料已逐渐成为新型生物材料的研究热点。

相对于线型聚磷腈，环基聚磷腈的优势在于制备简易、可量化生产，同时继承了磷腈材料的特性。环基聚磷腈按首次报道的时间顺序可划分成两代，第一代以宏观本体材料的形式出现，第二代以微观纳米材料的形式存在。第一代环基聚磷腈材料在 20 世纪 60 年代由 Allcock 等报道，制备方法主要有三种：加成反应、配体重排和缩合反应。所制备的环基聚磷腈因为有超高的交联度和高含量的 P、N 元素因而被开发成了阻燃材料。可是过高的交联度导致本体材料很脆，所以限制了其实际应用，之后第一代环基聚磷腈的研究便很少报道。第二代环基聚磷腈诞生于 2006 年，上海交通大学的唐小真课题组在制备阻燃磷腈小分子时偶然得到了环基聚磷腈的规整纳米管和微球。由于将环基聚磷腈纳米化能够很好地克服其作为本体材料使用时太脆的弱点，使这种新型无机－有机复合的纳米材料在无卤阻燃剂、增强剂、纳米功能涂层、催化剂载体、超疏水表面、染料吸附剂、三硝基甲苯（TNT）和重金属检测探针等领域进行了重要突破。

超顺磁 Fe_3O_4 纳米粒子在磁靶向领域里有着重要应用。但是裸露的 Fe_3O_4 纳米粒子在水溶液中倾向聚集，并有一定的生物毒性。Zhou 等利用 HCCP 与 4,4′-二羟基二苯砜（4,4′-sulfonyldiphenol，BPS）在二氧化硅包覆的 Fe_3O_4 纳米颗粒外继续包覆上一层环基聚磷腈，提高了其生物相容性和水分散性。由于结构的特殊设计用聚磷腈包覆的磁性纳米粒子的磁饱和强度可以提高 10 倍，达到 62.4 emu/g，与外加磁场 70.2 emu/g 相差无几，显示出了高磁响应性能。又由于聚磷腈表面有丰富的活性位点（羟基或氨基），可以通过原位还原法在表面生长金、银、钯等贵金属外壳，从而赋予其催化、导电等特性。

随后，Hu 等将 Fe_3O_4@聚磷腈磁响应纳米粒子用于磁造影（MRI），样品都表现出了良好的成像效果。细胞切片证明该纳米粒子能进入 Hela 细胞，并停留于细胞质部分；细胞活性实验证明该环基聚磷腈纳米颗粒的生物毒性低，纳米粒子浓度高达 50 μg/mL 时细胞活性依然保持在 90%以上。另外，该纳米粒子在 37 ℃水中能缓慢分解成磷酸盐、铵盐和 BPS，在 pH 为 7.0 和 5.5 的缓冲溶液中 100 d 质量损失分别为 37%和 44%。而如果在这种磁靶向纳米颗粒表面生长出一层金壳，就能赋予其癌细胞靶向热疗（纳米金能将近红外能量转化为热能）的功能；这种带有金壳的磁靶向聚磷腈纳米粒子同样具有很好的生物相容性。

使材料表面多级结构化并提高细胞黏附。通过聚磷腈包覆来提高材料生

物相容性的思路还被借鉴到了表面修饰领域。Chen 等用 HCCP 和 BPS 通过原位生长的方法在聚苯乙烯蜂窝膜上制备了多级结构的聚磷腈纳米涂层。该实验证明并提供了一个通用的方法：疏水的表面更有利于聚磷腈纳米颗粒的生长。而通过比较发现，在长有聚磷腈纳米涂层的材料表面细胞呈很好的铺展黏附状态，并通过伪足固定在材料表面上；而在未长有聚磷腈的材料表面细胞黏附量少且呈现球形（spherical）状态。

空心环基聚磷腈颗粒做可荧光监控药物释放的载体。由于环基聚磷腈有很好的水分散性和生物相容性，其在药物载体领域也有所报道。最近，Sun 等利用荧光素和HCCP在二氧化硅纳米颗粒表面包覆了一层环基聚磷腈壳层，然后用氢氟酸刻蚀除去二氧化硅内核后便得到了规整的空心环基聚磷腈纳米颗粒。氮气吸附实验和透射电镜表明该纳米空壳上分布有很多间隙，适合作为阿霉素抗癌药（DOX）的药物载体。有趣的是，由于 DOX 能通过 π-π 相互作用使聚磷腈纳米空壳上的荧光素发生荧光猝灭，所以该纳米颗粒在吸附和释放 DOX 后分别呈现荧光“关”和“开”的效果，让药物释放过程能被直观地观察到。不过关于该纳米空壳本身的降解性能并未作出评价。

第五节　聚磷腈基复合材料的光电应用

聚磷腈—P＝N—主链结构不具备导电性，通过掺杂具有导电性能的粒子或者将具有电荷传输功能取代基连接到主链上，使其具备一定的导电性。研究人员对聚（二乙二醇基单甲醚/双（二甲氧基乙基）胺基）磷腈和聚二（双（二甲氧基乙基）胺基）磷腈掺杂锂盐的电解质电导率进行研究，其电导率可达到 2.71×10^{-8} S/cm 和 4.21×10^{-8} S/cm。Christian 等制备了一种四氟芳基磷酸功能化聚磷腈材料，对其结构进行表征和导电性能进行研究，化合物的导电率在 120 ℃达到 6.58×10^{-5} S/cm。由于该聚合物良好的导电率及—P＝N—结构优异的热稳定性，其有望制备成高温燃料电池膜。Harry 等研究烷基醚基团取代 PDCP 的材料，并将其作为电池的填充材料，研究其对离子液体电导率的影响。基于聚磷腈耐热性的特性，可通过改变侧基的结构，制备具有耐高温特性的导电材料，应用于特殊复合材料的导电。

商业化的锂电池一般添加了液态电解质，能量密度无法满足日益丰富的电子应用，而且有可能会因为电解液的泄漏产生安全问题。因此开发能量密度高、安全性好的电解质迫在眉睫。全固态电解质具有高能量密度、宽电化学窗口和优异的安全性能，可有效替代传统隔膜。固体聚合物电解质（SPE）可以抑制树枝状晶体的形成，并且不存在易燃的液体电解质，因此可以显著提高电池的化学稳定性和安全性能。常用的 SPE 有聚氧化乙烯（PEO）、聚丙烯腈（PAN）等。因 PEO 柔韧性和电极界面相容性好，因而成为应用最多的聚合物电介质基质。但 PEO 结晶度较高，其聚合物链运动受限制，使其室温下的电导率较低。仅有 10^{-6} S/cm，远远达不到理想的电解质室温电导率。结构分析表明，PEO 大分子主链 O 原子上孤对电子可与其他原子配位，因此可采用添加无机填料和锂盐的方法来提高 PEO 电导率。常用的无机填料主要有 Al_2O_3、SiO_2 等，其主要原理是通过降低 PEO 结晶度，提高非晶相的百分比，使 Li^+ 借助活性链段快速移动，改善其离子电导率。

聚磷腈材料属于有机–无机杂化聚合物，通过六氯环三磷腈（HCCP）的聚合得到。HCCP 是一种主链含有交替的 P 和 N 原子平面非共轭六元环、结构独特的有机无机杂化化合物，P 原子上的两个 Cl 原子可以被不同取代基取代，这种独特的化学结构可以赋予 HCCP 各异的性能。由于其丰富的 P 和 N 原子，HCCP 可作为制备阻燃剂的重要原料，赋予阻燃剂优良的阻燃性和电化学性能。此外，纳米无机填料的形态会在一定程度上影响 SPE 的电化学性能。崔屹等研究证实填充纳米纤维的 SPE 比填充纳米球的 SPE 具有更高的 Li^+ 迁移数。崔光磊等提出了“刚柔并济”的聚合物电解质设计思想，他们将玻璃纤维（刚性）和纤维素（柔性）等两种或多种纤维材料复合，复合 SPE 室温下离子电导率高达 6.79×10^{-4} S/cm，拉伸强度为 25.8 MPa。

聚磷腈衍生多孔碳材料为制备杂原子掺杂碳基超级电容器材料提供了新方案。同时聚磷腈的几何结构和化学结构可设计性强，本研究中采用的是纳米线状的三乙胺盐酸盐原位模板制备聚磷腈纳米管，在进一步的研究中可以选用不同结构的模板材料（如球形、多面体型等），可制得不同几何结构的聚磷腈前驱体材料，从而进一步制备具有不同微结构的衍生碳材料，可能会获得电化学性能更加优异的聚磷腈衍生碳电极材料。同样，聚磷腈衍生碳修饰

碳纤维也为制备新型超级电容器用碳纤维电极材料提供了新的思路，为制备多功能储能器件提供了新途径。后续研究中可在上述聚磷腈衍生多孔碳修饰碳纤维的基础上，引入一些新的金属氧化物颗粒，通过提高碳纤维电极额外赝电容行为，进一步改善碳纤维电极及相应的结构超级电容器的电化学电容性能。总之，结构－储能一体化复合材料同时具有承载和储能能力，在高新技术领域具有广泛的应用前景。国内对结构－储能领域上的研究起步较晚，积累较少，还需大量的研究投入。

锂离子电池是目前最为常见的可充电电池，被广泛运用于人们的生活当中。然而，在实际使用过程中，锂离子电池极易在极端环境或使用不当的情况下发生燃烧、爆炸等危险。为了较好地解决这一问题，通常选择在锂离子电池电解液中添加具有阻燃效果的添加剂。环三磷腈及其衍生物的骨架是由磷和氮交替排列所组成，不仅具有磷化物良好的阻燃性能，同时具备氮化物的阻燃增效和协同阻燃效果，在不添加其他辅助阻燃剂的情况下，就具有热稳定性好、无毒、发烟量小、自熄性等优点。因此，在锂离子电池中添加这类物质，成为解决电池安全性的主要方法之一。然而，环三磷腈及其衍生物的纯度对电池体系有很大影响。例如，加入电池中的添加剂若存在六氯环三磷腈等工艺原料，其中的氯将会对电池体系产生较大的腐蚀作用，从而出现一系列的安全问题。因此，对环三磷腈及其衍生物产品进行检测，甚至在环三磷腈及其衍生物的生产过程中对其进行监测实属必要。据文献报道，目前可采用傅里叶变换红外光谱法、核磁共振法、质谱法、色谱法、热分析法等对环三磷腈及其衍生物进行表征。

傅里叶变换红外光谱法是一种根据光谱图中的不同特征峰来检定未知物的官能团、测定化学结构、分析物质纯度等的分析方法。环三磷腈及其衍生物均含有磷和氮交替排列所组成的骨架，因此，傅里叶变换红外光谱法可以快速判断环三磷腈及其衍生物的结构，是测试环三磷腈及其衍生物最常用的分析方法之一。刘生鹏等采用傅里叶变换红外光谱，同时对比六氯环三磷腈的红外光谱图，发现在 525 cm^{-1} 处的 P—Cl 的吸收峰完全消失，证明了六氯环三磷腈上的 Cl 原子基本已经被羟基完全取代，成功制备了一种新型的环三磷腈阻燃剂——三（2,2′-二甲基－1,3-丙二氧基）环三磷腈。高岩立等通过判断红外谱图中的特征峰，证明合成的产品为六苯氧基环三磷腈：1 270 cm^{-1} 为P—N 的吸收峰，1 180 cm^{-1} 为 P＝N 的吸收峰，可以推断存在磷腈杂环；957 cm^{-1}、1 010 cm^{-1}、1 070 cm^{-1} 是 P—O—C 的特征吸收峰；1 594 cm^{-1}、1 484 cm^{-1} 是苯环上的骨架变形振动吸收峰；764 cm^{-1}、688 cm^{-1} 是苯环单取代的弯曲振动吸收峰；510 cm^{-1} 处的 P—Cl 键则完全消失。虽然傅里叶变换红外光谱法能够根据不同特征峰检定未知物的官能团、化学结构，甚至是分析物质的纯度，但存在一定的局限性：即对未知物的纯度要求较高，定量操作也较为繁琐，且在有些情况下需要标准样品。

核磁共振法作为一种十分重要的分析方法，广泛应用于环三磷腈及其衍生物的分析测试中。廖海星等通过核磁谱图，得到了一系列信息和结论：苯环上 Ha、Hb 的峰积分面积相同，而且除溶剂峰外，没有其他种类氢的峰出现，证明合成的化合物较纯净。由于六（4-溴苯氧基）环三磷腈的磷谱只有一个峰，因此可以表明六氯环三磷腈中的 6 个氯原子已完全被对溴苯酚取代，所合成的六（4-溴苯氧基）环三磷腈的纯度较高。宝冬梅等通过对六对醛基苯氧基环三磷腈的 ^{1}H-NMR 谱图分析，发现有 3 种 H 原子，分别是醛基氢和苯环上两个位置的氢；并且不同质子的峰面积与质子数之比基本一致（约为1∶2∶2），表明氢核的化学位移是符合分子结构特征的。黄耿等以二甲基亚砜－d6 为溶剂，得到三（邻氨基苯氧基）环磷腈 ^{31}P-NMR 谱图。谱图显示仅在 $\delta = -43.92\times10^{-6}$ 附近出现强质子峰，说明 3 个磷原子所处的化学环境相同，因此，可以得出结论：邻氨基苯酚在六氯环三磷腈上的取代位置是单一的。核磁共振法虽然可以很好地定性未知物，甚至是定量，但也存在一定的局限性：对所检测的物质的纯度有较高的要求。因此，在有些情况下，单独使用核磁共振法是无法解决定性、定量问题的。

随着科技的发展，质谱成为了纯物质鉴定最有力的工具之一，其中包括相对分子量测定、化学式的确定及结构鉴定等。权英等将合成的物质利用质谱进行分析。虽然当时得出了一系列的信息，甚至得到了分子离子峰，也证明有环状结构存在，但由于当时以磷、氮单键和双键交替排列为骨架的磷腈化合物的质谱数据缺乏，仍未能准确确定物质的结果。王栋等利用 Agilent 6210 质谱仪对六苯胺基环三磷腈进行表征，质谱图显示所测物质相对分子质

量为 647.1，与所计算的相对分子质量 645.66 基本一致，表明合成的物质的分子式应该符合预期。李莉等通过质谱发现其合成的聚氨基环三磷腈的相对分子质量主要分布在 400～1 100 范围内，最大可达 1 700 左右，因此得出结论：合成的物质主要是由氨基环三磷腈的二聚体、三聚体、四聚体和五聚体组成，其中以三聚体为主。刘瑶等通过 Bruker-Esquire 3000 离子阱液相色谱质谱仪的正离子模式对 1,4,7-三氮环修饰的环三磷腈衍生物进行一级及多级检测，探讨其质谱裂解的规律。最终推测 1,4,7-三氮环修饰的环三磷腈衍生物可能的裂解途径是：化合物先后失去 4 个三氮环，形成碎片 m/z1411、m/z1282、m/z1153、m/z1024，最后一并失去 2 个三氮环，生成六对甲基苯氧基环三磷腈，即碎片 m/z855。虽然质谱在纯物质鉴定方面具有优势，但对于同分异构体等是很难判断的。此外，质谱法也很依赖于谱图库，常常需要借助核磁共振法或标准样品进行进一步的判断。

色谱法是一种重要的精确定量分析方法。吕瑞红等建立了一种可直接进样、等度洗脱便可达到较好的分离，峰形规则且出峰时间稳定，具有简便、快捷、精密度好、成本低的反相高效液相色谱外标法。该方法可以用来测定合成聚磷腈高聚物的原料六氯环三磷腈的含量，其线性范围为 4.704×10^{-7}～1.47×10^{-3} g/mL，方法的线性相关系数为 0.999 99，平均回收率为 101.1%，相对标准偏差（RSD）为 2.1%。宋传君等公开了一种将含有六苯氧基环三磷腈的样品溶液通入色谱柱中，采用液相色谱面积归一化法进行检测分析的高效液相检测方法。该方法能够较好地实现对六苯氧基环三磷腈的测定，有利于指导生产过程中对原料及杂质的控制，得到高品质的六苯氧基环三磷腈。刘风华通过气相色谱，对重结晶 5 次并升华后的六氯环三磷腈进行检测，发现其含量可达到 99.83%。色谱法是近期相对使用较多的分析方法，对环三磷腈及其衍生物在定性、定量方面做出了一定的贡献，但也受限于标准样品的获取。

热分析法常被用来分析聚磷腈化合物的热稳定性。董淑玲等采用热重分析仪在氮气环境下，以 10 ℃/min 的升温速率升温至 800 ℃以分析烯丙胺基五苯胺基环三磷腈的热稳定性。发现在 800 ℃时仍有 22.5%的残余物，说明烯丙胺基五苯胺基环三磷腈具有较好的耐热性。同时也证明了不饱和双键的引入可使产物在受热时发生双键聚合反应，该交联结构可以进一步增强产品结构的稳定性。肖啸等在 N_2 气氛下对六对醛基苯氧基环三磷腈进行 DSC 测试，发现六对醛基苯氧基环三磷腈的熔融峰值为 159.5 ℃，并且其熔融半峰宽较窄，证明合成的六对醛基苯氧基环三磷腈的结构规整。李晓丽等通过对比两亲环三磷腈、姜黄素及其载药体系的 DSC 分析曲线，发现两亲环三磷腈有序排列，形成结晶态的能力较强，而姜黄素在被包载的过程中不能有序生长成晶态结构，从而可以大大提高其生物利用度。热分析法可以较好地分析环三磷腈及其衍生物的热性能，但无法准确定性、定量该物质，需要结合其他表征手段进行整体性的判断。

元素分析法是研究有机化合物中元素组成的化学分析方法，一般是通过元素分析仪测试待测样品。首先鉴定有机化合物中含有哪些元素，再测定有机化合物中这些元素的百分含量，通过实测值与理论值对比来判断待测样品的分子式。宝冬梅等对其合成的六（4-硝基苯氧基）环三磷腈、六氯环三磷腈，高坡等对其合成的六氯环三磷腈基类聚合物，吴祥雯等对其利用一种改进方法合成的六（4-硝基酚氧）环三磷腈都采用了该分析方法来判断样品的分子式。

X 射线衍射法已经成为最基本、最重要的一种结构测试手段。唐安斌等利用 X 射线衍射法对六苯氧基取代环磷腈进行测试，发现分子结构具有很好的对称性，容易形成排列规整的晶体。张心愿等以六氯环三磷腈和 4,4′-二氨基二苯砜为单体，制备了单分散的聚（环三磷腈 – co-4,4′-二氨基二苯砜）微球，通过 X 射线衍射法发现合成的微球在整体上表现为高度交联的非晶态结构。

其他表征方法。随着环三磷腈及其衍生物被广泛应用在各类产品中，人们对其各个方面的研究以及探索也越来越深入。环三磷腈及其衍生物在不同应用场景有着不同的使用要求，因此，熔点仪法、氧指数法、扫描电子显微镜测试、拉曼光谱等分析手段被用来研究环三磷腈及其衍生物在不同应用场景下的性能。

环三磷腈及其衍生物是锂离子电池中常用的添加剂，其纯度对电池体系有很大影响。因此，对环三磷腈及其衍生物产品进行检测，以及在环三磷腈

及其衍生物的生产过程中对其进行监测是非常重要的。随着科技的发展，越来越多的表征手段被用于检测环三磷腈及其衍生物，有利于研究、了解环三磷腈及其衍生物结构与性能的相互关系。但是，单一的表征手段有时候只能作为体现样品的某一个特征，并不能准确、完整地体现样品的特性及结构特点。因此，在未来的研究中，应该尝试使用多种表征手段探索同一样品，利用测试得出的结果相互验证，最终得出准确、可靠的结论。同时，环三磷腈及其衍生物被应用的场景也越来越多，对于其在各个领域所需的独有性能，也需要进一步去探索和研究。

第四章

聚磷腈微纳米材料的制备及应用

第一节　聚磷腈微纳米材料

一、纳米材料的概念及发展历史

（一）纳米材料的概念

在三维空间中，在一个维度上为纳米尺度，或者维度上具有纳米尺度的基本单元组成的材料便称为纳米材料。纳米材料常具有一些独特的性质。例如，大的比表面积、多的表面原子数、高的表面能及表面张力等，并随粒径的减小会发生急剧变化，同时，还具有小尺寸效应、量子尺寸效应、表面效应、宏观量子隧道效应等特点，这使其在光学、电学、磁性等许多物理及化学方面都显示出特殊的性能，表现出许多不同于常规宏观物体的、独特的物理及化学特性，从而在催化、感应器件、能源等许多领域展现出巨大的应用潜力，从而成为近些年来研究的热点之一。按化学构成，纳米材料可分为金属纳米材料、氧化物纳米材料、聚合物纳米材料和碳纳米材料等[15]。

（二）纳米材料的发展历史

近几十年来，纳米材料和纳米技术发展快速，但纳米材料最早的实际应用可追溯至我国一千多年前，古人作为墨的原料及染料所收集的炭黑，应是最早的纳米材料。另外，我国古人所制备的铜镜可以长久不发生锈钝，后经检测发现铜镜表面具有一层纳米氧化锡颗粒构成的薄膜。在千年前，人们在不知道纳米材料的概念时便不知不觉地将其应用于生活中，直到近代，人们

方才确立了纳米材料的概念，发展了丰富多彩的、功能多样的纳米材料。而纳米材料的发展可以主要分为以下几个阶段。

18 世纪中叶，随着胶体化学的建立，科学家们开始对直径为 1～100 nm 的粒子系统进行研究，即所谓的胶体溶液。事实上这种胶体体系就是现在我们所熟知的纳米溶胶。1962 年，日本物理学家久保（Kubo）等通过研究金属超微粒子，提出了著名的超微颗粒的量子限制理论或量子限域的久保理论，从而推动了物理学家向纳米尺度的微粒进行深入探索。

20 世纪七八十年代，人们探索采用各种方法来制备不同材料的纳米粉末、薄膜、合成块体，研究评估表征纳米材料的新方法，以及探索纳米材料有别于常规材料的特殊性，对一些纳米颗粒的形态、结构和特性进行比较系统的研究，而且久保理论也逐渐更加完善，用量子尺寸效应可以成功地来解释超微颗粒所具有的一些特性。1984 年，德国萨尔大学 Gleiter 教授等采用惰性气体凝聚法首次制备了表面清洁的纳米粒子，并在真空下进行原位加压、烧结，得到纳米微晶块体；并随后提出了纳米材料的界面结构模型，后来还发现 CaF_2 纳米离子晶体、TiO_2 纳米陶瓷在室温下表现出良好的韧性，为陶瓷增韧找到了新的途径。1985 年，英国克罗托（Kroto）首次采用激光汽化蒸发石墨的方法制得了碳原子簇结构的 C_{60}，它具有普通碳材料所不具有的特性。例如，纯的固体 C_{60} 为绝缘体，但碱金属掺杂后就具有良好的导电性，可与金属相比；C_{60} 在低温下还呈现铁磁性。这使人们慢慢地知道，与宏观物体不同，当制备的材料为纳米尺度大小时，会表现出很多不同的特异性质，这为未来研究和发展新型材料提供了新的领域，也为纳米材料这一门新兴学科的诞生打下了基础。

1990 年 7 月，在国际第一届纳米科学技术学术会议上，正式把纳米材料作为材料科学的一个新的分支，并统一了概念，提出了纳米材料学、纳米生物学、纳米电子学等有关纳米材料的一些概念。1990 年以后，纳米材料得到了非常快速的发展，其制备方法越来越多，结构越来越丰富，应用领域也越来越广泛，吸引着更多人们的关注。同时，纳米颗粒、原子团簇、纳米管、纳米纤维、纳米膜以及将其作为基本单元，在一维、二维和三维空间组装排列成具有纳米结构的纳米组装体系。

二、聚合物纳米材料

在过去的几十年中，纳米材料科学与技术已得到快速的发展，许许多多的纳米材料被制备出来并应用于各个领域。其中，聚合物纳米材料作为一种重要的有机纳米材料，其既种类繁多，结构多样，还多富含大量的官能团，并易于功能化修饰，从而在生物医学、催化、能源和环境等领域具有巨大的研究价值和应用价值，因而吸引了无数科研人员的研究兴趣，是纳米材料领域的重要研究方向之一。聚合物纳米材料按照空间维度可主要分为三种：一是零维的纳米微粒和微球，如聚乙烯基吡啶纳米球、聚苯乙烯微球、聚酰亚胺微球、聚多巴胺微球等；二是一维的纳米管和纳米线，如聚己内酯纳米管和纳米线、聚二乙烯苯纳米管、聚酰亚胺纳米线等；三是二维的纳米片和纳米膜，如聚乙烯纳米片、聚甲基丙烯酸甲酯/多聚糖纳米膜等。在这里，我们主要对低维度下的聚合物微球和聚合物纳米管的制备方法及聚合物纳米材料的应用进展进行简单概述。

（一）聚合物微球的制备方法

广义上来说，直径在纳米级或者微米级，形状为球形或者类似几何体的高分子材料或高分子复合材料，均被称为高分子微球，即聚合物微球，其形貌、结构多种多样。近些年来，其在能源、环境、化工、电子器件等高端领域表现出巨大的应用前景，因此，聚合物微球制备的技术和应用的发展进入到一个新的研究热潮。目前，聚合物微球的制备方法有很多，而不同的方法可以制备出具有不同粒径的聚合物微球。这里，我们根据原料的不同，将高分子微球的制备方法主要分为两个途径：一是“由下往上”，既以单体为原料来制备高分子微球，如乳液聚合法、沉淀聚合、种子聚合等；二是“由上往下”，即以聚合物作为原料制备高分子微球，主要有喷雾干燥法、乳液固化法、均相聚合物沉淀法、凝聚法等。特别是第一种方法，由单体为原料制备高分子微球，其聚合机理较为成熟，且制备的聚合物微球粒径均一，因而使用更加频繁与广泛。这里，主要对其以下几种方法进行概述，具体如下。

1. 乳液聚合法

乳液聚合法为最常用的制备聚合物微球的方法，其聚合体系主要由具有疏水性的单体、分散媒介（多为水）、乳化剂以及水溶性引发剂等共同组成。乳液聚合法的主要优点是聚合速度快，粒径均匀。

Daoben Hua 等以苯乙烯和二乙烯基苯作为聚合单体，聚(3-[2-(丙烯酰氧基)乙氧基]-3-丙酰苯基磷酸－b-聚苯乙烯)作为两亲性的乳化剂，通过一步乳液聚合制备了苯基磷酸功能化修饰的聚苯乙烯（PS）微球。微球具有单分散性和明显的核壳结构，直径约为 300 nm。DezhiXu 等以苯乙烯为聚合单体，水为分散介质，β-环糊精作为表面活性剂，在 γ 射线引发下制备了 β-环糊精包覆的聚苯乙烯微球；并且随着 β-环糊精与单体苯乙烯的质量比由 5%提高到 12.5%，聚苯乙烯微球的平均粒径由 196 nm 增加到 294 nm。

2. 无皂乳液聚合法

与乳液聚合法不同，无皂乳液聚合法（soap-free emulsion polymerization）是指在聚合体系中完全不含有乳化剂或者仅仅含有很微量的乳化剂。无皂乳液聚合方法的优点是可以制备出在表面含有亲水性基团的微球及核壳型疏水性－亲水性微球。

Koji Nakabayashi 等首先对水和单体甲基丙烯酸甲酯反应体系进行超声乳化，然后通过无皂乳液聚合法制备了聚甲基丙烯酸甲酯（PMMA）微球，并通过控制超声可以控制 PMMA 微球的尺寸。Manolis D.Tzirakis 等也在超声辅助下，通过无皂乳液聚合制备了小于 100 nm 的聚（苯乙烯－co-二乙烯基苯）微球。Coagulative Nucleation 等通过无皂乳液聚合法制备了聚苯乙烯微球，并对微球形成的四个阶段（初始阶段、初级微粒的形成、凝聚形成二级微粒、微粒成长）中二级微粒的形成过程进行了研究，证明了二级微粒是由初级微粒间的聚集形成的。

3. 悬浮聚合法

悬浮聚合（suspension polymerization）的反应体系主要由聚合单体、分散介质、稳定剂和引发剂共同构成。单体在悬浮于分散相中的、含有引发剂和单体的液滴中发生聚合，而稳定剂则吸附在液滴的表面而为其提供稳定。此方法操作简单，还能将功能性物质埋在微球内，因而也是一种常使用来制备聚合物微球的方法。Lingli Duan 等以 SiO_2 粒子作为稳定剂，甲苯作为分散相，通过悬浮聚合法，制备了聚（N-异丙基丙烯酰胺）微球。T.Suzuki 等通过一步悬浮聚合制备类似摇铃状的聚合物微粒。Tianqiang Wang 等以辛酸亚锡作为催化剂，在超临界 CO_2 条件下，通过悬浮聚合法制备了球形的聚（乙交酯-co-对二氧环己酮）微粒。

4. 沉淀聚合法

与上述方法不同，沉淀聚合法是将聚合单体及引发剂先溶于反应媒介，再发生聚合，聚合所形成的聚合物并不溶于反应媒介，从反应体系中沉淀出来形成聚合物微球。它的优点是制备的聚合物微球粒径均匀，洁净，同时操作简单。JingshuaiJiang 等通过原子转移自由基沉淀聚合制备了单分散的、高度交联的聚合物微球，并研究了聚合参数对聚合物微球形貌的影响和微粒生长机制。FredrikLimé等通过光引发沉淀聚合法在不同的反应溶剂中制备了高度交联的聚二乙烯基苯微球和聚（二乙烯基苯-co-2,3′-环氧丙基甲基丙烯酸酯）微球。Guoliang Li 等还通过沉淀聚合法制备了中空的聚（N-乙烯基咔唑）微球。

5. 分散聚合法

聚合反应体系为由聚合单体，引发剂以及稳定剂溶于溶剂形成的均相溶液，但聚合后形成的聚合物并不溶于溶剂，稳定剂吸附在微球表面使微球稳定，这是分散聚合法。Daisuke Suzuki 等首次以聚（N-异丙基丙烯酰胺）凝胶粒子为稳定剂，通过分散聚合法制备了聚苯乙烯微粒。Qing Yan 等以乙酸代替常用的乙腈作为溶剂，二乙烯基苯为聚合单体，偶氮二异丁腈为微球的稳定剂，通过分散聚合法制备了聚二乙烯基苯微球。Lisa Houillot 等以嵌段共聚物作为稳定剂，通过分散聚合的方法制备了聚丙烯酸甲酯（PMMA）微球。

6. 种子聚合法

种子聚合法是指聚合反应体系由种子微球、聚合单体、分散相、引发剂和稳定剂等组成。当采用上述聚合方法不能直接获得所需要的尺寸和形态的微球时，一般多需要利用种子聚合法制备聚合物微球。Jinfeng Yuan 等以聚偏氟乙烯（PVDF）微粒作为种子，苯乙烯（St）在种子表面无皂乳液聚合的方

法制备了非对称性聚偏氟乙烯/聚苯乙烯复合乳胶粒子，并且发现 St 与 PVDF 的比例、聚合温度和 Cu(0)纳米线的长短对非对称球的形貌均有影响。Mingchao Zhao 等以核壳结构的聚苯乙烯－co－聚甲基丙酰酸微球作为种子，通过种子乳液聚合法制备了具有 Yolk 结构的 200 nm 聚合物微球，其以交联聚苯乙烯为核，交联聚（苯乙烯－co－丙烯酰胺）为壳。Sukanya Nuasaen 等使用聚（苯乙烯－co－丙烯酸）为种子微球，并用甲基丙基酸甲酯和二乙烯基苯为反应单体，利用种子乳液聚合的方法获得了具有中空结构的聚合物乳胶粒子。MuYang 等以聚苯乙烯微球为种子，通过种子溶胀聚合法制备了海胆状的聚苯乙烯/聚苯胺复合微球。

（二）聚合物纳米管的制备方法

聚合物纳米管作为一维纳米材料重要的一部分，由于其将纳米尺寸效应、大的长径比以及独特的管状结构与聚合物所具有的优异特性相结合在一起，使其在纳米器件、催化剂载体、纳米反应器和药物缓释等方面具有潜在的应用价值，因而聚合物纳米管一直是全球科研人员关注的一个热点。目前，已报道的聚合物纳米管的制备方法主要有两种：模板法和自组装法。其中，模板法又可分为多孔模板法和线模板法。

1. 线模板法线

模板法是将有机或无机纳米纤维及纳米棒用作模板，聚合物在其表面进行涂敷，或者单体在模板表面发生聚合，形成核－壳结构，然后去除模板来制备出聚合物纳米管。一般常用聚合物纳米线、金属纳米线及氧化物纳米线等作为模板，而后通过化学沉积技术，如化学气相沉积、物理气相沉积、喷雾法等，聚合物在模板表面形成一层纳米膜，然后用溶剂或热解除去模板既得聚合物纳米管。如果模板为多孔纳米纤维，可制得多孔聚合物纳米管。

Zi-Long Wang 等以 ZnO 纳米棒阵列作为模板，通过电化学聚合沉积法将聚吡咯和聚苯胺逐层包裹在纳米棒表面，形成双层聚合物膜，再经 28%的氨水处理 2 h 除去 ZnO 模板，制备了具有双层结构的聚吡咯/聚苯胺纳米管阵列。Hong Dong 等以静电纺丝制备聚乳酸（PLA）纳米线为模板，将 PLA 纳米线

分散于含有苯胺的溶液，苯胺发生聚合包裹在纳米线表面，除去模板后制得了亚微米级的聚苯胺纳米管。另外，碳纳米管（CNT）也被许多人作为模板来制备聚合物/CNT 复合纳米管。如 Donghui Zhang 等用溶剂共混法制备了聚（L-乳酸）/MWCNT 复合纳米管。Zehui Yang 等也用溶剂共混法烘干制得聚吡咯烷酮/MWCNT 复合纳米管。Li Li 等通过原位聚合的方法制备了聚苯胺/MWCNT 复合纳米管，在 MWCNT 存在下，苯胺发生化学氧化聚合并沉积于多壁碳纳米管的表面，通过调节聚合单体苯胺和多壁碳纳米管的比例，可调节聚苯胺壳层的厚度。

2. 多孔模板法

与线模板法不同，多孔膜板法所使用的是具有有序纳米孔道的多孔模板，如多孔聚碳酸酯、多孔 Al_2O_3 和多孔 SiO_2 等，沉积方法主要有化学气相沉积聚合法、原位聚合法、溶液浸渍法及熔融润湿法等。其原理是由于多孔膜板的孔道具有高的表面能，聚合物经熔融或配成溶液可以润湿孔道，并在其表面形成均匀的聚合物膜，然后经溶剂蒸发，可以阻止孔道被聚合物完全填充，除去模板便可获得所需的聚合物纳米管。

Paul M.DiCarmine 等以多孔氧化铝为模板，经电化学聚合法制备了聚噻吩纳米管，并且发现噻吩的聚合速率对纳米管的形貌具有重大影响，通过改变聚合速率可控制聚噻吩纳米管的形貌。Kyungkon Kim 等以多孔氧化铝和多孔聚碳酸酯作为模板，通过化学气相聚合法制备了聚对苯基乙炔纳米管。Shane Moynihan 等以多孔氧化铝为模板，通过溶液浸渍法，在范德华力驱动下溶液快速润湿孔道表面，再经溶剂挥发后，制备了高度有序的聚芴纳米管阵列。Martin Steinhart 等以多孔氧化铝为模板，通过溶液浸渍法和熔融润湿法均制备了聚偏氟乙烯纳米管，并对比发现，溶液浸渍法制备的聚偏氟乙烯的结晶性差，而使用熔融润湿法制备的聚偏氟乙烯具有良好的结晶性。Long-Biao Huang 等以多孔氧化铝为模板，通过熔融润湿法制备了聚（3-己基噻吩）纳米管，并通过控制润湿过程控制纳米管的长径比。

3. 自组装法

自组装法是指在带有的亲水性或者疏水性基团的掺杂剂的作用下，聚合物单体形成了管状的胶束，它具有类似模板的作用，然后单体在管状的胶束

上发生聚合形成纳米尺寸的、管状的聚合物。其优点是适合制备直径较小的聚合物纳米管。Guoming Sun 等报道了具有亲水性的右旋糖酐衍生均聚物通过静电相互作用进行自组装制备了聚合物纳米管。Jingwen Liao 等报道了吡咯发生电化学聚合后进行自组装制备了聚吡咯纳米管阵列，并证明了吡咯在导电基质上的扩散行为对聚吡咯纳米管阵列的大面积制备具有重大影响。Jose Raez 等报道了嵌段共聚物聚（二茂铁基矽烷–b-硅氧烷）通过自组装形成了管状结构的聚合物。

（三）聚合物纳米材料的应用概述

近些年来，人们利用上述各种制备方法，制备了很多不同种类的、不同结构的、不同形貌的纳米聚合物材料。同时，利用聚合物所特有的优势，与其他聚合物、金属微粒、氧化物、碳等材料互相结合，制备了聚合物复合纳米材料。另外，还以制备的聚合物纳米材料（纳米聚合物材料和聚合物复合纳米材料）作为碳前躯体，来制备了不同结构、不同形貌的碳纳米材料。利用其优异的物理化学特性，聚合物纳米材料和其衍生的碳纳米材料被应用于催化、能源、生物、医药等领域。这里，我们对近些年来聚合物纳米材料及其衍生碳纳米材料的应用进行简单的概述。

1. 催化材料

聚合物纳米材料常与 Au、Ag、Cu 等金属粒子结合制备具有催化活性的聚合物复合纳米材料，其可用作异相催化剂应用到工业催化、环境处理等方面。同时基于聚合物纳米材料制备的碳纳米材料既可作为载体制备出负载型催化剂，还可作为电化学催化剂应用于甲醇燃料电池、非金属催化等许多方面。

Yunxing Li 等制备了 Au-Pt 复合微粒修饰聚苯乙烯微球，并在水反应体系、空气气氛下催化苯基乙醇氧化反应中表现出了良好的催化活性。Baoji Hu 等通过交联的二乙烯苯与离子液体共聚制备了高度交联的聚合物微球，并用种子生长法在表面负载有 Pd/Au 复合微粒，在催化环己烯加氢反应中表现出良好的协同作用。

Minchao Zhang 等通过一步无皂乳液聚合制备了具有核壳结构的聚合物

纳米球 PS-co-PGMA-IDA，然后将 Pd 纳米微粒固定在具有 pH 响应性的壳层 PGMA-IDA 中，并将其作为高效催化剂应用于以水为溶剂的 Suzuki 反应，并可通过调节 pH 回收催化剂。Shokyoku Kanaoka 等制备了具有热响应性的星状聚合物，修饰 Au 纳米微粒后可应用于催化醇氧化反应，并可通过调节温度来回收催化剂。Shouhu Xuan 等制备了核壳结构的 Fe_3O_4@聚苯胺@Au 复合微球，在 $NaBH_4$ 存在下催化亚甲基蓝还原，表现出良好的催化活性，并可在外加磁场作用下快速回收。G.A.Ferrero 等以聚吡咯为碳源制备了孔径可调的 N 掺杂的碳微球，将其作为催化剂来催化氧化还原反应（ORR），并研究了碳球孔径大小对其催化性能的影响，结果表明，与微孔微球相比，介孔微球表现出更高的催化活性。

Yangming Lin 等用水热法和低温煅烧处理，制备了聚苯胺/TiO_2 复合纳米材料，并研究了其在光催化降解亚甲基橙和对氯苯酚中的应用，结果发现制备的聚苯胺/TiO_2 复合纳米材料具有良好的催化活性，并高于单独的 TiO_2，可应用于光降解有机污染物方面。

2. 生物、医学领域

有些聚合物纳米材料具有良好的生物相容性及可生物分解等优异特性，因而可以很好地应用到生物和医学领域的光热治疗、DNA 检测等方面。目前，聚合物纳米材料已广泛地应用于检测诊断、光热治疗、药物治疗等方面。

Xiaomiao Feng 等报道了以空心聚苯胺微球为载体制备了聚苯胺/Au 复合微球，并将其应用于多巴胺的检测。Se-Hwa Kim 等制备了包裹有辣根过氧化物酶（HRP）的聚乙二醇微球并应于 H_2O_2 的检测，发现聚乙二醇的存在并未影响到酶的活性，可应用于检测细胞所产生的 H_2O_2。Xiangsheng Liu 等用聚乙二醇修饰 Au 纳米棒复合纳米材料，其细胞毒性非常低，在体外可高效地消融掉癌细胞，并在血浆中具有长的循环时间，有利于药物积累，而将其注入体内后经一次近红外激光辐射光热治疗，癌细胞彻底治愈并且没有复发。

Wei-Hong Jian 等制备了由吲哚菁绿（ICG）、聚乙烯亚胺（PEI）和聚（乳酸–co-羟基乙酸）-b-聚乙二醇纳米微粒共同组成的聚合物纳米胶束，并可用

于癌细胞的成像及光热治疗方面。Da Zhang 等制备了经二氢卟吩 e6 修饰的聚多巴胺纳米球（PDA-Ce6）。与单独的二氢卟吩 e6 相比，在 670 nm 辐射下肿瘤细胞的光能治疗中 PDA-Ce6 效率更高，而且 PDA-Ce6 还可在 808 nm 辐射下对肿瘤细胞进行光热治疗。Hua Zhang 等在胆酸引发下 ε-己内酯发生开环聚合形成胆酸修饰的支化聚（ε-己内酯），然后分别通过熔融超声分散法和熔融乳液法制备了载有药物的聚合物纳米球及微球。通过体外药物释放研究表明，聚合物分子量较大会导致药物释放缓慢，并且证明了制备的纳米球和微球可以缓慢持续释放药物。

3. 能源领域

聚合物纳米材料中的导电聚合物、聚合物复合纳米材料及以其为碳源制备的碳纳米材料可作为电极材料，在超级电容器、锂离子电池、燃料电池等能源领域具有广阔的应用空间。

An-Liang Wang 等以氧化锌纳米线阵列作为模板，制备了类似三明治结构的 Pd/PANI/Pd 复合纳米管阵列，并将其作为电化学催化剂应用于燃料电池，与纯 Pd 纳米管阵列及商用的 Pd/C 相比，Pd/PANI/Pd 具有更好的催化活性。Kai Zhang 等在氧化石墨烯存在下，通过单体苯胺的原位聚合，制备了具有均匀结构的石墨烯/聚苯胺纳米纤维复合材料，作为超级电容器电极材料，其表现出高的比电容和良好的循环稳定性。

Wenhe Xie 等首先通过静电纺丝的方法制备了 Fe_3O_4@SnO_2@聚多巴胺同轴纳米纤维，然后经炭化处理，聚多巴胺转换为 N 掺杂的无定形碳，形成了 Fe_3O_4@SnO_2@C 同轴纳米纤维，然后将其作为电极材料应用于锂离子电池方面，由于碳层的存在，其表现出良好的循环稳定性。Lida Hadidi 等以聚多巴胺为碳源，通过模板法制备了氮掺杂的中空碳球，并将其作为双功能催化剂应用于锌空电池，其在测试表现出了良好的催化活性和良好的稳定性。

4. 吸附领域

聚合物具有丰富的化学结构，碳纳米材料具有多孔结构和高的比表面积，因而聚合物纳米材料及其衍生碳材料可应用于吸附染料、金属离子、气体等物质，并应用于废水处理、气体分离等方面。

Yunbin Yuan 等通过沉淀聚合制备了聚(反式茴香脑－co-马来酸酐)微球，然后表面酸酐经水解形成羧基，并且其对三价铬离子和有机染料甲基红具有较强的吸附能力。Ufana Riaz 等制备了聚（1-萘胺）纳米管，并用于吸附磺酸盐染料。Nilantha P.Wickramaratne 等以半胱氨酸为稳定剂制备了氮和硫共掺杂的酚醛树脂微球，并通过控制半胱氨酸的用量可调节微球粒径大小及硫的含量，其在 Cu^{2+} 的吸附中表现出良好的吸附能力（～65 mg/g）。Zhonghui Chen 等将聚（六氯环三磷腈－co-4,4′-二羟基二苯砜）纳米管用于吸附亚甲基蓝，并对吸附的动力学和热力学行为进行了研究。

Jiafu Chen 等用制备的实心的和中空的聚（苯乙烯－co-二乙烯基苯）纳米球作为碳源，制备了实心碳球及中空碳球，并对其储氢性能进行了研究。Nilantha P.Wickramaratne 等以酚醛树脂为碳源，KOH 为化学活化剂，制备了氮掺杂的活化碳球，其表现出优秀的 CO_2 吸附能力，并证明了超微孔对 CO_2 吸附具有重要作用。Yu Wang 等以酚醛树脂为碳源，三聚氰胺甲醛纳米球作为硬模板，制备具有很高的氮含量（15wt%）和高的比表面积（775 m^2/g）的中空碳球，并且研究发现，中空碳球具有良好的 CO_2 吸附能力（4.42 mmol/g）。

贵金属纳米微粒具有独特的光电、催化等物理化学特性，并在催化、生物检测、感应器件等领域具有巨大应用前景，特别是其优异的催化活性和不可替代性，在工业催化、医药合成上具有很重要的作用，因而一直吸引着无数科研人员的关注。但是裸露的贵金属纳米微粒并不稳定，其具有很大的比表面能，易于聚集形成粒径较大的颗粒。而微粒粒径的增加会导致贵金属纳米微粒的优异性能急剧下降。因此，为解决这一问题，常将贵金属纳米微粒修饰在其他有机、无机纳米材料的表面或包裹于其内部，来获得具有良好稳定性的贵金属纳米微粒。聚合物纳米材料便是最重要的载体之一，它的种类多种多样，且与纳米微粒间多具有较强的相互作用，同时聚合物的导电、pH 响应等性能的引入有利于扩展纳米微粒的实际应用。近些年，人们已制备大量的聚合物负载贵金属纳米微粒，并将其应用于催化、生物、感应器等领域。但寻找合适的聚合物及快速简捷的制备方法来可控制备聚合物负载贵金属纳米微粒仍是面临的一个挑战。

由于比表面积高，孔结构丰富以及良好的化学稳定性和热稳定性，碳材料在催化、超级电容器、吸附、锂离子电池等领域具有广阔的应用前景，因而碳材料一直是人们关注的一个热点。聚合物为碳材料最重要的碳源之一，因而常使用聚合物纳米材料作为前驱体来制备多孔碳纳米材料，并通过调节炭化工艺来控制其孔结构。同时，由于聚合物多含有大量的氮、氧、硫等元素，因而选择含有氮、硫等杂原子的聚合物纳米材料作为碳前驱体来制备氮掺杂或者硫掺杂的多孔碳纳米材料便成为了一种很好的方法。如由聚苯胺或聚吡咯所制备氮掺杂的多孔碳材料。目前，人们已报道有以各种聚合物纳米材料作为碳源制备杂原子掺杂的碳纳米材料，并将其应用于催化、能源、环境等领域，但是仍存在一些问题有待解决，如碳材料中杂原子含量较低或单一、孔结构不够丰富，以及性能有待进一步的提高等。因此，仍迫切需要探索以新型的聚合物作为碳前驱体来制备具有优异性能的碳纳米材料。

聚磷腈作为一种新型的有机－无机杂化聚合物，其多指由六氯环三磷腈或聚二氯磷腈与含有羟基、巯基、氨基等官能团的单体发生亲核反应而制备出具有磷腈结构的聚合物。因而聚磷腈多含有丰富的官能团，而通过单体的选择可使聚磷腈含有不同的官能团结构，这非常有利于其进行进一步的功能化修饰。另外，不同共聚单体的选择和大量官能团的存在使聚磷腈既有磷腈结构所含有的氮、磷元素，又可以同时具有氧、硫等元素，这为多元素共掺杂的多孔碳球的制备提供了可能。这些年来已报道了多种聚磷腈微纳米材料的制备，但关于聚磷腈微纳米材料的功能化应用仍存在很大的空白，因而对制备的聚磷腈微纳米材料的功能化应用进行进一步深入研究便具有很重要的研究意义和实用价值。

第二节　聚磷腈微纳米材料的结构特点

聚磷腈是一类主链由氮、磷元素组成，单双键交替连接而成的有机无机杂化高分子。1965 年，美国化学家 H.R.Allcock 成功合成了聚二氯磷腈

（PDCP），叩开了聚磷腈发展的大门。在后续的研究工作中，众多基于聚二氯磷腈的有机无机杂化聚磷腈材料被广泛研究，超过 700 种的聚磷腈材料被成功合成出来，并应用于生物医用、非线性光学、聚合物固态电解质、分离膜等领域。根据聚磷腈材料化学结构特点，可将其分为线型聚磷腈和环交联型聚磷腈两大类。

一、化学结构可设计性强

环交联型聚磷腈通过 HCCP 和其他羟基或氨基共聚单体共聚制备。由于 HCCP 中氯原子具有适中的反应活性，使得环交联型聚磷腈同样具备化学结构可设计性强的特点，这是其他高分子材料不可比拟的。Wei 等以双酚 AF 和 HCCP 为共聚单体，可控制备了一类新颖的含氟聚磷腈微球。由于聚磷腈材料表面微米/纳米尺度粗糙结构以及表面含氟疏水基团共同作用，使该微球材料具有优异的超疏水性能。Wei 等以联苯胺为共聚单体，通过其和 HCCP 共聚，可控制备了表面富含氨基的荧光聚磷腈微球。将该微球用于荧光检测芳硝基化合物，取得了良好的实验结果，其检测浓度极限可达 10^{-9} 级。该优异性能一方面是由于材料和芳硝基化合物之间的荧光共振能量转移提高了检测灵敏度，另一方面是由于材料表面丰富的氨基促进芳硝基化合物在材料表面富集，有利于提高检测灵敏度。Zhang 等以 4,4′-二氨基二苯醚和 HCCP 为共聚单体，制备了表面具有活性氨基的聚磷腈微球。还原氯金酸实验表明，微球表面活性氨基具有足够的还原性将氯金酸还原成金纳米粒子。

二、微纳米结构形貌可控

通过选择共聚单体（含有羟基、氨基等两官能度或者三官能度的小分子），或控制反应条件，可以有效控制环交联型聚磷腈材料的微纳米结构。如以 HCCP 和 BPS 为共聚单体，以 TEA 为缚酸剂，当选用四氢呋喃为反应溶剂，可得聚磷腈纳米管；而当选用乙腈或丙酮为反应溶剂，可制备聚磷腈微球。模板诱导自组装效应在多形微纳米材料的形成过程中起重要作用。进一步地，

通过选用合适的共聚单体以及控制反应条件，多种形貌的聚磷腈微纳米材料，如纳米碗、空心微球等被成功制备。

三、优异的表面结构构筑修饰性能

纳米科学与技术的兴起为解决环境、能源、健康等问题提供了强有力的技术手段，同时也为材料的发展提供了广阔的空间。单一结构的纳米材料往往很难适应新环境的要求。对材料进行表面改性、修饰，制备复合结构的微纳米材料是开发新材料的重要手段之一。前期研究发现，聚磷腈材料在多种界面具有很好的原位生长能力（聚磷腈模板诱导自组装特性的体现），可实现对表面的原位修饰改性，并且通过有目的地选择共聚单体，可在新生成的表面上引入羟基、氨基等反应活性基团，为进一步对材料功能化设计提供必要条件。

Fu 等通过聚磷腈单体在纳米银线表面原位聚合，成功实现了聚磷腈在纳米银线表面构筑包覆，制备了一种纳米同轴电缆。Zhou 等以聚磷腈包覆 Fe_3O_4 磁性纳米粒子，制备了项链状一维磁性纳米链。该磁性纳米链不仅具有高的准超顺磁磁化饱和值、磁共振对比度，同时该材料兼具聚磷腈的优点，包括良好的稳定性、水分散性、生物相容性、表面可修饰性等。该材料在磁性、生物医学领域展现了良好的应用前景。本课题组魏玮在二氧化钛纳米材料表面原位生长聚磷腈壳层，经过惰性气氛碳化，制备了一种具有核壳结构的二氧化钛@碳复合光催化剂。通过引入均一的多孔碳层结构，大大提高了二氧化钛光催化效率。

四、制备方法简便

由于 HCCP 中的 P—Cl 键化学反应活性适中，所以制备聚磷腈微纳米材料的反应条件也比较温和。对于一般的含有酚羟基等反应活性较强的单体，常温下的搅拌或者超声条件，反应即可在较高速率下完成，并且反应产物微纳米形貌均一、可控。而对于苯胺等反应活性较弱的单体，可采用适当提高温度等方法，提高其反应速率。

第三节　聚磷腈微纳米材料的制备

聚磷腈是一类具有独特氮、磷结构单元的无机－有机材料，其性质介于无机化合物、有机化合物和高分子化合物之间，具有良好的生物相容性、耐高温性、耐辐射、耐低温和可生物降解等性质。因此，聚磷腈被广泛应用于生物医用材料，防火阻燃材料，锂离子电池，微型反应堆等。多用途的磷腈化学使大量的功能性无机－有机杂化聚合物具有—P＝N—结构，根据其结构可分为线性聚磷腈和环状聚磷腈。对于线型聚磷腈，低产量和高成本限制了其广泛应用。六氯环三磷腈（HCCP）作为环状聚磷腈的主要原料，可与多种单体缩聚得到不同结构的环状聚磷腈。研究发现，通过改变环三磷腈和共聚单体的种类及合成条件，可以制备立体形貌可调的微米或纳米结构的聚磷腈纳米材料，比如管状、纤维状、球状、微胶囊、核壳结构甚至层片状的聚磷腈纳米粒子。相比线性聚磷腈材料，聚磷腈微纳米材料将纳米材料的高比面积、高孔隙率等性质与聚磷腈优异的耐高温性、耐辐射和阻燃性等性质相结合，成为一类性能优异的聚合物纳米材料。

聚磷腈（PZS）是一类基于磷氮（—P＝N—）主链的有机－无机杂化材料，由于存在大量的有机取代基，因此具有非常多样化的性质。其结构中的磷腈单元主要来源于六氯环三磷腈（HCCP）分子。根据其共聚单体的不同，可以得到不同交联结构和表面功能基团的聚磷腈微纳米材料。聚磷腈微纳米材料作为一种新型的聚合物类纳米材料，在一定的环境条件下，可以通过快速的一步聚合和同时自组装过程容易地形成，并且立体形貌可根据组成和反应条件从零维调整到二维。与线性聚磷腈材料相比，聚磷腈微纳米材料在简便、快速的合成和集成功能方面具有独特的优势。与无机纳米材料相比，聚磷腈微纳米粒子由于其柔韧性、多种功能性和可调表面特性，可在药物控释、反应催化、聚合物改性等领域获得广泛的应用。此外，高度交联－PN-骨架结构很容易被转化为具有固有掺杂杂原子（P,N,S,O,B）的多孔碳纳米材料，这取决于碳纳米骨架，使其能够在传感器和储能方面获得较好的应用。

一般来说，聚合物纳米材料的制备通常采用两种方法：在定义的尺寸内

自组装或使用纳米结构模板。在自组装方法中，两亲性分子被自组装形成管状或球状纳米结构。这种方法需要适当的两亲性分子作为原料，它们必须具有内在的结构信息。然而，所需的两亲性分子的准备通常是一项琐碎的任务。在模板方法中，纳米离子是在模板表面的聚合反应形成，并具有适当的前驱体。然而，这种方法需要预制可控尺寸和形状的模板；此外，去除腐蚀性介质中的模板可能会带来关于扩大工业应用过程的潜在问题。简单地说，自组装和模板技术都是多步过程，因此，在温和的条件下开发控制尺寸的聚合物纳米粒子的简便方法是一个挑战。聚磷腈作为一种新发展起来聚合物微纳米材料，其合成方法主要以沉淀聚合和原位模板聚合法为主，通过调控溶剂的极性及所用模板的种类，可实现对设定结构的可控合成。

一、聚磷腈微纳米球

目前聚磷腈微球的合成主要以沉淀聚合为主，沉淀聚合是一种简单方便的制备交联结构聚合物微球的方法。Stöver 等对沉淀聚合进行了深入研究，最初主要用于合成单分散聚（二乙烯基苯）微球。合成过程可以在没有任何稳定剂例如表面活性剂或空间稳定剂的情况下进行，聚合物粒子的形成和稳定生长被认为是通过一种自稳定作用来实现的，包括低聚物在聚合物核表面的吸附机理和高度交联。在过去的几年里，沉淀聚合的概念推广到聚（环磷腈）微球的合成。尤其是 HCCP 作为一种多功能的形成微球系统的预前体，可与多种双功能或多功能的单体发生亲核取代，并进一步交联，从而得到不同组成的聚磷腈微球。

Zhu 等通过 HCCP 与 4,4′-二羟基二苯砜（BPS）在丙酮为溶剂条件下进行沉淀聚合，制备了完全交联、稳定的聚[环三膦腈－(4,4′-磺酰基二酚)]（PZS）微球。固定 HCCP 与 BPS 等物质的量比的情况下，调节单体的浓度可适当调整最终产物的粒径，所制备 PZS 微球的直径为 0.6～1.0 μm，微球的比表面积为 11.7～10.1 m^2/g，因此，微球的形成遵循 Choe 等提出的寡聚物吸收机制。在沉淀聚合的初期，最早形成的聚合物初级粒子相互聚集形成初级稳定的微纳米球。一旦稳定粒子产生，粒子通过吸收寡聚物而非初级粒子而变大，导致聚合结束得到的微纳米球并不具备介孔结构。

研究还发现，增加单体的浓度，形成的三乙胺氯的浓度增加，最终产物出现部分纤维状的结构，表明了溶剂极性对最终结构有较大影响。这主要是由于缩聚形成的三乙胺氯在不同溶剂中的溶解性不同。若选用的溶剂极性较小，反应过程中形成的纤维状三乙胺氯晶体沉淀出来作为后续缩聚交联的模板，通过后续的水洗脱除，可最终获得聚磷腈纳米管。若选用的溶剂极性较大，反应过程中形成的三乙胺氯晶体直接溶解在体系中，并不能作为后续缩聚交联的模板，共聚单体直接通过沉淀聚合得到交联结构的聚磷腈微球。形成的聚磷腈微球的初始热分解温度达到 542 ℃，其热稳定性要显著高于通过加成聚合制备的交联微球。

Wang 等以乙腈为溶剂采用 HCCP 和（3,5-二氟甲基）-苯醌（6FPH）沉淀聚合法制备了粒径在0.57～4.33 μm范围内可控的新型氟化交联聚磷腈微纳米球。通过改变 HCCP 浓度、温度和超声功率等实验条件，可以控制聚合物微纳米球的粒径。研究发现，制备得到的含氟聚磷腈微纳米球热降解温度的起始温度为 366 ℃，以此制备的微纳米球涂覆的硅片的水接触角高达 137° ±1.5°，表明此材料有可能用于疏水材料领域。Köhler 等以 HCCP 和支化的聚乙烯亚胺（b-PEI）为缩聚原料在乙腈溶剂中合成了表面氨基含量丰富的聚磷腈微米球。通过改变氨基和磷氯键的物质的量比，可调整聚磷腈微球干态下粒径在 0.4～0.9 μm，湿态下的粒径在 0.9～2.1 μm，其热稳定性在 252～362 ℃。其结构中丰富的磷和氮元素特别是表面高含量的活性氨基使其有可能应用于涂覆及聚合物阻燃等领域。

此外，研究还表明，将制备的聚磷腈微纳米球进一步碳化，可获得多孔的碳纳米球。Fu 等以氢氧化钠为活化剂，将聚磷腈纳米球碳化，制备了多孔杂原子碳纳米球。然后将它们作为储存氢的材料进行检验。N_2 吸附和 H_2 吸附测量表明，碳纳米球的 BET 表面积为 1 140 m^2/g，总孔隙体积为 0.90 m^3/g，超微孔隙体积的 0.30 m^3/g，双峰孔隙大小分布（3～5 nm 和 0.6～0.8 nm 直径孔），在 77 K 和 1 atm 时，氢的吸收量为 2.7wt%。

二、聚磷腈微胶囊

通过以粒径可控的无机纳米粒子作为可牺牲的模板，HCCP 和共单体缩聚

交联制备聚磷腈微球，再通过模板刻蚀可制备空心的聚磷腈微胶囊。Liu 等成功地开发了一种制备空心交联聚磷腈亚微球的简便策略。该方法以纳米 $CaCO_3$ 为模板，通过 HCCP 和 BPS 在其表面的缩聚交联，而后采用盐酸刻蚀掉 $CaCO_3$，制备得到了具有中空结构且有介孔壳层的空心微胶囊 PZS-HMSs。其内部腔的平均直径可以通过模板的粒径进行调控（通常调控范围为 100～300 nm），且在有机无机杂化壳层中分布着大量均匀的中孔，孔径约为 2～4 nm。该中空的介孔亚微球（HMS）在水介质和有机介质中都具有优异的分散能力，且具有良好的药物储存和控释性能。

在另外的研究中，Feng 等将聚二氯磷腈（PDCP）和己二胺（HDA）共价层层组装在氨基硅烷化的二氧化硅颗粒上，然后在 HF/NH_4F 溶液中将二氧化硅去除制得了空心聚磷腈微胶囊。该微胶囊可在生物 pH 条件下在磷酸盐缓冲液中被水解降解，表明其有生物可降解性。聚磷腈的直接共价组装为制备生物相容性和可生物降解的微胶囊提供了一条新的途径，极大地丰富了聚磷腈的潜在应用。

三、聚磷腈纳米管/纳米纤维

目前聚磷腈微纳米管的合成主要是以三乙胺为模板的原位模板法为主，通过改变反应条件，比如共单体的的种类、超声功率、反应时间等可进一步对其表面组成和结构进行调控。Zhu 等首先提出以 HCCP 和 BPS 为原料，在三乙胺存在下，通过以原位形成的三乙胺氯晶体为模板在超声条件下进行缩聚反应，可在其表面形成聚磷腈纳米棒。进一步通过水洗除掉三乙胺氯晶体，可得到形貌规整的弹性聚磷腈纳米管。形成的聚磷腈纳米管内径 5～10 nm，外径 30～60 nm，长度 1～2 μm。研究还发现，通过改变加料顺序和超声功率可调节纳米管的内径和长度。

在另外一项工作中，通过调整反应条件（原料配比、超声功率、反应时间等），制备得到了具有封闭端且内径约 30 nm、外径约 100 nm 和长几微米的均匀多孔的聚磷腈纳米管。热重分析表明，制备的聚磷腈纳米管的初始热分解温度高达 494.4 ℃，其热稳定性优于大部分通过一般的自组装方法制备的纳米管。进一步的研究还发现，通过调节 HCCP 和 PBS 之间的配比可调整纳米管表面的羟基含量，且聚合物纳米管与苯氧氯的成功酯化反应表明该聚合物纳米管的表面羟基具有高反应活性。所采用的方法为制备用于生物领域的功能纳米管提供了一种简单有效的方式。

Fu 等在丙酮/甲苯的混合溶剂中采用原位模板法制备了具有封闭末端的新型聚磷腈纳米管。扫描电镜和透射电镜表明，它们与辣椒相似，长度为 2～6 μm，两端外径为 200～500 nm 和 100 nm，内径为 30～50 nm。辣椒状纳米管的形成机理主要是由于反应初始阶段有较多的预聚物形成，形成的管外径更大，随着反应的进行，预聚物浓度降低，管外径减小。热重分析表明，形成的聚磷腈纳米管初始热分解分度达到 468 ℃，800 ℃残重达到 54wt%。聚磷腈纳米管优异的热稳定性主要由于其特殊分子杂化网络结构和环磷腈结构固有热稳定性所致。

四、核–壳结构聚磷腈纳米粒子

除了选用常用的无机纳米粒子作为可牺牲的模板，近年来也有研究者在功能性纳米粒子表面采用聚磷腈交联网络结构构筑核–壳结构的功能性纳米材料。Chen 等报道了高交联有机–无机杂化聚磷腈壳层保护的 $NaYF_4$:Yb^{3+}，Er^{3+}上转换纳米晶（UCNCs/PPA）。他们首先采用溶剂热法合成了尺寸均匀、上转换效率高的六边形 UCNCs，以 UCNCs 为模板，通过 HCCP 与对苯二胺（p-PDA）之间的原位缩聚，在 UCNCs 表面形成了高度交联的有机–无机杂化聚合物壳。研究结果表明，新的核–壳结构上转换纳米粒子不仅保持了高效的上转换荧光，而且由于 p-PDA 的引入，表面氨基丰富，其表面氨基含量可达 69 μmol/g。壳层表面的活性氨基不仅使纳米粒子在水和有机极性溶剂中具有良好的分散性，而且使纳米粒子具有良好的表面可修饰功能。此核–壳结构的上转换纳米材料为纳米材料在生物领域的应用提供了一条很有前途的途径。

Zhang 等以具有阻燃消烟性的无卤阻燃剂羟基锡酸锶（$SrSn(OH)_6$）纳米棒为模板，通过 HCCP 和 BPS 缩聚交联构筑环交联磷腈衍生物（PZS）对其进行表面包覆功能化，得到一种核壳结构的有机–无机杂化的 PZS@$SrSn(OH)_6$ 纳米阻燃剂。包覆后纳米棒直径 128.9 nm，PZS 包覆层厚度约

为 30 nm。其特殊的组成结构使其在环氧树脂中具有较好的阻燃效果。

五、聚磷腈层状纳米结构

近年来，研究发现通过改变共单体的种类还可制备层片状的聚磷腈微纳米结构，从而使聚磷腈纳米材料的结构从管状、球状扩展到层状，进一步扩大了其应用范围。Chen 等通过 HCCP 和三聚氰胺在溶剂中发生缩聚反应制备了有机无机杂化聚合物纳米片层，片层厚度为 0.9 nm。形态演变分析表明，在合成过程中，聚合物片层聚集形成折叠和褶皱形态，折叠和褶皱形态的纳米片在水溶液中可以通过聚合物纳米片与水分子之间的氢键分解而形成伸展的纳米片。在另外一项研究中，Zhang 等通过 HCCP 和 p-PDA 以四氢呋喃为溶剂在高压反应釜进行缩聚反应合成了二维多孔的聚磷腈基共价有机框架材料（MPCOF）。形成的多孔 MPCOF 比表面积为 27.2 m^2/g，孔体积为 0.077 cm^3/g，孔尺寸在 1.0～2.1 nm，在酸性溶液中对铀具有高的分离效率。

第四节　聚磷腈微纳米材料的应用领域

一、生物医用材料

聚磷腈微纳米材料由于其形貌的可调控性，不同共单体引入导致的表面可功能化，良好的化学稳定性和生物可降解性，在生物医用特别是药物的传递释放方面表现出良好的应用前景。

Simge 等采用一步法沉淀聚合技术，成功地合成了无机杂化和高交联的聚环三磷腈－共多巴胺微球（PCTD）。以 HCCP、多巴胺和三乙胺（TEA）作为单体、交联分子和酸受体在乙腈中进行缩聚交联反应，制得了粒径为 1.042 μm 的稳定单分散微球。以具有抗菌和抗肿瘤作用的丫啶黄为模型药物，研究了合成的新型聚磷腈微球对其的负载和控释性能。药物释放介质为 pH 为 7.4（PBS）和 pH 为 5.0 缓冲液，它们分别是血液的 pH 和癌细胞所在环境的近似 pH。研究表明，PCTD 微球对丫啶黄具有 19.5 mg/g 的药物储存能力，在 37 ℃

条件下，药物释放高达 7 d，释放出了 29%（pH 为 5.0）和 47%（pH 为 7.4）的丫啶黄。Liu 等将以可牺牲性的 $CaCO_3$ 为模板制备得到的具有中空结构且有介孔壳层的空心微胶囊用于药物阿霉素的负载和控制释放。研究表明，这些交联聚磷腈（HMSs）具有较高的药物储存能力（每克储存 380 mg 盐酸阿霉素）和良好的缓释性能（长达 15 d），载药能力和缓释能力都优于其他的药物控释体系，证明它们在药物传递中的应用前景广阔。

二、防火阻燃材料

不同于传统的聚合物，聚磷腈主链上的磷氮原子呈交替排列结构，这一结构赋予聚磷腈独有的优良阻燃特性。而且聚磷腈的侧链结构可以方便地通过亲核取代反应来改变，基于这种无机柔性主链富含磷氮元素，侧链有机多官能团结构的磷腈分子结构，磷腈可望成为新型无卤高效阻燃剂及阻燃材料。

Chen 等采用一锅法在室温超声浴中合成了杂化聚磷腈纳米管（HPPN）。热重分析结果表明 HPPN 具有良好的热稳定性和优良的成炭性能。在 800 ℃高温下，HPPN 的残炭率可达 70%。SEM 分析表明，在 800 ℃下加热 2 h 后，聚磷腈纳米管仍能保持它初始的管状结构。将 HPPN 作为阻燃剂掺入聚丙烯（PP）中，HPPN 与 PP 具有良好的相容性，在 PP 中分布良好。对共混物的燃烧性能进行了评价，共混物可达到 UL-94V-0 等级。残炭分析表明，加入的聚磷腈纳米管燃烧后形成的碳纳米管结构能有效稳定最终的碳层结构，从而使阻燃性能得到增强。

Zhao 等将原位模板法合成的聚磷腈纳米管引入环氧树脂，探讨了其对环氧树脂阻燃性能的影响。研究表明，聚磷腈纳米管添加量为 5%时，环氧树脂的残炭率提高了 46%，热释放速率峰值降低了约 40%，LOI 值从未改性环氧树脂的 26.0%提高到了 30.6%。机理研究表明，环交联六元环结构聚磷腈的引入促进了石墨结构残炭的形成，提高了炭层的隔热隔氧作用，从而有利于最终阻燃性能的增强。此外，聚磷腈纳米管表面丰富的羟基也改善了填料和基体之间的界面相容性，提升了材料的力学性能。

研究表明，通过改变亲核取代共单体的种类或在聚磷腈纳米结构中引

入不同的其他基团，可有效提高聚磷腈纳米材料的阻燃效率。Zhang 等提出了一种基于分子和纳米结构设计的合成方法，以绿色和可持续的方式制备环链聚磷腈骨架，并将制备的具有高比表面积和独特形貌的聚磷腈纳米材料用作生态无卤阻燃剂用于聚合物的阻燃。以嵌段共聚物为结构导向剂和多孔剂，通过 HCCP 和三聚氰胺（MEL）在干态下的聚交联合成了介孔结构的纳米片组装合成产物。在合成的纳米片层组装体中进一步掺杂钴后，系统研究了其在阻燃聚丙烯（PP）中的结构－性能关系。研究表明，添加量为 18wt%时，阻燃 PP 复合材料达到 UL-94V-0，极限氧指数为 26.7%。热释放速率峰值和总烟产量峰值也分别降低了 60.5%和 32.6%，且复合材料表现出优异的耐水性，在水中浸泡 3 d 后仍能达到 UL-94V-0。这为聚磷腈复合材料的先进结构设计和生态良性合成策略提供了依据，同时也扩大了其应用范围。

Zhang 等将环交联聚磷腈(PZS)包覆的棒状纳米羟基锡酸锶($PZS@SrSn(OH)_6$)引入环氧树脂，研究了其对环氧树脂阻燃性能的影响。$PZS@SrSn(OH)_6$ 添加量为 3wt%时，环氧树脂极限氧指数（LOI）值从 26.2%增加到 29.6%，热释放速率峰值降低了约 29%，烟释放速率峰值降低了约 37%，残炭率提高了 242%，显著提高了材料的阻燃性能。这主要归因于 $PZS@SrSn(OH)_6$ 的引入促进了高温下致密结构炭层的形成，从而能隔绝分解产物及热量和氧气交换。

Zhou 等以 PZS 微球为模板，通过水热策略将一层 MoS_2 纳米粒子固定在 PZS 微球上，合成了一种新型的聚磷腈微纳米杂化结构。研究发现所合成的 $PZS@MoS_2$ 不仅能显著提高环氧树脂的阻燃性能，还能起到一定的增强效果。例如，加入 3wt%的 $PZS@MoS_2$ 后，最大放热速率降低了 41.3%，总放热最大降低了 30.3%，同时残碳率显著增加。阻燃分析表明，复合材料阻燃性能的提高主要是由于二硫化钼纳米微粒的物理阻隔效应，而聚磷腈结构对促进凝聚相中阻隔层的形成有积极的影响。在力学性能方面，与未改性的环氧树脂（11.15 GPa）相比，$EP/PZS@MoS_2$ 在玻璃态下的存储模量显著提高至 22.4 GPa。

三、锂离子电池

HCCP 由于骨架的优异裁剪性能和前所未有的结构多样性，在新型聚合物的开发中起着至关重要的作用。与传统的高负载易团聚的陶瓷填料相比，PZS 纳米管与聚乙烯氧化物（PEO）具有更好的相容性，由于它们的无机－有机杂化结构，导致其所制备的聚合物电解质的电导率和锂离子迁移数可能会得到提高。同时，PZS 纳米管的加入也可以提高聚合物电解质的机械强度。基于上述性能，PZS 纳米管可以作为固体复合材料电解质发展中的一类新填料。

Zhang 等采用溶剂铸造法制备了由 PEO、$LiClO_4$ 和多孔无机－有机杂化 PZS 纳米管组成的固体复合聚合物电解质。研究表明，加入 PZS 纳米管可以提高聚合物电解质的离子电导率、锂离子迁移数和电化学稳定性。电化学阻抗表明 PZS 纳米管含量为 10wt%时，电导率明显提高，在环境温度下，最大离子电导率为 1.5×10^{-5} S/cm，在 80 ℃下为 7.8×10^{-4} S/cm。其中，锂离子迁移数为 0.35。良好的电化学性能表明多孔无机－有机杂化聚磷腈纳米管可作为固体复合聚合物电解质（SPEs）的填料，PEO10-$LiClO_4$-PZS 纳米管固体复合聚合物电解质可作为锂聚合物电池的候选材料。在最近一项研究中，以无机纳米硅为模板，在其表面通过交联反应生成了聚磷腈壳层。进一步将表面的聚磷腈壳层进行碳化，制备了多孔碳－硅核壳结构的纳米粒子。以其作为锂离子电池的电极材料，在 40 次循环后仍能保持 95.6%的保留率，在 1 200 mAh/g 以上，是一种很有前途的锂离子电池负极材料。

四、微型反应堆

Wei 等采用 HCCP 与 4,4′-（六氟异丙烯）二酚通过一步沉淀缩聚法制备了一种疏水性聚环三膦腈颗粒（PZAF），并首次考察了其稳定液体弹珠的能力。通过进一步在 PZAF 颗粒上原位还原硝酸银，制备了 Ag 纳米粒子修饰的 PZAF 颗粒（Ag/PZAF），并用于构建催化液体弹珠。结果表明，在催化液体弹珠存在下，硼氢化钠对亚甲基蓝在水溶液中的还原具有很高的催化效率。在不损失催化效率的情况下，催化液体弹珠具有良好的循环使用性能。高催

化活性主要归因于 Ag 纳米粒子均匀固定在 PZAF 粒子和 PZAF 粒子对 MB 的吸附行为，这可能允许高催化表面积有效加速传质催化活性位点。因此，银纳米粒子与 PZAF 粒子的结合是制备具有广泛应用前景的微型催化反应器的功能稳定剂的一种简便有效策略。

目前已合成出各种不同结构的聚磷腈微纳米材料，这些研究丰富和发展了高分子科学，也进一步拓展了聚磷腈的应用领域。总体而言，聚磷腈微纳米材料的合成有如下特点：第一，具有双重或三官能团的化合物可作为共单体与 HCCP 反应。通过改变单体和溶剂的种类以及反应条件，可以调节聚磷腈微纳米材料的形貌。第二，聚磷腈微纳米材料在一定溶剂中可通过一步缩聚反应制备，这显然优于其他交联材料如 COFS 和 MOFs。第三，可以通过引入功能共单体（如荧光素、氟、含氨基基团）的分子结构来设计；形成的聚磷腈纳米粒子可采用聚合物接枝、金属/金属盐纳米粒子掺杂或包覆纳米粒子的方法进行后功能化，制备多功能的聚磷腈纳米粒子。第四，制备的高度交联的聚磷腈微纳米材料，可一步碳化或活化制备具有由于其分级多孔结构、固有掺杂的杂原子、机械稳定性好的碳材料，用于储能。相比线性聚磷腈，聚磷腈微纳米材料受产能所限尚未实现商业化，如何实现其规模化的生产并实现批量应用是聚磷腈微纳米材料研究的一个重要目标。

此外，由于聚磷腈微纳米材料优异的表面性能、热稳定性、生物相容性、生物可降解性及阻燃性等，使其在生物医用材料、防火阻燃材料、锂离子电池、微型反应堆等方面获得了广泛的应用。但其在阻燃领域的应用目前主要限于环氧树脂体系，随着聚磷腈微纳米材料的发展，其在阻燃防火聚合物和绝热耐高温材料方面有望获得更广泛的应用。

第五节　聚磷腈衍生碳材料的构筑

人类社会的高速发展离不开能源的支撑。近些年，经济社会的粗放式发展造成的能源短缺和环境恶化问题日益突出。化石燃料的过度消耗引发了全球性气候恶化和生态灾难——全球变暖、江河断流、物种消减等，并严重威胁了社会的可持续发展。近年来，席卷中国的雾霾天气更是让人们意识到发展绿色低碳经济，走可持续发展之路的必要性，这极大推动了清洁能源技术的发展。目前，受到广泛关注的清洁能源领域主要有太阳能、风能、生物质能，以及电化学能源等。

一、多孔碳材料

由于多孔碳材料具有微观结构可调、导电性能良好、比表面积高等特点，使其在电化学储能与催化领域具有广阔应用前景。多孔碳材料，其首要特点是具有发达的孔隙结构。国际纯粹与应用化学会将多孔材料的孔隙分为微孔（$<$2 nm）、介孔（2～50 nm）、大孔（$>$50 nm）。微孔、介孔和大孔结构广泛分布在多孔碳材料中，只是根据材料制备方法、工艺、前驱体等条件不同，各种孔所占比重及排布方式会有不同，进而形成各种结构与性能均不同的碳材料，如无序介孔碳、有序介孔碳、分级多孔碳等。经过多年的发展，大批具有不同孔径、孔型结构，微纳米形态各异的多孔碳材料被制备出来。根据碳材料的微纳米形貌不同，可分为多孔碳球、多孔碳管、多孔碳纤维、无定型多孔碳等。根据材料的制备方法不同，主要有活化法多孔碳、模板法多孔碳、溶剂热法多孔碳等。

（一）多孔碳材料的制备

1. 活化法

活化法是制备多孔碳最常用的方法之一。根据活化机理的不同，又可分为物理活化和化学活化。物理活化是在碳化过程中利用活化剂（如二氧化碳等）与碳材料中的碳原子反应，通过开孔、扩孔等步骤增大材料孔隙率。化学活化是在碳材料制备过程中，将活化剂（如氢氧化钾、氢氧化钠、碳酸钾、磷酸等）与碳前驱体复合，通过在 600～1 000 ℃温度范围内碳化，达到提高碳材料比表面积及孔隙率的目的。在活化过程中，活化剂侵蚀碳材料表面，形成新的孔隙结构，包括微孔、介孔等。经活化制备的多孔碳材料有活性炭、活性碳纤维等。活性炭具有巨大的比表面积（$>$3 000 m^2/g）、发达的孔隙率，其制备方法是高温下活化热解有机碳质前驱体，如椰壳、稻谷壳、木材等生物质原料或者煤、石油、树脂、沥青等。活性碳纤维主要通过静电纺丝技术

将聚合物溶液或者熔体制备成聚合物纤维，然后通过高温碳化、活化，制得碳纤维材料。用于静电纺丝的聚合物主要有聚酰胺、聚丙烯腈、聚乙烯吡咯烷酮、聚乙烯醇等。由于静电纺丝技术工艺简单，已经成为制备聚合物纤维的最主要方法之一。活性炭材料现已大批量工业化制备，并广泛应用于吸附、分离、催化等领域。

2. 模板碳

模板碳是指在碳材料制备过程中加入模板剂而获得的具有特定微纳米结构碳材料。根据所使用的模板剂的不同，模板碳的制备方法可分为硬模板法和软模板法。硬模板通常有二氧化硅（MCM-41，SBA-15 等）、沸石、蒙脱土、二氧化钛等，也有报道将碳酸钙、氧化镁等用作模板剂。在制备过程中，将有机前驱体（碳源）引入模板剂表面或者其孔道内，经高温碳化、去除模板，得到具有特定微纳米形貌或者特定孔隙结构的多孔碳材料。软模板通常为有机聚合物或者表面活性剂等小分子。

SB Yoon 等以具有不同尺寸的二氧化硅胶体为模板，以沥青为碳源，通过 2 500 ℃碳化，制备了石墨化多孔碳材料。通过控制模板的孔径尺寸，实现了碳材料孔径大小的控制（孔径范围 40～100 nm）。D.D.Asouhidou 等分别以有序/无序 SBA-15 为模板剂，分别合成了有序介孔碳 CMK-3 和无序介孔碳 DMC。CMK-3 中包含有序管型介孔结构，并且被柱状碳棒（源于二氧化硅母体孔道）分隔开。而 DMC 中包含短的且随意取向的碳棒，形成了无序的孔道结构，并且 DMC 中具有大块的碳材料。不管有序介孔碳还是无序介孔碳，模板对材料的微纳米结构形成至关重要。将制备介孔碳材料用于吸附染料 Remazol Red 3BS，显示出良好的吸附能力，性能优于商品化的活性炭以及介孔二氧化硅。

Yang 等以三聚氰胺－甲醛树脂为碳源，以纳米碳酸钙为模板，通过简单碳化，制备了氮掺杂的石墨化多孔碳。以三聚氰胺－甲醛树脂为前驱体，可直接将氮原子引入碳材料原子结构中。在制备过程中，纳米碳酸钙除充当模板作用外，还可作为石墨化催化剂。经 1 000 ℃碳化，碳材料中形成了部分石墨化结构，当碳化温度进一步提高至 1 200 ℃，碳材料中形成了规整的石墨化条纹。相比于其他金属或者金属化合物催化剂，碳酸钙催化石墨化温度较低（≤1 300 ℃）。

硬模板法制备的多孔碳材料为硬模板的反相复制品，所制备的碳材料结构可控、便于调节。但是去除模板的步骤繁琐，尤其是以氢氟酸去除二氧化硅、蒙脱土等过程，不仅步骤繁琐，对环境污染亦不可小觑。为克服硬模板法的缺陷，近年来，软模板法越来越受到人们的重视。对于软模板法，软模板不仅要和碳前驱体有较强相互作用以得到特定的微纳米形貌结构，还需要在碳化过程中分解去除。作为碳质前驱体的聚合物需具有一定机械强度，以保证在移除软模板剂及碳化过程中材料骨架结构不会坍塌。

3. 溶剂热法

溶剂热法制备碳材料是在高压密闭容器中，以水或者有机溶剂为反应介质，在一定的温度和压力下，碳质原料发生反应（通常为还原反应）而得到碳材料的方法。目前溶剂热法被广泛用于制备碳纳米管、纳米棒、微球等。所用碳质原料一般选取价廉且广泛存在的生物质前驱体（如葡萄糖、蔗糖等）或含碳小分子（如正丁醇）。该过程在一定程度上类似于自然界中煤的形成过程。溶剂热法制备碳材料反应条件较高，尤其是系统在较高温度下，反应体系所产生的自生压力较高（有时甚至达 100 MPa），对反应装置要求苛刻。同时，溶剂热法制备碳材料过程中需要到各种还原剂（如二茂铁、NaN_3、镁、铜等），增加了过程的复杂性。再者，溶剂热法所制备碳材料一般比表面积不高，不利于其作为高性能电极材料。

（二）多孔碳材料的性能影响因素

碳材料在催化、储能、吸附等领域均有广阔的应用前景。而其本身的结构，包括材料的比表面积、孔径分布、表面物理化学特性以及导电性等是决定其性能表现的重要因素。

1. 比表面积及孔径结构

理论上，碳材料的比表面积越大，材料在催化、储能及吸附方面的性能期望值会越高。作为催化剂，高比表面积将会产生更多潜在的催化活性点；作为催化剂载体，高比表面积碳材料可更有效提高贵金属纳米颗粒的分散性，

降低贵金属的使用量，提高其利用效率；作为超级电容器电极材料，高的比表面积可赋予材料更高的比容量；作为吸附材料，高的比表面积使材料具有更高的吸附界面，提升吸附性能。但实际情况比较复杂，如作为超级电容器电极材料，由于孔径的影响，比容量与比表面积不成正比；同时，比表面积越大，材料的质量比容量越大，但是材料的体积比容量可能会降低。

孔径结构亦是碳材料重要结构指标。不论多孔碳材料制备方法工艺如何，其孔结构多以微孔为主，只是在孔径分布、孔型等方面有所差异。孔径结构（包括孔径大小、分布等）对碳材料的性能亦有重要影响。如，作为超级电容器电极材料，介孔、大孔结构对电解液离子在电极内部传输具有促进作用，可提高电容器的大功率充放电能力；由于微孔结构可以使电解液离子进入，同时微孔结构有利于提高材料比表面积，所以微孔结构对提高材料比容量作用更明显。

2. 表面掺杂结构

理想的规整 sp^2 杂化碳材料表面化学结构均一，为化学惰性结构，具有超疏水特性，这限制了其在很多方面应用。引入杂原子（如硼、氮、磷、氧、硫等）将明显增加碳材料表面电子结构性能，从而改变了碳材料的导电性、可浸润性、催化性能等，拓展碳材料在催化剂、超级电容器、气体存储等诸多领域的应用。如作为催化剂载体，掺杂结构打破了材料表面电荷均一分布结构，增强载体和催化剂间电子作用力，提高催化剂的分散度以及载体和催化剂间的电子传输，从而提高材料的催化性能。掺杂多孔碳材料用作超级电容器电极材料，杂原子的引入不仅引入赝电容效应，而且增加了材料的能量密度。将杂原子引入碳材料表面骨架结构中，打破了碳材料表面的电荷均一分布，为其提供了氧气还原催化活性点。

3. 导电性

导电性是碳材料在电化学领域的重要考量指标。导电性的影响因素主要有：第一，碳材料表面的物理化学结构；第二，碳材料孔隙结构；第三，碳材料的石墨化程度。在催化以及能量存储与转化领域，高导电性对提高碳材料的能量转化效率，降低能耗，降低设备老化等方面具有重要作用。碳材料的表面化学改性对碳材料的导电性有重要影响。碳材料在使用过程中，为了提高碳材料的分散性或者与其他材料（如过渡金属化合物或者贵金属化合物）的复合效果，往往需要先将碳材料在强氧化条件下处理，使其表面带上羟基、羧基等基团。但是该过程大大降低了碳材料的导电性。碳材料表面掺杂也会改变材料的导电性。石墨化程度是决定碳材料电导率的重要因素之一，高石墨化碳一般具有高的电导率。多孔碳材料大多是无定形碳，材料主要由乱层石墨化结构组成，其中含有大量的缺陷及非晶区，影响了材料的电导率。提高碳材料石墨化程度的主要方法有提高碳化温度或利用催化剂催化石墨化。

4. 微纳米形貌结构

特定的微纳米形态结构对提高碳材料作为催化剂、电极材料等方面性能具有重要作用。作为超级电容器电极材料，特定的微纳米结构可以提高碳材料比表面积利用效率、促进电解液离子传输、降低离子传输距离，对提高超级电容器比电容以及高速充放电性能具有重要意义。同理，作为催化剂或者催化剂载体，特定的微纳米结构形貌在促进物质传输、提高催化效率方面也具有重要作用。

二、碳材料的功能化

碳是合理的电子导电固体，具有可耐受的耐腐蚀性，低热膨胀系数，低密度和低成本，并且可以在高纯度下容易地获得。这些性质使碳用作基础电极的顶层材料和用于复合电极的导电添加剂。碳材料可以由许多类型的前体制成各种结构，如球状、纤维状、纳米管状、片状和块状。但是碳材料在使用过程中也会出现一些问题，比如比电容比较小，能量密度较低，这些问题困扰着碳基超级电容器的发展。为了解决这些问题，研究人员通过对碳材料进行功能化改进进而扩大碳材料的适用范围和提升碳材料的电化学性能，一般主要从以下三个方面进行功能化：第一，杂原子掺杂；第二，碳材料结构优化；第三，碳基复合材料的制备[16]。

（一）杂原子掺杂

在碳材料中加入杂原子如氧（O）、氮（N）、硫（S）或磷（P）是增强碳

电极电容的另一种有效方法。杂原子官能团可以影响碳材料的电子给体特性，从而在电极/电解质界面提供赝电容活性位点，涉及电荷或质量传递。以氮原子为例，环内氮的孤对电子涉及与石墨化碳基质形成共轭体系，这意味着单位表面单元的电荷密度增加。结果表明，氮掺杂可以极大地提高电子从碳基质的迁移率，这有效地提高了碳电极的电化学性能。此外，研究者已经为超级电容器研究了许多具有赝电容行为的杂原子掺杂碳材料。杂原子也可以以双掺或多掺方式掺入改变碳基体的电子给体性质，并且由于它们的协同效应，共掺杂可以影响材料的电化学性质。近年来，多杂原子掺杂纳米碳材料一直是人们关注的焦点。

Wen 等以三聚氰胺磷酸盐为前体合成 N/P 共掺杂石墨烯（N/P-G）。在 N/P-G 中，N 和 P 掺杂水平分别为 4.27%～6.58%和 1.03%～3.00%。N/P-G 是超级电容器理想的电极材料，当电流密度是 0.05 A/g 时，比容量为 183 F/g，同时有良好的倍率性能（电容保持率为 70%当电流密度从 0.05 增加到 20 A/g）和优异的循环性能（保持原始值的 94.0%）10 000 个连续的周期。重要的是含磷官能团的存在使得 N/P-G 成为一种优异的超级电容器电极，在 1.6 V 的宽电势窗口下显示出稳定的电化学性能，有 11.33 Wh/kg 的高能量密度和 745 W/kg 的功率密度。

Yang 等探究了具有分级孔结构和均匀的氮、硫、氧掺杂的多孔碳的合成。有利的孔结构（微孔、中孔和大孔）有利于离子吸附和运输，掺杂杂原子可以引入电化学活性位点，这有助于提高电化学性能。因此，当用作超级电容器电极时碳材料显示出良好的电化学性能。当电解液为 6 mol/L KOH 时，其比电容为 367 F/g（0.3 A/g），具有良好的倍率性能和稳定的循环特性。另外，当在 1 mol/L H_2SO_4 中测试时，氮、硫、氧掺杂的多孔碳的比电容为 382 F/g，电流密度为 0.3 A/g。

（二）碳材料结构优化

近年来，为了提高碳材料在超级电容器中的性能，并降低制造成本，进行了大量的研究工作。基于以下几方面考虑，空心微米/纳米结构材料已被公认为用于能源相关系统的一种有前景的材料。① 高表面积和开放空间不仅可以提供更多的离子吸附位点，而且有助于活性粒子的快速嵌入和脱嵌；② 具有不同壳层的中空结构不仅可以显著减少离子和电子的扩散途径，而且可以提供更多的能量储存位点；③ 另外，中空结构表现出机械强度高和渗透性强的优点，这些结构的改进很有希望打破可再生能源和存储技术发展中存在的问题。Han 等以磺化的聚苯乙烯微球（PSP）为硬模板，通过苯胺的化学聚合作用涂覆聚苯胺（PANI）薄壳，形成 SPS@PANI 的核－壳结构。然后再去除 SPS 和热解生成氮掺杂中空碳球（PNHCS），PNHCS 具有均匀的尺寸和完整的形态。证明了 PNHCS 的氮掺杂和多孔结构有利于电解质离子的快速扩散，导致优异的电容性能、优异的倍率性能和长期的循环稳定性。

超高的多孔结构与定义明确的空心球结构在纳米范围内的结合将 HCNs 的性能提升到一个新的阶段，为提升电化学性能提供了前所未有的机会。作为概念论证的示范，在 6 mol/L KOH 水溶液电解质中组装了双电极对称电池，并表现出优异的超级电容性能。丰富的小尺寸纳米孔增强了双电层的高效电荷存储，而中空结构显著促进了离子转运能力，远远超过商业活性炭和许多其他多孔碳。

（三）碳基复合材料

碳是合理的电子导电固体，具有可耐受的耐腐蚀性、低热膨胀系数、低密度和低成本，并且廉价易得，但是碳材料比电容比较低，许多研究旨在用赝电容（氧化物或氮化物）或氧化还原活性材料代替碳电极，这些材料由于其电荷存储机制而表现出较高的电容。然而，超级电容器总电容的增加通常伴随着较低的功率密度和较低的循环寿命。因此，克服这些缺点的策略是使用碳质材料作为基质用于制备复合电极，同时赋予材料一些新功能。例如，高性能纳米碳可用于提高标准活性碳电极的功率密度。同样，合成在碳基质中分散的赝电容性金属氧化物不仅可以提高能量密度，而且在速率能力和稳定性方面仍可与碳基电极竞争。

Liu 等报道了通过水热法和煅烧处理制备了具有分级结构的 Co_3O_4/氮掺杂碳空心（Co_3O_4/NHCSs）。NHCSs 作为硬模板可以帮助在其表面上生成 Co_3O_4 纳米片。制备的 Co_3O_4/NHCS 复合材料作为电极活性材料表现出比 Co_3O_4 本

身更强的性能。比电容为 581 F/g 在电流密度为 1 A/g 时，电容保持率高达 91.6%。在电流密度为 20 A/g 时，这些电化学性能优于单纯的 Co_3O_4 纳米棒（1A/g 时比电容为 318 F/g 和在 20 A/g 时保持率为 67.1%）。这使得独特 Co_3O_4/NHCS 复合结构成为一种有前景的电极材料。许多研究已经证明了碳－氧化物复合材料作为用于超级电容器和混合装置（超级电容器和电池之间的中间装置）的电极材料展现出巨大潜力，这是由于其通过双电层电容和赝电容或法拉第电流的协同效应而改进的电化学性能电荷存储机制。将碳材料与金属氧化物相结合发挥各自最大能效成为研究热点，所得复合材料的性能有所提高，但仍有待进一步研究。

除了以上提到的三种碳材料的功能化之外，还有其他的功能化碳材料同样在超级电容器及其他一些电化学能量转换储存装置中有着出色的表现，比如对碳材料的孔隙结构进行设计等。功能化的碳材料因其有利的物理和化学性质，证明它们在储能领域有着光明的未来。

由于全球能源消耗迅速增加和现有化石燃料不断减少，这使得人们急需寻求清洁、低成本、紧凑和高效的能源。常规能源如风能、太阳能、水力发电和生物质的间歇性使得它们不能在近期内被选为可持续能源技术的提供者。当然，像电池和超级电容器这样的可持续电力资源预计将继续作为全球能源使用的主要能源模型。与电池不同，超级电容器不仅充电速度更快，而且由于其寿命长、不易受温度变化影响而更加可靠，而且无毒。作为超级电容器中的重要组成部分，电极材料直接决定了超级电容器的性能，因此成为研究者重点研究方向。

碳材料由于成本低，来源丰富，高电子导电率和出色的机械稳定性，因而备受能源储存研究者的关注。聚合物由于富含大量的杂原子而成为碳材料重要的前驱体，而且可以通过调控聚合工艺和碳化过程来实现对碳材料结构的调控。聚磷腈作为一种新型的有机－无机杂化聚合物，含有丰富的官能团。另外，不同共聚单体的选择和大量官能团的存在使聚磷腈既有磷腈结构所含有的氮、磷元素，又可以同时具有氧、硫等元素，这为多元素共掺杂的多孔碳球的制备提供了可能。

二氧化锰因其成本低、天然丰富、理论比容量大（1 370 F/g）、毒性低而被视为超级电容器的最佳电极材料之一。更具体地说，与通常在强酸中测试的其他过渡金属氧化物材料如氧化钌（IV）（RuO_2）、在碱性电解质测试的氧化镍（II）（NiO）和氧化钴（II，III）（Co_3O_4）相比，在中性含水电解质中的 MnO_2 电极上可以获得宽的电势窗口。二氧化锰可以合成为纳米棒、纳米线、纳米花、空心球（HS）、纳米管等不同形貌的纯 MnO_2。然而，纯 MnO_2 的低导电性限制了其实际性能，因此将导电碳基材引入 MnO_2 复合材料已成为解决此问题的有效方法。

三、聚磷腈衍生碳材料

碳材料由于高导电性，低成本和多用途形式（如球形、纤维、复合材料、整体材料和管等），因而比其他材料更引人关注。更重要的是，碳材料在不同溶液中的化学稳定性（来自强酸性以基本）和能够适应不同的温度而增加了碳材料的吸引力。已经有许多化学和物理活化方法来生产具有高表面积（3 000 m^2/g）的多孔碳，在储能系统中为电荷存储提供了更大的电极/电解质的接触面积。现在，活性炭可以由各种前体（如木材、煤、坚果壳）通过不同活化方法来产生。近年来，随着人们对碳材料的了解越来越多，人们正在获得操纵材料的纳米级结构的能力，其能够对电化学电容器的表面积、孔径、孔结构和表面性质进行适当控制，从而增加了对碳纳米结构电极的研究兴趣。

聚磷腈是一种新颖的有机－无机杂化物，其主链有大量交错的氮、磷原子，侧链可以有不同的取代基。这类材料制备简单，微纳米结构可控。这类聚合物将无机、有机分子紧密地结合起来，呈现出化学结构多样和有机－无机杂化结构等特点。由于聚磷腈材料具有高度交联，同时含有丰富的杂原子等特点，已被报道为理想的多孔碳材料前体。目前最为常见的是聚磷腈衍生的碳球、碳纳米纤维、碳纳米管。在高碳化温度下部分杂原子从聚磷腈材料中逸出，简单而且很方便地获得具有大比表面积和多孔的碳材料。此外，掺杂在碳材料中的杂原子的一部分不仅可以强化材料的表面润湿性，还可以诱导赝电容行为，为碳材料贡献大的比容量，因此聚磷腈材料被视为碳材料优良的前驱体。

（一）聚磷腈衍生碳球

近年来，越来越多的研究人员对聚磷腈衍生碳球表现出极大的兴趣。在与其他碳材料对比中，聚磷腈衍生碳球具有制备方法比较容易、杂原子含量多、机械稳定性好等优点，而且应用范围广。目前碳球已经应用在锂离子电池、电化学电容器、吸附材料、燃料电池催化剂载体、储氢材料和功能材料的添加剂等方面，并且市场反应良好。一般来说碳球可以分为中空碳球和实心碳球，分别具有不同的应用前景。

1. 实心碳球

Jiang 等通过六氯环三磷腈和 4,4′-二羟基二苯砜聚合生成聚磷腈微球，然后通过碳化和 KOH 活化生成氮含量为 5.0%，比表面积为 568 m^2/g 的氮掺杂的碳微球，在酸性电解液中具备很好的电化学性能（当电流密度在 0.1 A/g 条件下，比容量是 278 F/g），良好的倍率性能（当电流密度为 10 A/g 时比电容为 147 F/g）。这主要归因于可调表面氮基团的赝电容的协同作用和由 KOH 活化产生的分级孔隙产生的双电层电容。Wang 等将六氯环三磷腈与 4,4′-二氨基二苯醚聚合生成聚磷腈微球作为前驱体，含有大量的氮、磷、氧等元素，K_2CO_3 作为化学活化剂制备 N 掺杂的多孔碳球（N-PCMS）。所制备的碳球具有 1 427 m^2/g 的比表面积、大孔体积为 1.23 cm^3/g 和 3.65%的氮含量。更重要的是，微孔表面积高达 794 m^2/g，并且微孔尺寸大部分低于 1 nm。同时，碳球在二氧化碳捕获方面取得了显著的成绩，在 273 K 和 298 K 时，二氧化碳的吸收量分别高达 5.7 mmol/g 和 3.7 mmol/g。

2. 空心碳球

中空碳球（HCS），有时也称为碳胶囊、是指毫米、微米或甚至纳米尺寸的中空结构碳颗粒和相应薄的外壳。聚磷腈衍生中空碳球由于其独特的性质如丰富的杂原子含量、可控的渗透性、表面功能性、高表面体积比以及优异的化学稳定性和热稳定性而受到高度关注。Fu 等通过硬模板法成功制备出了空心碳球（HCPS）。空心碳球具有优良的结构特征，包括均匀的粒度、丰富的微孔和大孔，以及相当高的比表面积和空隙体积。Chen 等将聚磷腈通过快速一步缩聚反应包裹在超分子囊泡中合成杂化空心高分子微球（HPMS）。随后将 HPMS 碳化处理从而生成相应的空心碳球（HCMS），并且形貌保存良好。HPMS 和 HCMS 的大小完全由囊泡控制。HCMS 所制备的电极材料在 6 mol/L KOH 电解质中，在 30 A/g 电流密度下它的比电容为 180 F/g，2 000 次循环之后电容保持率为 98.2%。中空碳球具有高表面积、高的杂原子水平，中空碳结构通过提高表面区域的利用效率以及缩短电解质离子的扩散路径来提升电化学性能。

（二）聚磷腈衍生碳纳米管

碳纳米管（CNT）由于其独特的物理和化学性质以及潜在的技术应用而在过去十年受到了很多关注，因此开发大规模生产方法是必要的。迄今为止，已经报道了用于制备碳纳米管的许多方法，如电弧放电、激光蒸发、热化学气相沉积（CVD）、水热处理和微波合成。但是这些方法的产量太小而不能满足应用的需求。Fu 等开发了一种原位模板法，通过在四氢呋喃溶液中六氯环三膦和 4,4′-二羟基二苯砜的聚合来制备聚磷腈纳米管（PPZ）。基于这种方法，在这项研究中，聚磷腈纳米管非常容易合成而且价格便宜。当 PPZ 在 800 ℃、在氮气气氛中加热时，这些纳米管的整体形态被保留并且获得具有低结晶度的碳纳米管。此方法提供了一个简单并且低成本制造碳纳米管的方法，将有可能通过控制聚磷腈纳米管的形态来制备各种形态的碳纳米管。得到的 HMCNTs 后，杂原子依然存在而且具有较大的比表面积，通过将其作为电极材料进行测试，在电解液（KOH）为 6 mol/L 时，比电容为 189 F/g（1 A/g）。

第六节　聚磷腈衍生碳材料的催化应用

环交联型聚磷腈材料通常由六氯环三磷腈（HCCP）和含有多个亲核取代基团的芳族有机单体经过简易的一步沉淀缩聚法制备获得，具有稳定的共价交联网状化学结构以及含量丰富的氮（N）和磷（P）等杂原子。通过调节共聚单体类型及反应条件可以获得具有不同性能、不同形貌的聚磷腈产物。单宁酸（TA）作为丰富的植物多酚，是一种易于获取的可再生资源，由其衍生

的碳复合材料可以用作氧还原反应（ORR）的有效非贵金属催化剂，这对于商业化燃料电池技术的发展具有重要意义。然而，金属－多酚络合物衍生的碳复合材料中金属纳米颗粒的大小不可控制。这主要是因为多酚衍生的碳材料中不包含可以在热解过程中有效地稳定金属原子的杂原子。因此，制备形貌可控和化学结构稳定的杂原子掺杂金属－多酚配位材料有非常重要的意义。

张广成教授以环三磷腈（HCCP）、单宁酸（TA）和双酚 S（BPS）为共聚单体，通过调节反应条件而没有使用任何外加模板一步合成了空心结构可调的共价交联聚磷腈纳米球（PSTA）。该纳米球粒径约为 50 nm，远小于之前报道的各种聚磷腈微球。该纳米球与金属钴（Co）离子络合并高温碳化后，得到具有高比表面积的 N/P 共掺杂的中空微孔碳纳米球。球差电镜和同步辐射等实验结果表明，氮、磷双配位的单原子钴活性位点（$Co-N_2P_2$）均匀地分布在空心碳球壳层中。该催化剂由于具有独特的中空多孔结构和良好分散的单金属位点，表现出非常优异的 ORR 电催化性能，包括高电流密度、优异的循环稳定性和抗甲醇性。同时，理论计算结果表明 $Co-N_2P_2$ 相较于 $Co-N_4$ 位点在 ORR 催化中具有更加优异的反应动力学。这项工作不仅为合成多种功能性聚磷腈纳米球提供了新思路，而且为制备新的金属－N/P 配位的单原子分散的空心碳纳米球催化剂提供了可行的途径。

第七节 聚磷腈衍生碳材料的吸附应用

碳吸附技术是一种利用活性炭等材料吸附有害气体、液体和固体的技术。它是一种环保、高效地处理污染物的方法，被广泛应用于工业、医疗、环保等领域。碳吸附技术的原理是利用活性炭等材料的孔隙结构和表面化学性质，吸附有害物质。活性炭的孔隙结构可以分为微孔、介孔和大孔，其中微孔是最重要的吸附位置。活性炭的表面化学性质也对吸附有害物质起到了重要作用。活性炭的表面通常带有一些化学官能团，如羟基、羧基、胺基等，这些官能团可以与有害物质发生化学反应，从而吸附有害物质。碳吸附技术的应用非常广泛。在工业领域，碳吸附技术可以用于处理废气、废水和固体废物。

例如，利用活性炭吸附废气中的有机物质、硫化物和氮氧化物等，可以减少大气污染。在医疗领域，碳吸附技术可以用于治疗肝衰竭、肾衰竭等疾病。在环保领域，碳吸附技术可以用于净化水源、处理垃圾等。碳吸附技术的优点是环保、高效、经济。与传统的处理方法相比，碳吸附技术不需要使用化学药品，不会产生二次污染，同时吸附效率高，处理速度快，成本低廉。碳吸附技术是一种非常重要的环保技术，它可以有效地处理各种污染物，保护环境和人类健康。随着科技的不断发展，碳吸附技术将会得到更广泛的应用和发展。

不是所有的微孔都能吸附有害气体，这些被吸附的杂质的分子直径必须要小于活性炭的孔径，即只有当孔隙结构略大于有害气体分子的直径，能够让有害气体分子完全进入的情况下才能保证杂质被吸附到孔径中，过大或过小都不行，所以需要通过不断地改变原材料和活化条件来创造具有不同的孔径结构的吸附剂，从而适用于各种杂质吸附的应用。

聚磷腈衍生碳材料是一类新型的吸附材料，具有良好的吸附性能和高度的表面积。近年来，随着环境污染问题的日益严重，聚磷腈衍生碳材料吸附技术在水处理、气体净化、垃圾处理等领域中得到了广泛应用。聚磷腈衍生碳材料的制备方法包括炭化法、水热法、溶胶–凝胶法、电化学法等。其中，炭化法是最常用的制备方法之一，通过热解聚磷腈前体得到碳材料。水热法和溶胶–凝胶法则是一种新型的制备方法，可以制备出具有良好吸附性能的聚磷腈衍生碳材料。

聚磷腈衍生碳材料具有大量的孔洞结构和高度的比表面积，这使得其具有良好的吸附性能。它可以吸附多种有机物、无机物和重金属离子等污染物，其中包括苯、甲苯、二甲苯、苯并芘、氨气、硫化氢、甲醛、铅、汞、镉等。聚磷腈衍生碳材料的吸附性能受到多种因素的影响，如孔径大小、表面化学性质、pH、温度等。聚磷腈衍生碳材料的应用领域非常广泛。在水处理领域，它可以用于废水处理、饮用水净化、海水淡化等；在气体净化领域，可以用于空气净化、工业废气净化等；在垃圾处理领域，可以用于垃圾填埋场渗滤液的处理等。此外，聚磷腈衍生碳材料还可以用于药物吸附、电容器电极材料等领域。总之，聚磷腈衍生碳材料是一种非常有前途的吸附材料。未来，

随着制备技术的不断改进和应用领域的不断拓展，聚磷腈衍生碳材料的应用前景将会非常广阔。

环三磷腈是磷和氮单双键交替排列的六元环状化合物，通过六氯环三磷腈与其他化合物之间的反应可以制备不同的环三磷腈衍生物。因为分子结构中含氮/磷元素，基于环三磷腈的聚合物对热稳定并且具有很好的阻燃性能。因此，若将环三磷腈单元引入有机微孔聚合物中，可以实现聚合物的氮/磷共掺杂，同时还能改善这类聚合物在高温下的稳定性和阻燃能力。目前，已有文献报道含环三磷腈构筑单元的聚合物，但是其二氧化碳吸附性能的研究尚少。

聚磷腈类材料以其稳定的交联结构和灵活多变性，被广泛应用于阻燃、荧光传感、药物缓释、吸附等领域。然而聚磷腈类铀吸附材料的研究却少有报道。聚磷腈材料结构稳定，灵活多变，通过改变缩聚单体便可赋予聚磷腈材料不同的性能；聚磷腈材料还具有较好的可修饰性，使其成为铀吸附材料的又一研究热门。

Zhang 等以对苯二胺、六氯环三磷腈为原料，通过水热法得到新型 2D 超微孔磷腈基吸附剂（MPCOF）并应用于水溶液中铀的去除。MPCOF 对铀的吸附量高，弱酸条件下对铀酰离子的吸附容量为 0.71 mmol/g，还具有很高的选择能力。在强酸性条件下（pH≤2.0），MPCOF 在静存离子溶液中对铀（VI）的选择性高达 92%。研究表明 MPCOF 是通过孔道截留来去除铀酰离子。Liu 等以双酚 S 和六氯环三磷腈为缩聚单体，巧妙地同碳纳米管结合，得到复合材料 PZS-OH/CNT。PZS-OH/CNT 结构稳定，并具有较高的比表面，表现出了对铀酰离子的良好吸附性能。

Zhang 等以对苯二酚和间苯三酚为原料与六氯环三磷腈缩合，得到了两种拓扑结构的聚磷腈材料（CPF-D 和 CPF-T）。CPF-D 和 CPF-T 表面含有较多的羟基，并拥有较高的比表面积，能够通过孔道的尺寸匹配效应，以及氢键作用捕获水溶液中的铀离子。Liu 等通过二氨基二苯醚和六氯环三磷腈聚合并在其中引入磁性 Fe_3O_4，得到了新型磁性聚磷腈类材料，实现了从水溶液中快速高效地捕获铀酰离子并通过磁场作用实现吸附剂的快速回收。

Jiang 等以六氯环三磷腈（HCCP）和 4,4′-二羟基二苯砜（BPS）为原料，在超声条件下反应制备了聚磷腈微球（PZS）。后经碳化改性得到磷酰基碳材料（CS-PO_4）。CS-PO_4 适合在弱酸条件下对铀酰离子快速吸附，其理论最大吸附容量约为 1 029.8 mg/g。

聚磷腈材料在针对铀吸附方面具有很大的潜力，可以通过灵活设计得到含有特定官能团的聚合物，也可以同其他材料很好地结合，从而得到性能更为优异的复合聚磷腈材料。聚磷腈材料制备简便，相应原料廉价易得，无论从经济效益方面，还是吸附性能及可利用性方面考虑，聚磷腈材料在用作铀吸附方面将会是不错的选择。

第八节　聚磷腈衍生碳材料能量的储存和转化应用

一、聚磷腈衍生碳材料能量储存方面的创新

随着科学技术的高速发展，人类对绿色环保的储能技术提出了更高的要求。超级电容器相比于其他储能设备而言，具有功能密度高、充放电速度快和循环寿命长等优势，在新能源汽车、航空航天、国防军工等领域应用潜力巨大。电极材料作为超级电容器的核心部件，对其电化学电容性能起着至关重要的作用。杂原子掺杂多孔碳材料因其导电性优良、微孔介孔丰富、表面化学结构理想，在高性能电极材料上的应用和研究广泛。同时，随着多功能复合材料的兴起，碳纤维复合材料结构超级电容器概念被提出，结构超级电容器因有望实现结构承载和储能功能的一体化融合，而成为功能复合材料领域研究的热点。作为结构超级电容器的电极，碳纤维存在比表面积低、化学惰性大、比电容有限等不足，极大地限制了结构超级电容器的储能性能，因此需通过改性处理提高其比表面积并构筑丰富的导电孔隙结构，提升电荷及离子在碳纤维表面的富集密度。

碳纤维不仅具有轻质、高强等优势，同时还具备碳材料优异的电子传输能力和电化学稳定性，适用于多功能电极材料领域，特别是在柔性－储能和结构－储能设备上应用潜力大。然而，作为结构超级电容器电极，碳纤维存在比表面积低、化学惰性大、比电容受限等不足，严重限制了结构超级电容

器的储能性能。而高比表面积和发达的导电孔隙结构是实现碳纤维电极存储电荷和电荷快速迁移的关键因素，因此，需通过改性处理在碳纤维表面构筑微纳导电孔隙结构，增大其有效表面积，进而提升电荷及离子在碳纤维表面的富集密度。

目前，针对于超级电容器用碳纤维电极材料的研究十分活跃。可通过浓 HNO_3 和 KOH 活化碳纤维，提升其比表面积和表面浸润性，从而提升其电化学储能性能。也可通过原位电化学剥离和再沉积的工艺，在碳布上沉积致密的多孔石墨烯层，优化碳纤维表面结构，提升其比表面积。然而，在碳纤维本体表面进行刻蚀或剥离，易使纤维产生损伤，影响其力学性能，近年来，研究者们开发了杂化涂层的方式改善碳纤维的电化学性能，以减少碳纤维的本体结构损伤。Sha 等通过在碳纤维表面沉积垂直石墨烯和 MnO_2 多层杂化结构，石墨烯可以提升电极的比表面积和导电能力，MnO_2 可变价过渡金属氧化物能提供法拉第效应的活性位点，赝电容的电容量大幅提升，在水系三电极体系中测得此改性碳纤维的比电容可达 546.3 mF/cm^2，制备成凝胶（PVA-KOH）超级电容器后测得电容量最高为 218.1 mF/cm^2。Zhao 等以聚环氧乙烷–环氧丙烷为 C 源、尿素为 N 源、硼酸为 B 源，通过直接碳化的方法在碳纤维表面沉积 N、B 掺杂的 3D 交联多孔碳结构，该电极的比电容达到 1 018 mF/cm^2，制备成柔性凝胶超级电容器的电容量为 737 mF/cm^2。

自从 Chung 提出用碳纤维复合材料制备结构–储能电容器的创新理念，掀起了结构超级电容器的研究热潮，这种结构–储能一体化复合材料兼具结构承载和储能能力，与传统的储能材料相比，更易实现设备结构的集成化和轻量化。而碳纤维可取代传统的导电材料，直接作为结构超级电容器的电极材料；固体树脂基电解质弥补了液体和凝胶电解质机械强度的缺陷，在结构功能化–储能复合材料上有广阔的应用前景。

然而，碳纤维表面致密光滑且呈化学惰性，比表面积低、孔隙结构少，导致电荷在碳纤维表面富集密度低，储存电荷能力弱，直接作为电极使用储能效果不理想，需要对碳纤维进行改性优化。Seok-Hu 等通过水热法在碳纤维表面合成 Ni-Co 纳米线，与 PEO 基树脂复合成超级电容器的电容量为 16 mF/cm^2，经 2 000 次循环充放电后比电容为初始的 90.2%。Deka 等在碳纤维布表面组装 CuO、ZnO 和 Cu-Co-Se 纳米线，纤维的比表面积提升至 132.5～159.27 m^2/g，表面的金属纳米线结构有利于树脂的浸润，复合界面的界面强度和离子迁移能力增强，复合电容器的比电容由 0.2 F/g 提升到 2.84～28.63 F/g，储能效果显著改善。Sha 等通过垂直石墨烯和 MnO_2 杂化涂层改性碳纤维，并将其与 PEGDGE 基树脂电解质复合成结构超级电容器，比电容可达到 30 mF/cm^2，拉伸强度和弯曲强度分别为 86 MPa 和 32 MPa，同时具备结构承载和储能的能力。

对于碳纤维复合材料结构超级电容器而言，具有电子绝缘和离子导电的电解质通常由交联型树脂和离子液体共混而成，交联型树脂作为电解质基体保障足够的机械强度，而离子液体虽然可提供自由离子在电解质内部的传输，但其“增塑”效益也会明显弱化树脂基体的机械性能，开发同时兼具高机械强度和理想电化学性能的树脂基电解质是制备高性能结构－储能一体化碳纤维复合材料需要解决的另外一个关键问题。目前聚乙二醇二缩水甘油醚（PEGDGE）树脂在电解质中应用广泛，离子液体共混固化后电导率可达 10^{-5} S/cm。

二、电化学能源

电化学能源包括超级电容器、燃料电池、锂离子电池、金属－空气电池等，通过电化学技术可实现电能和化学能之间的转化。由于电化学能源装置具有便携、高效等特点，使其在电动汽车、可再生能源利用、智能电网以及通信技术等应用领域具有广阔的应用前景。例如，新时期下，电动交通工具的快速普及为电化学能源的发展提供了前所未有的机遇，各国政府及企业纷纷投资该领域。美国能源部的目标是到 2030 年，发展可供中型轿车续航 300 英里的电池，其体积比能量达 300 Wh/L，重量比能量达 250 Wh/kg，且造价不高于 125 美元/kWh。另外，锂离子二次电池已经在便携电子产品中获得广泛的应用，但是，其并不能满足快速发展的 3G 甚至 4G 多媒体以及信息技术的要求，所以，能源存储与转化领域需要一场科技革命以适应新时期社会发展的需求。在这些应用领域，最有效且实用的电化学能源存储与转化装置有电化学超级电容器、燃料电池等。

（一）超级电容器

1. 超级电容器概述

超级电容器是一种介于传统双极板电容器和二次电池之间的新型储能装置，其容量可达数百甚至上千法拉第。电容器包括两个浸在电解液中的电极、集电极、电极间的隔膜以及电解液组成。根据超级电容器存储电荷的机理不同，可将超级电容器电容分为双电层电容（EDLC）和赝电容两种。一般而言，双电层电容是通过静电场作用使电荷（或离子）在电极/电解液界面分离而达到存储能量的目的。该类电极材料一般由电化学惰性物质构成，如碳材料。在超级电容器充放电过程中，电极没有发生氧化还原反应，仅仅是电荷在电极/电解液界面的物理富集。另一种超级电容效应为赝电容（又名法拉第电容），该类电容效应的能量存储过程是基于电极表面的氧化还原反应过程。该类电极材料具有电化学活性，如金属氧化物、金属氢氧化物、导电聚合物等。

2. 超级电容器的特点

由于超级电容器独特的能量存储机理，使其作为储能器件具有巨大的优势，具体表现在以下几方面。

（1）快速充放电性能

超级电容器储能和释能是通过电极表面电荷迁移的物理过程，或电极表面快速、可逆的氧化还原过程完成，可以实现高功率充放电能力。其比功率为 1～10 kW/kg，远远大于锂离子电池的比功率（150 W/kg）。该特点使超级电容器在电动汽车领域具有巨大应用前景，一方面超级电容器可以为汽车加速、爬坡提供瞬间大功率支持，避免高功率对电池系统的伤害；另一方面，其可以有效收集汽车在减速、刹车过程中的损耗的能力，提高能量使用效率。

（2）循环寿命长

双电层电容在充放电过程中发生的反应为单纯的物理过程，而赝电容过程也不易出现电极材料晶型转变、结构破坏等，使得超级电容器的循环寿命可达数万次，远远好于二次电池。

（3）耐高温/低温性能优异

由于超级电容器电极表面的物理化学过程受温度影响较小，使其具有优异的耐高低温性能，可以在 –30～70 ℃条件下正常使用。其耐高低温性能远远好于二次电池。

（4）安全环保

一般条件下，超级电容器比电池，尤其是锂离子电池安全得多。同时，由于超级电容器所用材料很少涉及有毒有害物质，所以其回收处理也十分简单，有利于环保。

3. 超级电容器电极材料的发展

由于超级电容器具有功率密度高、循环寿命长等特点，使其在新能源领域备受重视。目前，其在国防、航空航天、电子通信、汽车运输等国民经济各个领域均有应用。然而，超级电容器仍面临诸多不足，如能量密度较低、成本太高，并且这已经成为阻碍超级电容器继续发展的主要障碍。所以发展新型高效、廉价的电极材料成为破解超级电容器发展的关键所在。目前，广泛研究的超级电容器电极材料有：过渡金属氧化物（氢氧化物）、导电聚合物、碳材料三大类。

（1）金属氧化物（或氢氧化物等）

金属氧化物（或氢氧化物）是目前受到广泛关注的超级电容器电极材料之一。一般来讲，金属氧化物电化学超级电容器电极材料比传统的碳材料具有更高的能量密度，比导电聚合物电极材料具有更好的电化学稳定性。金属氧化物主要通过在适当的电位窗口下其和电解液离子间的氧化还原反应过程存储和释放能量。在超级电容器中，对金属氧化物的一般要求为：第一，金属氧化物具有导电性；第二，金属能够存在两种或多种氧化态，并且在氧化还原过程中不会发生不可逆 3D 结构的相变；第三，氧化还原过程中，质子可以自由插入/迁出氧化物的晶格，使得 O^{2-}和 OH^{-}能够自由转变。目前广泛研究的金属氧化物超级电容器电极材料有氧化钌、氧化锰、氧化钴、氧化镍、氧化钒等。

在众多的过渡金属化合物中，氧化钌是最为广泛被研究的电极材料。这主要是由于其宽广的电化学窗口，在 1.2 V 的电化学窗口内具有三种明显不同

的氧化态，氧化还原反应过程高度可逆，热稳定性高，循环寿命长，具有和金属相类似的导电性，大电流充放电能力优异等。在氧化钌电极中，氧化还原反应过程产生的赝电容效应占主导作用，双电层电容对比容量的贡献仅约10%。

氧化钌的比表面积、结晶度、水合状态等对其超级电容性能有重要影响。由于氧化钌的赝电容主要来自表面的氧化还原反应，当其具有更高的比表面积时，会有更多的金属中心成为氧化还原位点，因而比容量会更高。目前已有多种方法被用来提高氧化钌材料的比表面积，如将氧化钌沉积在粗糙的表面上，或者将其微纳米化等。对于具有完美晶体结构的氧化钌电极材料，完美晶体扩张或收缩均比较困难，导致了电解液离子在其内部扩散困难，从而抑制了材料赝电容性能的发挥。无定型氧化钌的氧化还原反应不仅仅发生在材料的表面，由于质子可以扩散进入材料内部，氧化还原反应过程同样发生材料内部。因此，无定型氧化钌电极材料的比电容可以得到明显提升。氧化钌中含有结合水之后将有利于离子在其内部传输，这也被认为是提高材料比容量有效方法。然而，由于钌资源稀缺、价格昂贵，限制了其商业化应用。

氧化锰、氧化钴、氧化镍、氧化钒等作为超级电容器电极材料具有比容量高、价格低廉等优点。但由于材料导电性较差，不利于离子传输等缺陷，一般需要将其微纳米化，或将其同其他材料（比如碳材料）复合应用。微纳米化可以提高材料的比表面积，降低离子或电子扩散（传输）距离，有效提高材料的超级电容性能。Wei 等通过将二氧化锰负载于多孔碳球表面，由于多孔碳球的分散作用，所得电极材料的比容量和高速放电性能均有明显提升。Qiu 等通过电沉积技术将锰氧化物分散到具有三维结构的金纳米锥体上，制备了纳米分散的具有三维结构的超级电容器电极材料。通过三维纳米金锥体的分散作用，提高了二氧化锰的比表面积，降低了离子传输路径，有效提高了其超级电容性能。

（2）导电聚合物

导电聚合物基超级电容器电极材料具有存储能力高、掺杂后导电性良好、电化学窗口宽等优点。其存储能量依靠电极材料和电解液离子间的氧化还原反应过程。当发生氧化反应过程时，电解液离子和聚合物骨架结合；当发生还原反应过程时，离子从聚合物骨架中脱离并被释放到电解液环境中。通过该氧化还原过程，达到存储和释放能量的目的。目前被广泛研究的导电聚合物基超级电容器电极材料有聚苯胺、聚吡咯、聚噻吩等。虽然导电聚合物作为超级电容器电极材料具有一系列优点，但其在充放电过程中会伴有明显的体积膨胀与收缩，影响其超级电容性能。另外，由于导电聚合物的快速分解，其容量在循环过程中衰减较快。

（3）碳材料

碳材料是一类最为广泛研究的超级电容器电极材料。由于碳材料价格低廉、来源丰富、无毒、导电性良好、比表面积高、物理化学性质稳定，使其表现出巨大的应用前景。目前应用于超级电容器电极材料的碳材料主要有活性炭、碳气凝胶、介孔碳、碳纳米管、碳纤维、石墨烯等。碳材料在电极中一方面可作为电极活性材料，另一方面可作为活性物质（如金属氧化物）的载体。

① 碳基电极活性材料。一般而言，碳材料作为超级电容器电极活性材料，主要以电化学双电层电容的形式将电荷储存在电极和电解液形成的界面上。碳基电极材料的循环伏安图具有良好的矩形结构，恒电流充放电曲线为对称的三角形结构，都是典型的双电层电容的表现。碳基超级电容器的电容大小主要取决于材料的比表面积、孔径大小及分布、表面功能化等。具有大比表面积的碳材料有潜力使更多的电荷在电极和电解质界面富集，通常使其具有更大的比电容。提高材料比表面积的方法主要有热处理、物理活化、化学活化，以及等离子处理等。这些方法可以有效地在碳材料表面作用产生微孔以及缺陷，提高材料的比表面积。然而，材料的比容量在很多时候并非直接与材料的比表面积成正比。这主要是由于并非电极材料中所有的孔结构都能使电解液离子接近。例如，活性炭、碳气凝胶的比容量约在 40～160 F/g 的范围内，该比容量远远低于材料的理论比容量，这导致材料中大量的微孔结构不能使电解液离子嵌入，所以，孔径大小及分布对超级电容器电极性能亦有重要影响。

除了高比表面积以及合适的孔径尺寸，表面功能化同样被认为是提高碳

基电极材料比容量的有效方法。表面功能化以及杂原子掺杂可以有效提高离子吸附能力、材料的可润湿性以及引入赝电容效应。Guo 等以含硼、氮的有机凝胶为碳源，以镍（氯化镍为前驱体）为致孔剂，通过在惰性气氛下碳化制备了硼、氮共掺杂的多孔碳材料（BNC）。无掺杂碳材料（DFC）循环伏安曲线为典型的矩形结构，表明了其双电层电容特性，而样品 BNC 的循环伏安曲线中具有明显的隆起峰，这说明材料结构中硼、氮掺杂结构引起了明显的赝电容效应。研究表明：通过杂原子掺杂，可以有效地提高材料的比电容。碳材料用作超级电容器电极材料最大的缺点是其能量密度低。为了克服该缺点，一个最重要的方法就是要发展新型电极材料。未来碳基超级电容器电极材料的研究重点是发展具有高比表面积、合理的孔径分布、适当表面改性以及具有特定微纳米结构的碳材料。

② 活性物质载体。过渡金属化合物（氢氧化物等）作为超级电容器电极材料存在导电性不足等缺点，限制了材料容量发挥。而将其负载于一定导电载体上，不仅可以增加材料的利用效率，提高电极材料的比容量，还可以降低离子扩散路径，提高材料的快速充放电能力。由于碳材料导电性能良好、比表面积高、物理化学性质稳定，使其成为优异的电极活性材料载体。常用的碳基载体有碳纳米管、石墨烯、纳米碳纤维、碳球等。

Fang 等通过一步电泳沉积技术制备了 $Ni/Ni(OH)_2@MWCNTs$ 纳米共轴电缆薄膜。相比于单一的 $Ni/Ni(OH)_2$ 材料，该纳米电缆薄膜中的 $Ni/Ni(OH)_2$ 具有更均一的纳米多孔形貌、更大的比表面积以及电容性能。Fan 等以石墨烯负载 MnO_2 作为超级电容器正极，以活性碳纤维为负极，制备了一种高性能非对称超级电容器。石墨烯不仅对 MnO_2 起到分散作用，大大提高了 MnO_2 的利用效率，使得比容量大幅提升；同时，其还可作为电子良导体，解决 MnO_2 导电性不良的问题。Shi 等通过溶剂热法制备了 Fe_3O_4/石墨烯杂化材料，并通过喷雾沉积技术制备了薄膜超级电容器。该 Fe_3O_4/石墨烯杂化材料具有比单纯石墨烯和单纯 Fe_3O_4 材料更高的比容量，充放电电流密度为 5 A/g 时，材料的比容量可达 480 F/g。

（二）燃料电池

1. 燃料电池概述

燃料电池是将化学能直接转化为电能的能量转化装置，其包含阳极、阴极、电解质溶液以及隔膜等部件。燃料在阳极发生氧化反应，氧化剂（氧气）在阴极被还原，电子源源不断地从阳极通过外电路流向阴极，并对外提供电能。更确切的说，燃料电池是一种发电装置。按照燃料电池工作温度分类可分为低温燃料电池（工作温度≤100 ℃）、中温燃料电池（工作温度为 100～300 ℃）以及高温燃料电池（工作温度为 600～1 000 ℃）。根据电池所使用电解质的不同，可将其分为碱性燃料电池、磷酸型燃料电池、熔融碳酸盐燃料电池、固体氧化物燃料电池以及质子交换膜燃料电池等。

2. 燃料电池的特点

首先，能量转化效率高。燃料电池直接将储存在化合物中的化学能转化成电能，其转化过程不受卡诺循环的限制，所以其转化效率较高，理论效率值可达 85%～90%。虽然在运行过程中由于极化及电池内部电阻的影响，其能量转化效率降低，但其效率仍远远大于内燃机的能量转化效率。其次，环境友好。燃料电池所消耗的燃料可以多样化，一般为甲醇或者氢气。氢气作为燃料，过程产物为水，对环境没有任何污染；甲醇作为燃料，过程产物为二氧化碳和水，也不会对环境造成污染。另外，燃料电池在运行过程中没有类似于热机的活塞机械运动部件，不会有噪声污染。最后，比能量高。氢燃料电池的比能量可达镍氢电池的 800 倍，甲醇燃料电池的比能量可达锂离子电池的 10 倍左右。虽然目前燃料电池的实际比能量值距理论值仍有较大差距，但是仍高于一般的电池系统。

3. 燃料电池阴极材料的发展

在当前环境污染日益严重，新能源汽车、可移动电子设备高速发展的背景下，直接醇类燃料电池由于其结构简单、便携、比能高等优点使其在便携式电子设备、电动汽车、航空航天等领域具有广阔的应用前景。然而，燃料电池的研究中仍存在一些问题，制约了其发展。其中，阴极催化剂一般采用

贵金属催化剂，价格昂贵、耐久性低，在很大程度上限制了燃料电池的商业化应用。

氧气还原过程可能是 $4e^-$过程，也可能是 $2e^-$过程。由于 $4e^-$过程具有较高的效率，$4e^-$过程一直是人们所期望的。同时，由于 $2e^-$过程产生过氧化物对电池有腐蚀性，使电池过早退化，所以这一过程要尽可能降低。氧气还原过程及机理会因为采用不同的催化剂材料而相差很大。即便是相同的催化剂材料，其过程和机理也并不一定相同。目前，广泛研究的燃料电池阴极催化剂有贵金属/贵金属合金、过渡金属化合物、金属 – 有机杂环螯合物、功能化碳材料等。

（1）贵金属及其合金催化剂

由于 Pt 等贵金属催化剂催化活性高，具有低的过电位，接近 $4e^-$的氧气催化还原过程，使其成为广泛研究的燃料电池阴极催化剂。然而，Pt 催化剂用作氧气还原催化剂尤其明显不足：第一，在甲醇燃料电池中，阳极的甲醇可穿过隔膜，在阴极催化剂上发生氧化，产生混合电位，降低了电池的比功率和甲醇的利用效率，同时，甲醇氧化的中间产物（CO）使 Pt 催化剂易发生中毒，降低电池性能。第二，Pt 催化剂资源稀缺，价格昂贵，不利于燃料电池的大规模商业化应用。第三，耐久性不足。基于氧气还原电极的电化学装置，大量使用贵金属催化剂是不可行的。目前主要的研究方向是：首先，提高贵金属催化剂的催化活性或者将其和其他金属复合制成催化剂合金，以降低其用量；其次，发展性能良好的非贵金属催化剂或无金属催化剂。

（2）过渡金属化合物催化剂

过渡金属化合物催化剂（包括过渡金属氧化物、氮化物、硫化物、碳化物等）具有来源丰富、价格低廉、环境友好等优点，是贵金属催化剂的有力替代品。目前常用的过渡金属催化剂有锰系、铁系、钴系、镍系等催化剂。催化剂的组成、结构、相态、形貌、尺寸以及比表面积等结构因素均对催化剂的催化性能有重要影响。虽然过渡金属化合物作为燃料电池阴极催化剂具有巨大的潜在应用价值，但其在酸性条件下稳定性太差。另外，由于过渡金属化合物其导电性较差，一般不单独作催化剂使用，需与其他导电性好的载体杂化复合使用。

（3）金属 – 有机杂环螯合物

自从 Jasinski 首次报道酞菁钴作为有效的氧气还原催化剂，有关过渡金属螯合物（M-N_4）用作氧气还原催化剂一直是研究的热点。科研工作者基于过渡金属 – 卟啉类（四苯基卟啉 TPP、四甲氧基苯基卟啉等 TMPP）、过渡金属酞菁类等螯合物开展了一系列研究工作。

金属 – 有机杂环螯合物作为氧气还原催化剂的催化活性受到中心金属离子、催化剂载体等众多因素影响。金属 – 有机杂化螯合物的催化效率仍较低，并且其稳定性较差。一般要将金属 – 有机杂环螯合物在惰性气氛下热解以提高其稳定性和催化活性。热解温度对材料的催化性能有重要影响，一般认为最优碳化温度为 500～600 ℃。碳化温度继续升高（如 900 ℃），虽然材料的稳定性大幅提升，但是其催化活性明显降低。Wu 等通过无模板法热解基于卟啉钴的共轭介孔聚合物骨架材料，制备了钴 – 氮共掺杂的碳材料。该材料具有带状形貌、高比表面积、介孔结构等，并且在碱性电解液中显示出优异的氧气还原催化能力：更高的半波电位、更高的极限电流密度、更优异的稳定性以及接近 $4e^-$的还原过程等。

（4）功能化碳材料催化剂

碳材料由于其价格低廉、广泛易得、比表面积大、导电性好以及物理化学性质稳定，使其在燃料电池阴极催化剂领域获得广泛的重视。目前，碳材料在燃料电池阴极催化剂领域的应用主要是作为催化剂载体或者催化剂本身。

① 碳材料本身作为催化剂。2009 年，Dai 等在 science 报道了关于氮掺杂碳纳米管阵列应用于氧气还原电催化的研究工作，引发全球范围内关于杂原子掺杂碳材料用于氧气还原催化的研究热潮。该氮掺杂碳纳米管阵列不仅具有优异的电化学催化活性、耐久性、耐甲醇性以及典型的 $4e^-$过程，同时，其价格低廉，在替代传统的贵金属催化剂方面具有巨大潜力。通过将具有电子受体功能的氮原子引入到碳纳米管阵列中，可赋予其临近碳原子较高的正电性，使其可以作为氧气还原催化活性点。

截至目前，有关杂原子掺杂碳材料作为氧气还原电催化剂的研究文献浩繁。有关各种元素（如硼、氮、磷、硫或者其中多种共掺杂）掺杂的碳材料

均有报道。如 Ai 等以多巴胺为前驱体，通过碳化多巴胺微球，制备了氮掺杂碳微球，并研究了碳化温度对碳、氮元素的化学结构的影响。sp^2 杂化碳所占比例增加对提高电导率以及氧气还原催化性能有益。而通过氮掺杂（石墨化氮和吡啶氮）可引入有效的催化活性点。Yang 等以 SBA-15 为模板，以三苯基膦和苯酚分别为磷源和碳源，通过纳米浇注，制备了磷掺杂的有序介孔碳材料。该材料在碱性条件下显示较高的氧化还原催化活性，同时较 Pt 催化剂具有更高的稳定性和耐甲醇性能。同时，有序介孔孔道结构对促进物质传输、提高催化性能表现亦有明显作用。Zhao 等通过化学气相沉积（CVD）技术制备了硼和氮掺杂的碳纳米管，并研究了其氧化还原催化性能。结果显示，当硼和氮分别单独掺杂碳纳米管，材料显示优异的氧气还原催化性能；当硼、氮共掺杂并且硼–氮之间成键，材料的氧化还原催化性能下降，这可能是由于硼、氮之间成键后二者的电子补偿效应降低了原本单独掺杂所引起的材料表面电子不平衡。

然而，值得注意的是杂原子掺杂的碳纳米材料的氧气还原催化活性点以及催化机理仍然没有被明确阐明。掺杂结构的复杂性，材料的微纳米结构等因素均对催化性能有显著影响。例如，氮原子在碳材料中就可以以石墨化氮、吡啶氮、吡咯氮等，不同的氮掺杂结构对碳材料的电子结构影响不同，进而产生不同的催化机理。目前普遍认同的观点是掺杂结构对催化还原过程起到关键的作用。石墨化平面边缘结构以及在费米能级附近掺杂结构可以有效改变碳材料的电子能带结构，被认为是产生催化活性的原因。DFT 计算研究表明，通过降低氧气吸附阻力、电子传输阻力、对碳材料选择性掺杂（杂原子种类以及其在碳材料中的键接形式）均可影响碳材料的氧气还原催化性能。

② 碳材料作为催化剂载体。贵金属催化剂价格昂贵、资源匮乏；而过渡金属催化剂以及过渡金属有机杂环化合物导电性差、稳定性差，不利于燃料电池大规模商业化应用。因此，发展新型催化剂载体对提高催化活性物质分散度，提高其催化效率，降低成本具有重要意义。碳材料由于其电子传导能力好、比表面积较大、物理化学性质稳定，使其成为理想的催化剂载体材料；具有完美石墨化结构的碳材料由于其表面惰性，不利于催化剂活性物质在其

表面分散，不利于催化剂催化性能的提升。因此，对碳材料进行表面物理或化学性，改变碳材料表面结构与状态，达到载体功能化的目的。目前，碳材料表面改性的主要手段有表面氧化、表面掺杂以及表面包覆等。

通过表面氧化，可在碳材料表面引入大量功能基团，如羟基、羧基、酰胺基等。这些功能基团不仅可以增加催化剂在碳材料表面的分散性、稳定性、提高利用效率，同时，其和催化剂之间的电子相互作用还有可能增强催化剂的催化活性。目前，最常用的碳材料表面氧化技术为液相法氧化技术。该方法经过将强氧化剂和碳材料混合等简单步骤，达到碳材料表面氧化的目的，常用的氧化剂有浓硫酸、浓硝酸、高锰酸钾、重铬酸钾等。

表面掺杂通过将一些非碳元素掺杂进入碳材料的骨架中，从而改变碳材料的表面物理化学性质。目前已经有报道的掺杂元素有硼、氮、磷、硫等。通过表面掺杂改性的碳材料对催化剂分散度、耐久性、抗中毒性以及表面润湿性等方面均有明显提升。Liang 通过在还原的氧化石墨烯表面负载 Co_3O_4，制备了具有催化氧气还原反应和析氧反应双重功能的杂化催化剂。虽然 Co_3O_4 和氧化石墨烯的催化性能均很弱，但是其杂化材料具有较高的氧化还原催化性能。而对石墨烯进行氮掺杂之后，Co_3O_4 和氮掺杂石墨烯杂化材料的催化性能更是得到进一步的增强，其氧气还原催化性能可以和商业化 Pt/C 催化剂相媲美，且其稳定性更优于 Pt/C 催化剂。近边 X 射线吸收精细结构表征表明了 Co_3O_4 和氮掺杂石墨烯之间的强耦合作用。该强耦合作用对提高 Co_3O_4/氮掺杂石墨烯杂化材料的催化性能起到核心作用。

参 考 文 献

［1］张晓光，毛明珍，黎汉生，等. 聚磷腈的合成及应用研究进展［J］. 应用化工，2021，50（09）：2484-2489.

［2］严鹏威，颜春，马芸芸，等. 聚磷腈的合成及应用研究进展［J］. 合成树脂及塑料，2020，37（06）：69-75.

［3］张亨，张汉宇. 聚磷腈的性质、制备及生物医学应用研究进展［J］. 安徽化工，2014，40（03）：8-11.

［4］程倩. 聚磷腈的合成及其表征［D］. 河北：河北大学，2009.

［5］徐师兵，郑福安，杨永刚. 芳氧基取代聚磷腈的合成与表征［J］. 吉林大学自然科学学报，1994（04）：104-108.

［6］胡富贞. 具有光电活性聚磷腈的合成与性能研究［D］. 湖北：华中科技大学，2005.

［7］刘亚青，赵贵哲，朱福田. 芳氧基取代聚磷腈合成方法的改进［J］. 兵工学报，2005（01）：90-93.

［8］高坡，朱宇君，袁福龙. 六氯环三磷腈基类聚合物的合成［J］. 哈尔滨工业大学学报，2006（05）：770-772.

［9］李时珍. 环三磷腈衍生物合成与聚磷腈合成新工艺探讨［D］. 湖南：湖南大学，2007.

［10］周秋丽，韩玉，陆茵. 聚[2-(2-氯乙氧基)乙氧基$)_x$(三氟乙氧基$)_{(2-x)}$]磷腈合成和气体分离性能研究［J］. 高分子学报，2009（07）：645-650.

［11］徐亨，宋升，吴勇，等. 聚磷腈在生物医学材料领域的研究与应用概况［J］. 塑料工业，2016，44（09）：1-7+19.

［12］崔梦冰，刘清玲. 高分子膜材料在膜分离过程中的应用探析［J］. 现代盐化工，2021，48（01）：57-58.

［13］付凤艳，程敬泉，张杰，等. 季铵盐化氧化石墨烯复合磺化聚磷腈质子交换膜的制备与表征［J］. 现代化工，2020，40（09）：148-153.

［14］赵晓东. 新型环交联聚磷腈材料的制备与应用研究［D］. 山东：中国石油大学（华东），2018.

［15］解琳，何文涛，高京. 聚膦腈微纳米材料的制备及应用［J］. 材料导报，2021，35（S1）：578-585.

［16］高蒙. 聚膦腈衍生碳材料的制备、功能化及储能［D］. 郑州：郑州大学，2018.

［17］Qingmiao Z, Tianhao Y, Yanni C, et al. Polyphosphazene-derived P/S/N-doping and carbon-coating of yolk-shelled $CoMoO_4$ nanospheres towards enhanced pseudocapacitive lithium storage［J］. Journal of Colloid And Interface Science, 2023, 641.

［18］Liu W, Zhang S,Dar U S, et al. Polyphosphazene-derived heteroatoms-doped carbon materials for supercapacitor electrodes［J］. Carbon, 2018, 129.

［19］Zhang C, Song A, Yuan P, et al. Amorphous carbon shell on Si particles fabricated by carbonizing of polyphosphazene and enhanced performance as lithium ion battery anode［J］. Materials Letters, 2016, 171.

［20］Chen K, Huang X, Wan C, et al. Heteroatom－doped hollow carbon microspheres based on amphiphilic supramolecular vesicles and highly crosslinked polyphosphazene for high performance supercapacitor electrode materials［J］. Electrochimica Acta, 2016, 222.

［21］Wang M, Fu J, Chen Z, et al. In situ growth of gold nanoparticles onto polyphosphazene microspheres with amino-groups for alcohol oxidation in aqueous solutions［J］. Materials Letters, 2015, 143.

[22] 陈中辉. 聚合物纳米材料的合成及其对有机染料吸附性能的研究[D]. 郑州：郑州大学，2015.

[23] Wang, Minghuan, Fu, et al. Novel N-doped porous carbon microspheres containing oxygen and phosphorus for CO_2 absorbent and metal-free electrocatalysts [J]. RSC Advances, 2015, 5 (36).

[24] Fu J, Wang M, Zhang C, et al. Template-induced covalent assembly of hybrid particles for the facile fabrication of magnetic Fe_3O_4-polymer hybrid hollow microspheres [J]. Journal of Materials Science, 2013, 48 (9).

[25] 付建伟. 多形聚磷腈微纳米材料及其复合材料的可控化制备、功能化及应用探索 [D]. 上海：上海交通大学, 2009.

[26] Minghuan W, Zhiqiang X, Haijuan D, et al. One-step fabrication of porous carbon microspheres with in situ self-doped N,P, and O for the removal of anionic and cationic dyes [J]. Diamond & Related Materials, 2022, 126.

[27] Minghuan W, Zhiqiang X, Jianwei F, et al. Effect of chemical activators on polyphosphazene-based hierarchical porous carbons and their good CO_2 capture [J]. Diamond & Related Materials, 2022, 125.

[28] Zeping Z, Feng C, Zhen J, et al. MoS2 nanosheets uniformly grown on polyphosphazene-derived carbon nanospheres for lithium-ion batteries [J]. Surfaces and Interfaces, 2021, 24.

[29] Xiaopeng L, Yan L, Yun W, et al. Preparation of porous carbon materials by polyphosphazene as precursor for sorption of U (VI) [J]. Colloid and Interface Science Communications, 2021, 41.

[30] Wang Y, Wang M, Wang Z, et al. Tunable-quaternary (N,S, O, P)-doped porous carbon microspheres with ultramicropores for CO_2 capture [J]. Applied Surface Science, 2020, 507 (C).

[31] Yang F, Zhang S, Yang Y, et al. Heteroatoms doped carbons derived

from crosslinked polyphosphazenes for supercapacitor electrodes [J]. Electrochimica Acta, 2019, 328 (C).

[32] Gao M, Fu J, Wang M, et al. A self-template and self-activation co-coupling green strategy to synthesize high surface area ternary-doped hollow carbon microspheres for high performance supercapacitors [J]. Journal of Colloid And Interface Science, 2018, 524.